空域规划与管理

Airspace Planning and Management

王莉莉　张兆宁　著

科学出版社

北京

内 容 简 介

空域相关问题是目前研究的热点。本书从空域规划和空域管理的角度出发，首先对空域的基本概念进行了介绍，然后对空域的属性，尤其是资源属性进行了分析；在此基础上，介绍了空域分类和空域设计的主要内容，重点给出了航路网设计和评估的相关方法和模型；然后论述了空域评估方面的理论和相关模型；最后对空域动态管理问题进行了研究，给出了动态扇区和动态改航的规划模型和优化算法。

本书可作为高等院校空中交通管理等相关专业高年级本科生和研究生的教材及科研参考书，同时也可作为与空域相关的理论研究人员、工程技术人员和管理人员的参考用书和培训教材。

图书在版编目(CIP)数据

空域规划与管理/王莉莉，张兆宁著. —北京：科学出版社，2019.3

ISBN 978-7-03-060414-9

Ⅰ.①空… Ⅱ.①王… ②张… Ⅲ.①空中交通管制 Ⅳ.①V355.1

中国版本图书馆 CIP 数据核字(2019) 第 004153 号

责任编辑：周 涵 田轶静／责任校对：彭珍珍
责任印制：赵 博／封面设计：无极书装

科 学 出 版 社 出版
北京东黄城根北街 16 号
邮政编码：100717
http://www.sciencep.com

天津市新科印刷有限公司印刷
科学出版社发行 各地新华书店经销
*
2019 年 3 月第 一 版 开本：720×1000 B5
2025 年 4 月第四次印刷 印张：19 1/4
字数：389 000
定价：98.00 元
(如有印装质量问题，我社负责调换)

前　言

随着航空运输的迅猛发展，航空器的运行环境和平台 —— 空域受到了空前的重视。早先的理论一直认为空中交通管理概念是包含空域规划与管理相关内容的，但随着 PBN(基于性能导航) 技术的发展和智能无人管理理念的不断深入，国际民航组织已经将空域的概念提升到顶层，空域的概念涵盖通信、导航、监视和空中交通管理。未来的空中交通将是由智慧空域自主管理运行的，因此对空域的研究需求是十分迫切的。

我们的研究团队长期从事空域规划与管理方面的研究，在研究的过程中发现，有关空域的智能优化研究方面的相关论文逐渐增多，研究点百花齐放，但是系统研究空域方面内容的论著却不多见，所以本研究团队尝试建立空域规划与管理的理论体系，将空域的研究分为管理政策、分类标准、空域设计、评估和优化几个大的研究方向。因为想先给出一个基础的概述性的入门书，也因为版面有限，所以每个研究方向都给出相关的一些研究内容和研究成果，但是这些内容实际上是远远不能包含该方向上的所有研究成果的。进一步讲，从第 2 章开始，之后的每一章都代表一个研究方向，其研究深化后都有可能单独成书。希望这本书起到抛砖引玉的功效，能够促进产生一批空域方面研究的专家。

本书的结构安排如下：第 1 章综合介绍了空域的基本概念和现状；第 2 章给出了空域的属性分析、空域的政策制定、空域资源的价值分析和利用率计算模型；第 3 章给出了空域分类的规定和分类方法；第 4 章给出了飞行程序设计、终端区设计和扇区设计的相关内容；第 5 章给出了航路网设计方法及相应的评估指标；第 6 章给出了空域评估的相关研究内容，以全国情况为例，给出了空域保障能力评估、航路交叉点的复杂度评估和安全风险评估；第 7 章探讨了动态扇区的划分和开合问题；第 8 章给出了动态改航问题的研究成果。考虑到各章内容的相对独立性，为了方便读者，各章引用的参考文献直接附在章后。

本书内容由王莉莉组织与设计，第 1 章、第 3~5 章由王莉莉撰写，第 2 章、第 6~8 章由张兆宁和王莉莉撰写，另外，还有许多教师和研究生参与了理论研究、材料整理和写作，主要有任杰、李晓津、位放、蒋一森、王航臣、杨勇、刘子昂、鲁胜男、王鑫、周娟、张潇潇、王坤、吴越等，在此感谢他们对本书的贡献。此外还有许多领导、同事给予了大量帮助，也在此表示感谢。

由于作者水平有限，书中不妥之处在所难免，恳请广大读者批评指正。

王莉莉　张兆宁

中国民航大学空中交通管理学院

2019 年 1 月

目　　录

第1章 空域的基本概念

1.1 空域的概念

研究空域首先应当明确空域的定义。就航空而言，无论军航还是民航，"空域"这一术语都有着广泛的使用，各界都从自己的角度给出了空域的定义，但还没有一个统一的明确的定义。

《中国人民解放军军语》中将空域定义为"根据飞行训练和作战的需要而划定的一定范围的空间"；《空军百科简编》将其定义为"根据航空器实施作战、飞行训练、科学实验等的需要划定的具有一定范围的空间"；《航空法规分析》(北京航空航天大学教材) 将其定义为"空域是指地球表面以上的空气空间"；《空中交通管理新论》(施和平著) 中将其定义为"空中交通工具在空气空间中的活动范围称为可航空间 (又简称为空域)"；丰宗旭等在《空域特性及空域管理》一文中将空域定义为"地球表面以上可供航空器飞行的一定范围的空间"。

在上述定义的基础上，本书定义空域为：地球表面以上，具有一定大小、形状和结构，以空气为介质，可用于航空活动的特定空间，其功能是为空中交通工具提供运行空间以便完成其预定的任务。

这里的空间通常认为是大气层以内的空间，为空气空间。这里所说的空中交通工具就是航空器。航空活动主要是指飞行，包括军事航空的作战和飞行训练，民用航空的运输，对于通用航空还包括勘测、照相、飞播、灭火等内容。

空域提供的服务可以分成两种：一种是自然进行无须人参与的，可称为自然服务；另一种是人借助设备，利用技术提供的服务，可称为人工服务。自然服务，比如由于存在大气而产生的浮力和空气动力，又如因大气透明而在日间产生的自然光照明，以及因大气重量而产生的气压变化等。人工服务是空域服务中内容比较丰富的一部分，包括了通信、导航、监视等内容，这些在空中交通服务理论中按照服务的内容被分为三类：空中交通管制服务、空中交通情报服务、空中交通告警服务。随着空中交通的发展，人们在飞机上也会逐渐需要个性化的其他信息服务，这里可以将其列为第四类 —— 资讯服务。

1.2 空 域 类 型

根据不同的划分标准，可将空域划分为不同类型。根据国际民用航空组织 (简称国际民航组织, ICAO) 的规定, 将空域划分为飞行情报区、管制区、特殊用途空域、咨询区。特殊用途空域包含危险区、限制区、禁区、预留区、放油区。

我国空域类型的划分与国际民航组织的规定大同小异, 而且我国颁发的相关文件上对空域类型的规定也不完全相同。根据《中国民用航空空中交通管理规则》, 空域分为飞行情报区、管制区、限制区、危险区、禁区、航路和航线 [1]。按照《中华人民共和国飞行基本规则》的规定, 空域通常划分为机场飞行空域、航路、航线、空中禁区、空中限制区和空中危险区等。此外还有根据空域管理和飞行任务需要划设的空中走廊、空中放油区和临时飞行空域 [2]。下面对部分空域类型进行介绍。

1. 飞行情报区

飞行情报区是指为提供飞行情报服务和告警服务而划定的空间范围。飞行情报区内的飞行情报工作由该区飞行情报部门承担或由指定的单位负责。为了便于对在中国境内和经国际民航组织批准由我国管理的境外空域内飞行的航空器提供飞行情报服务, 全国共划分为北京、兰州、广州、武汉、上海、沈阳、乌鲁木齐、昆明、三亚、香港和台北 11 个飞行情报区。为了及时有效地对在我国飞行情报区内遇险失事的航空器进行搜寻援救, 在我国境内及其附近海域上空划设搜寻援救区, 搜寻援救区的范围与飞行情报区相同。

2. 管制区

管制区指为本区的飞行提供空中交通管制服务的空域。不同的空域类型, 服务可有所不同。每个管制区的确定也取决于无线电的覆盖范围、地理边界、配备的人员、设施及管理手段等。根据飞行量、空域结构、活动的构成等, 在垂直方向, 可划分为高空、中低空管制区。我国将管制空域分为高空管制区、中低空管制区、进近 (终端) 管制区和塔台管制区 (也称为 A、B、C、D 类空域)。图 1.1 为大连管制区示意图。

管制区里还根据需要划有终端区和扇区。终端区是设在一个或者几个主要机场附近的空中交通服务航路汇合处的管制区。通常情况下, 在终端管制区内同时为两个或者两个以上机场的进场和离场飞行提供进近管制服务。终端区作为整个空管系统的一个子系统, 由于航空器在其中的运行主要是起飞、下降、对头飞行, 所以从某种程度上说, 是情况最复杂的一个子系统。

一般情况下, 根据管制员的工作负荷, 会将终端区再划分为两个或者两个以上的部分, 每个部分称为一个管制扇区, 其目的是将管制区的工作量分配至两个或者两个以上的管制席位, 减轻单一管制席位的工作负担或者减少陆空通话频率拥挤。

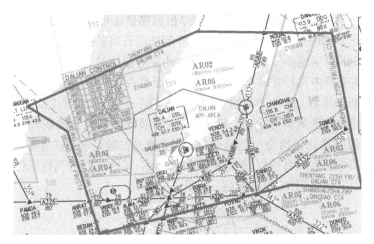

图 1.1　大连管制区示意图

3. 危险区 (D)

危险区位于机场、航路、航线附近的对空射击场或者发射场等，根据其射向、射高、范围，可以在上空划设空中危险区或者临时空中危险区。在规定时限内，禁止无关航空器飞入空中危险区或者临时空中危险区。危险区可以由每个主权国家根据需要在陆地或领海上空建立，也可以在无明确主权的地区建立，它在所有限制性空域中约束、限制最少。有关国家应在其正式的文件、通告中发布该区建立的时间、原因、持续的长短，以便于其他飞行员能应对该空域中的危险。国际民航组织规定，在公海区域，只能建立危险区，因为谁也无权对公海飞行施加更多的限制。在美国，此区域被建立在国际水域上空。当该区域建立危险区所依赖的条件不存在时，即行撤销。危险区在航图上以 D 表示，如图 1.2 所示。

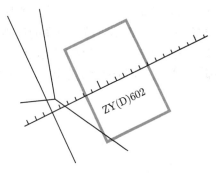

图 1.2　危险区示意图

4. 限制区 (R)

限制区一般设置在航路、航线附近的军事要地、兵器试验场上空和航空兵部队、飞行院校等航空单位的机场飞行空域。根据需要还可以在其他地区上空划设临时空中限制区。在规定时限内，未经飞行管制部门许可的航空器，不得飞入空中限制区或者临时空中限制区。该区域是限制、约束等级比危险区高，又比禁区低的一种空域。在该空域内飞行并非是绝对禁止的，而是否有危险已不能仅仅取决于飞行员自身的判断和推测。此种类型的空域建立一般不是长期的，所以最重要的是要让有关方面知道，该区域何时生效、何时终止，以及该区域建立的条件和原因等。建立限制区的原因往往包括空中靶场试验、高能激光试验、导弹试验等，有些限制区的生效时间持续多年，有些仅仅作用于某些时段，其他时段对飞行无任何影响。在航图上，限制区用字母 R 加以标注，如图 1.3 所示。

图 1.3   限制区示意图

5. 禁区 (P)

禁区划设在国家重要的政治、经济、军事目标上空。未按照国家有关规定经特别批准，任何航空器不得飞入空中禁区和临时空中禁区。该区域是限制、约束等级最高的区域，被划分为永久性和临时性禁区两种。空中禁区一旦建立，任何飞行活动被禁止，除非有特别紧急的情况，否则将遭受致命的灾难。这些区域主要用来保护关系到国家利益的重要设施，如核设施、化学武器生产基地以及其他某些敏感区域。各国对禁区的建立都比较慎重，常以醒目的字母 P 在航图上加以标注，如图 1.4 所示。

图 1.4   禁区示意图

6. 航路和航线

航路和航线是空中交通管制航路各段的中心线，从该航路上的一个导航设施或交叉点开始，至另一个导航设施或交叉点为止，各段中心线连接起来成为航路的中心线。航路的宽度，通常为航路中心线两侧各 10km 的平行边界线以内的空域。根据导航性能的定位精度，可调整其宽度。在航路方向改变时，则包括航路段边界线延长至相交点所包围的空域。航路的高度下限为最低高度层，上限与巡航高度层上限一致。航路根据在该航路执行飞行任务的性质和条件，划分为国内航路和国际航路。

空中交通管制航线，划分为固定航线和临时航线。航线没有宽度。航路和航线如图 1.5 所示。

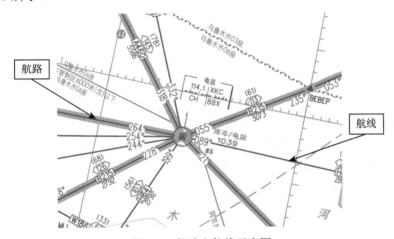

图 1.5 航路和航线示意图

7. 空中走廊

空中走廊通常划设在机场密集的大、中城市附近地区上空。空中走廊的划设应当明确走向、宽度和飞行高度，并兼顾航空器进离场的便利。空中走廊的宽度通常为 10km，其中心线两侧各 5km。目前在我国，空中走廊逐步被取消。

8. 机场飞行空域

机场飞行空域划设在航路和空中走廊以外。仪表 (云中) 飞行空域的边界距离航路、空中走廊以及其他空域的边界，均不小于 10km。机场飞行空域通常包括驾驶术 (特技、编队、仪表) 飞行空域、科研试飞飞行空域、射击飞行空域、低空飞行空域、超低空飞行空域、海上飞行空域、夜间飞行空域和等待空域等。等待空域通常划设在导航台上空，对于飞行活动频繁的机场，可以在机场附近上空划设。等待空域的最低高度层，距离地面最高障碍物的真实高度不得小于 600m。每隔 300m

为一个等待高度层。图 1.6 为天津等待空域示意图。机场飞行空域的划设，由驻机场航空单位提出方案，报所在地区的中国人民解放军军级航空单位或者军区空军批准。

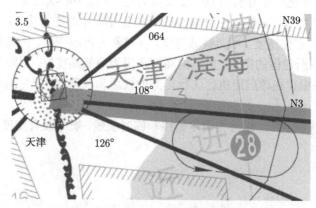

图 1.6   天津等待空域示意图

9. 空中放油区

空中放油区一般规划在远离城市的地带，通常在大型机场周边建立。主要目的是放掉多余燃油，使飞机着陆时不超过最大允许着陆重量，对飞机不造成结构性损伤，大大减少其他可能事件的发生，如图 1.7 所示。

图 1.7   空中放油区示意图

10. 临时飞行空域

临时飞行空域是为了满足通用航空空域使用临时性、不确定性的需求而设立的，《通用航空飞行管制条例》规范了临时飞行空域，并进行了可操作性的具体细化, 同时明确了批准权限。通用航空根据飞行活动要求, 需要划设临时飞行空域的, 应向飞行管制部门提出划设临时飞行空域的申请。从事通用航空飞行活动的单位、个人申请, 经批准后方可实施。

划设临时飞行空域的申请应当包括下列内容: ①临时飞行空域的水平范围、高度; ②飞入和飞出临时飞行空域的方法; ③使用临时飞行空域的时间; ④飞行活动性质; ⑤其他有关事项。

此外, 国际民航组织涉及但我国空域没有的空域分类还有咨询区和预留区。

(1) 咨询区。咨询区指介于情报区和管制区之间的一种临时的、过渡性的空域。筹建咨询区可以便于未来在人员选拔、培训以及设施添置等满足要求时平稳地过渡到能提供更多、更及时服务的管制区。

(2) 预留区。预留区一般分为两种, 参照地面相互位置不动的空域即为固定性预留区, 相互位置移动的空域即为活动性预留区。前者涉及的飞行活动有军事训练、飞行表演等; 后者往往涉及空中加油、航路编队飞行等。无论是哪种, 在预留区的外围应建立有缓冲区, 以便于 ATC(空中交通管制人员) 机构能有足够的余量保证其他飞行安全。无论是何种预留区, 使用的时间有长有短, 但是当预留区建立时的相关活动/飞行结束后, 该区也应撤销。

1.3 空 域 现 状

1.3.1 空域结构数据

截至 2014 年 12 月, 我国空域结构数据如下:

中国现有飞行情报区 11 个: 北京、兰州、广州、武汉、上海、沈阳、乌鲁木齐、昆明、三亚、香港和台北。

区域管制区 28 个, 分别是: 北京、呼和浩特、太原、长沙、广州、桂林、南宁、成都、贵阳、昆明、拉萨、兰州、西安、三亚、合肥、济南、南昌、青岛、上海、厦门、大连、哈尔滨、呼伦贝尔、沈阳、乌鲁木齐、阿克苏、武汉、郑州。

终端管制区 1 个: 珠海。

进近管制区 39 个: 北京、天津、太原、呼和浩特、石家庄、长沙、广州、汕头、湛江、桂林、南宁、武汉、郑州、成都、重庆、贵阳、昆明、兰州、西安、银川、海口、三亚、福州、杭州、济南、南京、青岛、上海、温州、厦门、合肥、南昌、长春、大连、哈尔滨、沈阳、乌鲁木齐、宁波、西宁。

截至 2014 年, 我国有 66 个危险区、199 个限制区、1 个禁区、278 个扇区 (其中区域管制扇区 174 个, 包含高空管制扇区 137 个, 中低空管制扇区 37 个; 进近管制扇区 104 个)。

截至 2014 年，全国航路航线总条数 748 条，总里程为 199630km，其中固定航路航线 588 条，包含常规航线 321 条，进离场航线 252 条，区域导航航路 15 条；临时航路航线 160 条。

为了方便飞行和空中交通管理，空域同时按照垂直高度进行了分层，称为飞行高度层。航空器的飞行在不同的高度层进行。

中国于 UTC 时间 (国际时间)2007 年 11 月 21 日 16 时在所属空域 8900m (29100ft[①]) 至 12500m(41100ft) 之间 (含) 实施米制的缩小垂直间隔 (RVSM)。

RVSM 实施以后，在我国空域垂直方向上，600m 至 8400m，每隔 300m 为一个高度层；8400m 至 8900m，每隔 500m 为一个高度层；8900m 至 12500m，每隔 300m 为一个高度层；12500m 以上，每隔 600m 为一个高度层。其中 8900m 至 12500m 定义为 RVSM 空域，如图 1.8 所示。

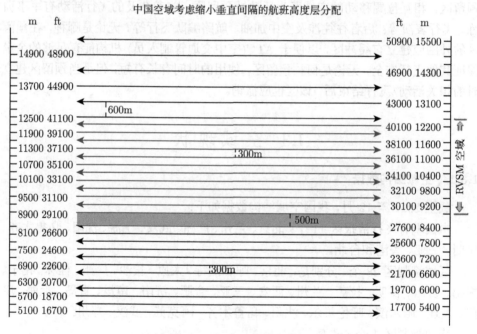

图 1.8 RVSM 空域示意图

有时由于天气条件和交通情况的综合因素，在当地区域 ATC 宣布暂时停止 RVSM 运行那一时刻，保持飞机的垂直间隔由原来的 300m 扩大到 600m；或者区域航空管制宣布取消暂时停止 RVSM 运行的禁令那一时刻，飞机从 600m 垂直间隔变为 300m 的垂直间隔，同一区域的垂直间隔的转换也称作 RVSM 转换区域。

有些地方划设有机场管制区和塔台管制区。机场管制区通常以机场基准点为

①1ft=3.048×10^{-1}m。为使用方便，中国民用航空局在高度单位转化后习惯取 100 的整数倍。

中心，水平半径 50km，垂直高度 7000m(不含) 以下的空间。塔台管制区一般是指包括起落航线、仪表进近程序、第一等待高度层及其以下的空间和机场活动区。

我国的航路结构以京广、京沪、沪广为主干，在各地区以辐射状展开。在主干航路上形成北京、上海和广州三个辐射中心，在其他地区形成以西安、成都、沈阳、武汉、魏县 (WXI) 和长沙为中心节点的地区航路网。东部地区，即哈尔滨、北京、西安、成都、昆明以东，面积约占国土面积 1/3，集中了全国 80% 以上的航空业务量。

1.3.2 空域现状特点

我国空域的特点从总体上看，有以下几个特点 [3]：

第一，地区发展不平衡，民航运输总体呈现东重西轻的形式，即使是运输压力较轻的西部，也存在局部压力过大的问题。我国空域资源的分布基本与人口分布和经济发展情况相一致，东部航路网密集，西部航路网稀疏，但区域节点如西安、兰州、乌鲁木齐等地空域资源也相当紧张。这就形成了东部 20% 的国土面积集中了 80% 的运输量，西部 80% 的国土面积只有 20% 的运输量，西藏地区的运输量更是不足 1%，地区发展极不平衡。

第二，民航有限的可用空域与民用航空运输量迅速增长的矛盾日益突出。随着国民经济的快速发展，我国民航运输总量多年来一直以两位数的速度增长。然而，航路航线这些年却以 2%~3% 的比例增加，远跟不上航空运输的增速。在终端区方面，17 个机场空管保障能力已达到饱和，15 个机场日均起降超 400 架次。管制扇区层面，全国 70% 以上的扇区特别繁忙。航路上，约 6100km 航路航线日均交通量超过 300 架次，10 条繁忙航路日均流量超过 460 架次。10 个繁忙航路点日均流量超过 600 架次，5 个航路点超过 700 架次。全国民航空域平面资源不足全国空域平面总资源的 30%，民航航路航线都必须避让限制区、危险区、禁区进行划设，民航可用空域资源有限是我国空中交通管理的基本国情。我国有限的空域资源，以及未采用更科学优化和共享模式的空域资源使用方式阻碍了航空运输的快速发展。

第三，现行空域管理体制下，军民航飞行共享使用空域的矛盾日益凸显。我国空域管理是以国防为主，军方在空域管理中处于主导地位；近年来，随着国民经济的飞速发展，民航飞行量大幅度增长，这就造成了军民航飞行量使用有限空域的不匹配。以北京、上海、广州三地为例：京广、京沪、沪广三条航线位于我国东部发达地区，周边空域环境错综复杂，限制条件较多，给民用航空的飞行带来了较大影响。空域从飞行时间、节能减排、正常运行、灵活调配、社会和企业效益等方面都受限而不能做到最优运行，这也直接加大了航路设计、运行协调和保障安全的难度。

第四，航路设计存在不合理的地方。例如，多条航路汇聚一点，存在断头路、航路直线度不好、干支分布不均等问题。交通需求向骨干航路集中，部分骨干航路几乎全天候超负荷运行；部分支线航线却比较空闲，流量相对不大，即便是在东部航路网络高密度地区，有些几乎和繁忙骨干航路平行的支线航线的利用率也很低。点线面分布不均，部分主要航路点、航路段和扇区流量过大，成为主要拥堵节点，也成为容量的主要瓶颈。

第五，多种原因导致空域整体使用效率有待提高。除了航路网本身存在的问题，我国目前空域管理的管理方式和审批流程都不适合发挥空域整体效率。多条航路交叉加上双向运行，以及航路和终端区飞行过渡区域上升下降穿越频繁，运行安全风险突出。为解决运行矛盾，利用飞行高度层所搭建的空中立交桥欠缺灵活使用，从而造成流量控制比较频繁。航空器只能严格在航路航线上运行，管制调配能使用的空域缺乏灵活性和弹性，因此繁忙航路安全风险增大。民航对空域调整主要是建议权，空域固化，临时航线使用受限很大，航空公司的航线调整审批程序耗时长，空域灵活使用还处于起步阶段，军民航对空域使用的需求都在增加，相互影响突出，空域的科学管理水平需要进一步精细化。因此，现有空域的整体使用效率还有待于提高。

尽管目前中国民用航空局空中交通管理局已经在空域管理领域开展了很多工作，并逐步实现对空域进行精确、有效管理的目的，但在目前的空域管理工作中，依然存在许多不足以及要解决的工作，需要从理论和技术等多个方面对空域规划和管理进行探讨。

1.4　空域规划与空域管理的概念

空域对于航空运行是不可缺少的一部分，为增大空中交通容量，理顺空中交通流量，有效地利用空域资源，对空域进行规划和管理十分必要。

空域规划是指对某一给定空域，通过对未来空中交通量需求的预测，根据空中交通流的流向、大小与分布，对区域范围、航路/航线的布局、位置点、高度、飞行方向、通信/导航/监视设施类型和布局等进行设计和规划，并加以实施和修正的全过程。

空域规划内容主要包含制定空域的中长期规划、进行航路网设计、进行进离场航线设计。

空域管理是指为维护国家安全，兼顾民用、军用航空的需要和公众利益，统一规划，合理、充分、有效地管理空域运行，制定空域运行规范、最大程度地提高空域使用效率的管理工作。

空域管理包括空域的静态管理和空域的动态管理。空域的静态管理主要指在既有的空域结构下，制定空域的运行规划；空域的动态管理是指按照交通流的需求和未来趋势，对空域的结构进行随时调整以适应当下的运行需求。其内容包括空中航路的改航、扇区的动态开合。

空域规划主要进行的是结构设计，为航空运输提供运行平台。空域管理是在空域规划提供的环境里对航空运输进行组织、分配，提供运行方法和运行程序、标准，两者的定义及包括的内容都不同。空域规划包括空域分类、空域划分、空域设计等内容。空域管理包括空域运行管理、空域评估、空域动态管理等内容。

参 考 文 献

[1] CCAR-93TM-R2, 中国民用航空空中交通管理规则 [S]. 北京: 中国民用航空总局, 2000.

[2] 中华人民共和国国务院 中华人民共和国中央军事委员会令. 中华人民共和国飞行基本规则 (修订版)[M]. 北京: 中国民航出版社, 2000.

[3] 王莉莉, 任杰, 王万乐. 航路网单向循环规划理论研究报告 [R]. 天津: 中国民航大学, 2014.

第 2 章　空域资源分析

2.1　空域资源的属性分析

2.1.1　空域资源的概念

自然资源是自然环境中与人类社会发展有关的，能被利用来产生使用价值并影响劳动生产率的自然诸要素 [1]。自然资源是社会物质财富的源泉，是社会生产过程中不可缺少的物资要素，是人类生存的自然基础。空域如同土地、河流、海洋等自然要素一样，能够在一定的时间、地点、条件下，通过人们的劳动产生经济价值，通过航空器的运行给人类带来经济效益和提高社会福利，所以空域也是国家的自然资源之一。

根据自然资源的概念，空域资源被定义为在空中交通运输生产上能够满足人类当前或未来使用需要，能产生使用价值并影响劳动生产率的空域要素。空域资源是随着人类社会发展的过程而逐步开发利用起来的。从广义上讲，地球表面以上的所有空气空间都可以被人类利用；从狭义上讲，在现有社会经济技术水平的限制下，空域资源主要指能给航空器提供运输服务的空气空间。

2.1.2　空域资源的属性

空域资源的属性可分为两大类 [2]：一类是空域自身所固有的物理、化学等自然属性；另一类是由于人的参与，空域资源具有了一定的社会属性。

(1) 空域资源的自然属性：是在自然力作用下形成的，具有资源的固有属性。其主要表现在以下方面。

介质性：空域以空气为介质，是一个空气空间。空气介质决定了航空器的运动原理和运动特点，空气介质的状况决定了空域资源的质量。

有限性：空域具有一定的空间位置、大小、形状和容量，具有数量的特点。一定的空域，其容量是有限的，所以随着航空运输的发展，空域成为一种稀缺资源。

连续性：空域本身是围绕地球的一个连续整体，航空器在技术允许的情况下可以在其中做不间断的连续飞行，目前只是由于人为因素，空域被分割成相连的多块。

(2) 空域资源的社会属性：表现了人类对空域资源的占有、分配和使用活动以及相关的制度安排，体现出人与人之间的社会经济关系。其主要表现在以下方面。

公共性：空域资源属于整个社会所有，不属于某个个人或团体，它必须为整个社会服务，为公众服务，各种与公共利益密切相关的航空活动都需要使用空域。

主权性：由于空域资源只能归公众所有，所以作为社会群体最高代表的国家，必然通过拥有领空主权来实现对所属空域资源的占有。一个国家对于其领空拥有完全的、排他的主权，国外的飞机未经允许，不得进入本国领空或在本国领土降落。

安全性：由于航空器在空中飞行，所以使用空域资源时的安全问题就显得特别重要。如果没有足够的安全保障，空域资源将不能真正为提高人类福利发挥作用。

经济性：空域资源在一定的投入条件下可以转化为相应的资本，能产生效益，并由于使用和管理的不同，其产生的经济效益不同。

空域资源的经济性主要表现在以下几个方面。

使用价值性：空域只有被使用了才产生价值。没被使用的空域随着时间的流逝，该时间段的价值消失。

可增值性：当采用先进的技术，或采用新的管理方式后，在空域资源的数量没有发生变化的情况下，空域的容量或能力可以进一步增加。

可重复性：空域空间可重复使用。当航空器飞离该空间后，空域空间可以为新航空器提供服务，自身并不会有什么损失。

空域资源因其本身的资源属性，应被好好开发利用，理由如下：

1. 空域资源是一种自然资源

空域是地球表面以上，具有一定大小、形状和结构，以空气为介质，可用于航空活动的特定空间。自然资源是一定时间、地点、条件下，能够产生经济价值，以提高人类当前和未来福利的自然环境因素和条件。

有效性与稀缺性是自然资源的本质属性，质、量、时、空则是自然资源的基本属性。空域资源是一种自然资源，它具有自然资源的这些属性。

空域资源的有效性表现在空域被开发和利用后是否能带来经济效益，空域资源的稀缺性表现在一定时间空间范围内空域的容量是有限的，对超过其容量上限的运输需求不能提供服务。空域资源的有效性刺激人们不断地对空域开发利用；而空域资源的稀缺性则促使人们不断地争夺空域资源的控制权，探索提高空域资源利用的途径。

空域以空气为介质，是一个空气空间。空气介质决定了航空器的运动原理和运动特点。空气介质的状况决定了空域资源的质量。不同空间的空域资源受开发水平、大气状况、地理特点和生物活动的影响，其资源的质量不同，体现出不同的质；空域的空间位置、大小、形状和容量具有数量的特点，是描述空域的重要指标，体现出空域资源量的概念；空域资源随时间的流逝，质量发生变化，体现出其时的特性；不同地域不同高度的空域资源具有不同的质，空域整体是一个三维的体的形式，这些体现出其空的特性。

2. 空域资源是一种稀缺资源

航空器在空域中运行，当其飞离该空间后，空域不会因曾为航空器提供服务而数量减少，空域资源只是在每次使用时重新进行了分配，而总量维持不变，所以很容易给人们造成空域无限的感觉。但空域资源有容量限制，同一个时间可服务的航空器的数量是一定的。当航空运输需求与其载体 —— 空域的容量矛盾时，空域就成为稀缺资源。而且对空域资源的利用必须是即时的，空域资源无法储存，当时未能有效地利用，过后就再也得不到了。

2005 年，我国的民航运输总周转量已位居世界第二位，空中交通高密度地区的空域已经成为非常重要的资源。根据中国民用航空局发布《2014 年全国民航航班运行效率报告》，2014 年我国航班起降架次达到 750 万架次，再创新高。但是，2014 年航班正常率下降到了 68.37%，年均约下降 1.46%。航班正常率不高的一个致因是空中交通流量控制，而流量控制的主要原因之一是可用空域资源紧张。民航可用空域资源紧缺问题近年来被频频提起，已成为制约我国民航发展的两大瓶颈之一。

国外航空发达国家同样面临可用空域资源紧张的问题，大面积航班延误时有发生，已有学者提出对一些黄金航线和时刻进行拍卖。2017 年，中国民用航空局也在华东管理局和中南管理局试行航班时刻拍卖。由此可以看到空域资源已经成为一种稀缺资源。

3. 空域资源是一种战略资源

空域有主权性，国家的空域与国家的领空、领土一样不容侵犯。国际民航公约中明确约定："缔约各国承认每一国家对其领土之上的空气空间享有完全的和排他的主权。"《中华人民共和国民用航空法》第一章总则第二条明确规定："中华人民共和国的领陆和领水之上的空域为中华人民共和国领空。中华人民共和国对领空享有完全的、排他的主权。"美国《联邦航空法规》规定："美利坚合众国兹宣布对合众国的空域拥有并行使完全的、排他的国家主权。"

但同时空域是航空器运行的空间，是国家领土之上的空间，所以不管是从和平时期的经济建设方面讲还是从战争时期的国家安防上讲，对空域的安全性要求都很高。要求作为航空器运行载体的空域必须处于严格的科学管理和技术保障下，为航空器运行提供安全的环境。如果本国的技术力量达不到，将不得不借助别国的力量。

国际上对空域资源使用的竞争已日趋激烈。国际民航组织提出的新一代《全球航行系统规划》(CNS/ATM Global Plan) 突出强调了空域规划、组织和管理的内容。2004 年，欧盟提出了 "欧洲单一天空计划"(SESAR)，其目的是解决欧洲各国空域过小的问题，实现对高空空域的统一协调使用；2005 年，美国推出了 "下一代航空运输系统计划"(Next Gen)，其核心是为了保持其在国际航空发展中的霸主地位，获取空域资源使用上更多的政治、经济利益；澳大利亚通过建设先进的空管系统，掌握了占世界 11% 的空域资源；日本和印度等国家也在抓紧实施新一代空管系统计划，争取获得更多的空域资源利益。

4. 空域是一种公共资源

具有公共物品性质的自然资源称为公共资源。

空域资源属于整个社会所有，不为某个个人、企业或组织、部门所拥有；它必须为整个社会服务，为公众服务，社会成员都应有权加以利用，因而空域资源具有公共物品性质，是一种公共资源。

既然国家空域资源是公共资源，国家空域资源的所有权就应该完全归国家所有，应由国家政府来提供管理，并属于国家对公共资源实施公共管理职能的一项重要内容。

从以上属性分析可以看出，空域资源是一种重要的自然资源，有战略和经济双重意义，有容量限制，不能存储。空域资源是一种公共资源，不属于某个单位或组织，国家是当然的管理者，在当今空域资源严重紧缺的情况下，急需国家制定科学、公平的空域管理政策，管好、用好空域资源，提高空域资源使用效率。

2.2　制定国家空域资源利用政策的原则和框架

2.2.1　国家空域资源利用政策的出发点和依据

1. 国家空域资源利用政策的出发点 [3]

空域是国家领土的组成部分，是国家生存发展的一个基本要素。空域资源是国家重要的战略资源，对国家的经济建设、国防安全和社会发展具有极其重大、不可替代的作用。

因此，国家空域资源利用政策必须以国家的整体利益和战略目标为出发点，要服从于国家大局的要求，服务于国家发展的总路线，要从满足整个国家和社会公众需要的高度使国家空域资源得到充分、有效的利用。

2. 国家空域资源利用政策的依据

空域是一种公共资源，国家空域资源利用政策的依据，是公共资源服务社会的本质内涵要求，即通过运用公共权力管理，实现空域公共资源的合理、有效利用，保证公共资源利益对社会公众的公平、公正分配。

空域资源属于整个社会所有,不为某个个人、企业或组织、部门所拥有;它必须为整个社会服务,为公众服务,社会成员都有权加以利用,因而空域资源具有公共物品性质,是一种公共资源。

既然国家空域资源是公共资源,所以国家空域资源的所有权完全归国家所有,应由国家政府来提供管理,并属于国家对公共资源实施公共管理职能的一项重要内容。

2.2.2　制定国家空域资源利用政策的原则

1. 满足社会公共利益需求原则

公共资源开发、利用的主要目的是满足社会需求,国家政策应为公共资源最大限度地满足社会需要提供保障,应将国家发展需求放在优先的地位。在和平发展时期应充分体现以经济建设为中心的原则,满足国家经济建设对空域资源的需求。

由于空域是国家安全的一个重要因素,在制定空域政策时,必须兼顾国家安全和公共利益两方面的需要,坚持国防建设与经济建设协调发展的方针,在经济发展的基础上推进国防和军队现代化。

在满足社会公共利益需求上,应体现空域资源利用的公平性,平等对待不同用户的使用需求;还应体现公共服务的效率。在空域资源日趋紧张的今天,社会公众对提高空域利用率和运行效率有更高的要求。

2. 空域资源利用最大化原则

空域资源是有限的,但由于空域条块分割、静态管理,在使用时常常存在不均衡性,因此,为达到空域资源利用的最大化,必须建立空域共享机制、实现空域灵活使用,为航空器提供更多的活动空间,以提高空域运行的安全性和使用效率。

空域资源的使用需要各种技术设备和保障手段的支持,而要实现空域资源利用的最大化,必须不断采用和更新技术,统一技术标准,避免设备因标准不一产生的信息共享障碍。为此,需要对空域管理装备进行持续建设,必须建立符合国际统一要求的使用和技术的规范标准,必须大力开展空域运行/管理新技术、新设备的开发、应用,增加空域的容量,提高空域运行效率,满足社会对空域使用的需要。

3. 保证空域使用的安全性原则

航空运输的安全问题比其他运输方式更为突出,没有安全就无法提高航空运输的运行效率,因此,保证空域使用的安全性应是空域使用的首要条件。

国家空域利用政策必须强调安全在空域利用中的关键地位,要严格空域管理者和使用者在安全上的要求与职责,并通过空域管理的有关政策、措施,保证空域运行的安全。

4. 可持续发展原则

空域资源作为国家重要的公共资源，其建设、使用和发展是个长期的过程。因此，制定国家空域利用政策必须遵循可持续发展原则。

遵循可持续发展原则，必须考虑投入与产出的问题。在国家的空域建设中必须注重成本效益，努力减少投资成本，尽量取得最大的使用效益。在空域使用的经济活动中，要按照经济规律和市场规律，收取必要的空域资源使用费，实现空域资源的公平使用与合理竞争，保证空域运行、维护和建设经费的来源。

遵循可持续发展原则，必须处理好协调发展的问题。要促进空域使用和建设的协调发展，从实际出发，使空域的建设、开发与空域使用的社会需求相适应。要使不同的空域用户都有各自的发展空间，推动各个空域用户之间相辅相成，协调发展。

遵循可持续发展原则，必须加强资源的环境保护。当前，航空对空域环境的主要影响是噪声、气体和环境污染。国家空域利用政策要推动建设"环保空域"和"绿色机场"，形成人与空域环境的生态平衡。

2.2.3 国家空域资源利用政策的框架体系

1. 国家空域资源利用政策的框架组成

空域资源作为国家和社会发展的公共资源，其利用政策属于针对国家治理的社会公共问题的公共政策。由于国家空域资源利用政策的内涵领域涉及了国家有关政治、管理、经济、技术等不同层次的问题，所以，国家空域资源利用政策框架体系可归纳为四大类政策。

(1) 政治政策：是体现国家政治意志、国家方向目标、国家利益需要的政策。

国家空域资源利用的政治政策，确定国家对空域资源利用的方向路线和政策走向，是空域资源利用的决定性政策。

空域资源利用的政治政策的内容包括：确定空域资源利用在国家整体利益中的地位、关系，以及国家对空域资源利用的总体目标、发展战略、路线方针等。

制定空域资源利用的政治政策的准则是，服从于国家的政治路线，服务于国家的利益需要，体现国家整体发展方向的要求。

(2) 管理政策：是为达到既定目标，对拥有资源进行组织领导和控制计划的政策。

国家空域资源利用的管理政策决定国家对空域资源利用的组织管理模式和实现方式，是空域资源利用的具体化、实施性的政策。

空域资源利用的管理政策的内容包括：国家对空域资源利用的领导体制与组织管理架构，国家对空域资源利用的控制规则和管理实施方式。

制定空域资源利用的管理政策的准则是，服从于空域资源利用政治政策的要求，有利于实现国家对空域资源利用的方向目标，有利于建立对国家空域资源的科学管理，使空域资源得到有效的利用。

(3) 经济政策：是按照经济规律，对拥有资源进行划拨、分配、使用的政策。

国家空域资源利用的经济政策是确定国家对空域资源利用的经济关系和价值规律，是保证空域资源利用可持续发展的政策。

空域资源利用的经济政策的内容包括：空域资源利用产业的发展，空域资源利用的税收和投资、金融，空域资源利用企业的管理等。

制定空域资源利用的经济政策的准则是，要保障空域公共资源的优化配置和充分利用，提高生产效率，促进国民经济和社会的发展，要有利于规范社会经济行为，保障社会公共需求的满足。

(4) 技术政策：是为使社会、经济和科技协调发展，对有关领域科技方向加以引导、管理和控制的政策。

国家空域资源利用的技术政策规定国家对空域资源利用技术发展的指导方向和工作重点，是推动空域资源利用技术的进步，提高空域资源竞争力的重要手段。

空域资源利用的技术政策的内容包括新技术发展战略和规划，新技术研究开发、应用更新、引进吸收，技术标准规范，技术产业和技术市场等。

制定空域资源利用的技术政策的准则是，要服务于空域资源利用总体目标的要求，增强我国空域资源利用的技术竞争力，要有利于借鉴、消化、吸收国外先进的科技成果，有利于形成具有我国自主知识产权的核心技术。

2. 国家空域资源利用政策的框架关系

在国家空域资源利用政策体系中，四大类政策之间的关系简单地说就是：政治政策是龙头，决定了整个政策体系的方向；管理政策是基础，担负了政策体系的具体运作和实施；经济政策是一个重要支撑，提供了政策体系持续运行的条件；技术政策是另一个重要支撑，是保证政策体系高效运行的手段。

如果将国家空域资源利用政策整个框架体系形象地比喻为一个"人"，那么政治政策是头脑，管理政策是身躯，经济政策是双脚，而技术政策就是双手。四类政策相辅相成、缺一不可，相互配合，形成一个统一的整体，保证了国家空域资源利用发展目标的顺利实现。

2.3　空域资源的价值分析和度量

随着空中交通的不断发展，空域资源相对空中交通活动需求的有限性和稀缺性的矛盾日益突出, 成为限制空中交通经济、快捷、有序发展的重要瓶颈。在空域资源紧缺的背景下, 必须改变以往 "空域无价" 的观念, 将空域看成是与水、土地、海洋等一样的具有经济属性的自然资源。

2.3.1 空域资源的价值分析

利用经济学的有关价值理论, 特别是马克思劳动价值论, 可以认识和理解有关空域资源的使用价值、价值和价格等概念的内涵, 在此基础上科学地度量空域资源价值 [4]。

(1) 空域资源使用价值的特性主要体现在以下方面:

第一, 空域资源具有使用价值, 其对人类航空运输活动具有物质性效用, 天然地具备向人类提供航空运输活动场所的属性功能, 这一功能是空域资源转化为经济资源最根本的基础与内在根据。

第二, 如果空域资源被限制使用, 甚至因为某些因素被破坏, 则人类不但不能实现人类活动的初衷, 还可能影响正常飞行, 甚至给人类带来灾难性的后果。

第三, 空域资源的有限性与稀缺性, 即由于两个飞行器不可能在同一时间里占用同一物理空间, 所以人类密集的航空运输活动使空域资源凸现稀缺。

(2) 空域资源的价值特性主要体现在以下方面:

第一, 由于空域资源对人类有用, 人们要付出劳动 (既包括简单的体力劳动, 也包含复杂的脑力劳动) 及其他要素才能将其开发利用起来。

第二, 由于空域资源所属地区之间在经济发展水平、开发利用难易程度以及地面运输竞争程度等方面存在着很大的差异, 开发空域资源所需要投入的劳动和资金、提供服务的数量和质量也存在很大的差异。

(3) 空域资源的价格特性主要体现在以下方面:

第一, 空域资源的价格必须以空域资源的价值为基础, 即必须考虑人类投入到空域资源开发、维护和使用过程中的社会劳动。

第二, 空域资源的价格具有很强的地租价格的特性, 即对热点空域而言, 使用该空域航空器的所有者与不能使用该空域航空器的所有者相比, 可能获得更大的经济利益, 因此空域资源的价格不可能完全由凝结在其中的社会劳动决定。

第三, 空域资源的价格实现要充分考虑到空域资源的真正所有者 —— 全体国民的利益, 包括空域资源的使用者 (如航空公司、旅客/货主等) 和非使用者 (普通国民) 的利益。

综合以上关于空域资源使用价值的特性及价值特性, 可以得到关于空域资源价值的研究结论。

结论 1: 空域资源是具有使用价值的资源。

结论 2: 空域资源的价值是由人类劳动与空域资源相结合产生的。由于人们的劳动投入凝结在具有使用价值的空域资源中，才形成了空域资源的价值，因而空域资源价值是人类劳动作用在空域资源上的产物。

结论 3：空域资源的价格是价值的货币体现，也遵守价值规律，即受供求关系影响。空域资源的价值与价格经常背离，但从长期的、大范围的角度看，两者是基本符合的。

2.3.2   基于影子价格的空域资源的价值度量

根据资源经济学和价格学理论，测量资源价格的方法有很多，包括影子价格法、边际机会成本法、供求定价法、级差收益法、市场逆算法、成本定价法、平衡价格法、利润提成法等。这里认为，能够比较方便、准确地测量空域资源价格的方法主要是影子价格法。

影子价格是社会处于某种最优状态下的反映社会劳动消耗、资源稀缺程度和对最终产品需求的产品和资源的价格。影子价格法是测量资源价值的一种重要方法。按照该方法，空域资源的影子价格等于航空运输系统中每增加一单位资源时总效益增加的数值，这里采用航线里程 (不重复距离) 作为衡量空域资源的指标。

利用回归方法对我国 1985~2014 年航线里程与民航旅客运输量、民航企业业务收入的数据关系进行分析研究，可以看出：在这 30 年中，随着不重复距离航线里程增加，旅客运输量和民航企业业务收入以更快的速度增加，相互呈现高度相关性。

本节将对航线里程和民航的收入历史数据进行分析，寻找其中的关系。

1. 航线里程增长数据

表 2.1 是中国民航 1985~2014 年 30 年的航线里程 (不重复距离) 数据，可以从一定程度上描述出中国民航的航线里程发展情况。

表 2.1   中国民航 1985~2014 年 30 年的航线里程 (不重复距离)

年份	航线里程/万千米 (不重复距离)
1985	27.7217
1986	32.3125
1987	38.9097
1988	37.3824
1989	47.1862
1990	50.6762
1991	55.9127
1992	83.6642
1993	96.0779
1994	104.5592
1995	112.8961

续表

年份	航线里程/万千米 (不重复距离)
1996	116.6521
1997	142.4951
1998	150.5811
1999	152.2221
2000	150.2887
2001	155.3596
2002	163.7708
2003	174.9545
2004	204.9394
2005	199.8501
2006	211.3505
2007	234.2961
2008	246.1840
2009	234.5085
2010	276.5147
2011	349.0571
2012	328.0114
2013	410.6000
2014	463.7200

作时间序列图如图 2.1 所示。

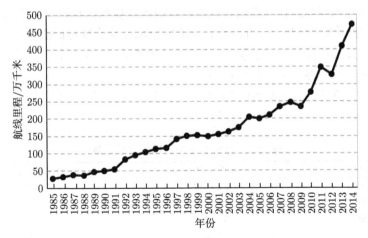

图 2.1　中国民航1985~2014 年 30 年的航线里程 (不重复距离)

2. 基于消费者 (旅客/货主) 的空域资源价格与价值分析

对消费者而言，相对于利用地面运输，利用空域资源可以节约运输时间，提高工作效率和生活质量, 即节约的运输时间是有价值的。因此, 基于消费者的空域资源价格就是单位空域资源给旅客节约时间所带来的价值所形成的影子价格。

因空域资源增加而增加的旅客价值由两个方面组成。第一是吸引了更多的旅客放弃地面运输而选择航空运输, 节约的时间价值为 ΔVA; 第二是因空域资源增加而使现有航空旅客减少了旅行时间, 节约的时间价值为 ΔVP, 则由于空域资源增加而创造的基于旅客的空域价值函数为

$$\Delta V = \Delta VA + \Delta VP \tag{2.1}$$

$$\Delta VA = (f(x + \Delta x) - f(x)) \times (TS - TA) \times v \tag{2.2}$$

$$\Delta VP = f(x) \times (g(x + \Delta x) - g(x)) \times v \tag{2.3}$$

其中, x 为空域资源量 (用不重复航线距离表达), $f(x)$ 为用不重复航线距离表达的旅客运输量函数, TS 为地面运输时间, TA 为航空运输时间, v 为旅客时间价值, $g(x)$ 为不同空域资源下带来的旅客旅行时间的减少量, V 为因空域资源增加而节约的总价值。

根据空域资源影子价格的定义, 可以得到空域资源影子价格

$$P(x) = \frac{\mathrm{d}V}{\mathrm{d}x} = \frac{\mathrm{d}(VA + VP)}{\mathrm{d}x}$$

$$= \frac{\mathrm{d}f(x)}{\mathrm{d}x} \times (TS - TA) \times v + \frac{\mathrm{d}g(x)}{\mathrm{d}x} \times f(x) \times v \tag{2.4}$$

与旅客运输类似, 货主在选择航空运输时的主要原因也在于民航运输的快速性, 因此, 采用类似的模型, 可以得到货邮的空域资源价格与价值函数。但由于国内航空货运发展历史极短, 运量少, 且原始数据匮乏, 故在本书中不予考虑。

下面来研究航路与旅客运输量的函数关系。

根据有关资料, 结合表 2.1 可以得到不重复航线里程与旅客运输量的数据, 如表 2.2 所示。

表 2.2　航线里程与民航旅客运输量

年份	航线里程/万千米	旅客运输量/万人次
1985	27.7217	595
1986	32.3125	831
1987	38.9097	1109
1988	37.3824	1171
1989	47.1862	1052
1990	50.6762	1346
1991	55.9127	1797
1992	83.6642	2394
1993	96.0779	2805

续表

年份	航线里程/万千米	旅客运输量/万人次
1994	104.5592	3445
1995	112.8961	4419
1996	116.6521	4782
1997	142.4951	5112
1998	150.5811	5204
1999	152.2221	5463
2000	150.2887	6031
2001	155.3596	6832
2002	163.7708	7756
2003	174.9545	8078
2004	204.9394	11046
2005	199.8501	12602
2006	211.3505	14553
2007	234.2961	16884
2008	246.1840	17732
2009	234.5085	21578
2010	276.5147	24838
2011	349.0571	27199
2012	328.0114	29600
2013	410.6000	32742
2014	463.7200	36500

利用回归分析方法对两者的关系进行研究,以航线里程作为横坐标,以旅客运输量作为纵坐标,具体结果如图 2.2 所示。

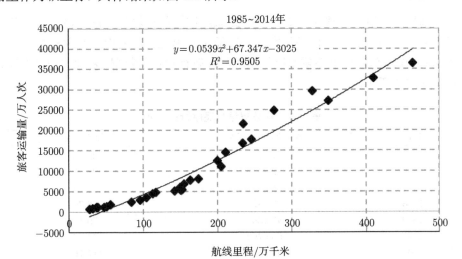

图 2.2 航线里程与民航旅客运输量关系研究

我们利用高阶回归方法对航线里程与民航旅客运输量的关系进行分析，可以得到以下结论：

$$f(x) = 0.0539x^2 + 67.347x - 3025 \quad (R^2 = 0.9505) \tag{2.5}$$

可见，根据 1985~2014 年 30 年的数据，随着不重复距离航线里程增加，旅客运输量以更快的速度增加，两者呈现高度相关性。

关于旅客时间价值的计算相当复杂，根据相关研究，2014 年国内旅客时间价值 $v = 60$ 元/时。估算采用火车和飞机的平均运输时间为

$$\text{TS} = 13\text{小时}, \quad \text{TA} = 3\text{小时}$$

不重复航线里程增加 100 万千米 (即增加 50%)，估计航空旅客的平均旅行时间减少 0.5 小时 (即减少 10%)，可以近似得到

$$\mathrm{d}g(x)/\mathrm{d}x = 0.5/100 = 0.005(\text{小时}/\text{万千米}) \tag{2.6}$$

可计算出在当前环境下，基于中国民航消费者的空域资源影子价格为

$$P(x) = 64.6x + 40408.2 + 0.3f(x) = 0.01617x^2 + 84.8x + 39500.7 \tag{2.7}$$

将 2014 年的不重复的航线距离值 463.72 万千米代入，可得到

$$P = 82.3\text{亿元}/\text{万千米}$$

值得指出，通过上式不难看出，不断增加的民航运输量会需要更广阔的空域，而更广阔的空域将同步提高空域资源的基于消费者的影子价格。

3. 基于生产者的空域资源价格与价值分析

如前所述，航空运输系统是利用航路航线网进行运输生产的经济系统，其生产者主要包括航空公司、机场、空管及其他保障单位。我们根据有关资料，得到了 1985~2014 年 30 年里不重复航线里程与民航行业收入数据 (未考虑物价上涨因素)，如表 2.3 所示。

表 2.3 航线里程与民航行业收入

年份	航线里程/万千米	民航行业收入/亿元
1985	27.7217	20.92
1986	32.3125	28.24
1987	38.9097	42.69
1988	37.3824	56.70
1989	47.1862	59.11
1990	50.6762	84.47
1991	55.9127	117.76
1992	83.6642	168.17

续表

年份	航线里程/万千米	民航行业收入/亿元
1993	96.0779	230.78
1994	104.5592	327.88
1995	112.8961	434.96
1996	116.6521	505.25
1997	142.4951	552.62
1998	150.5811	508.38
1999	152.2221	630.63
2000	150.2887	710.53
2001	155.3596	877.93
2002	163.7708	1149.39
2003	174.9545	1268.36
2004	204.9394	1689.95
2005	199.8501	2084.07
2006	211.3505	2658.01
2007	234.2961	3047.41
2008	246.1840	3631.34
2009	234.5085	3553.14
2010	276.5147	5081.33
2011	349.0571	6431.28
2012	328.0114	6881.13
2013	410.6000	6808.03
2014	463.7200	7366.29

利用回归分析方法对两者的关系进行研究,以航线里程为横坐标,民航行业收入为纵坐标,具体结果如图 2.3 所示。

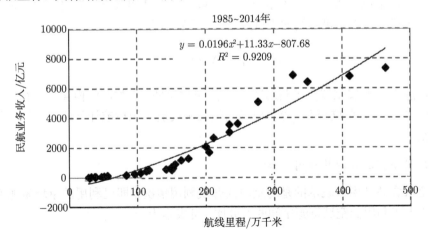

图 2.3　航线里程与民航行业收入关系研究

我们利用线性回归方法对航线里程与民航行业收入关系进行分析，得到

$$V = 0.0196x^2 + 11.33x - 807.68 \quad (R^2 = 0.9209) \tag{2.8}$$

根据空域资源影子价格的定义，可以得到基于生产者的空域资源影子价格为

$$P(x) = \frac{\mathrm{d}V}{\mathrm{d}x} = 0.0392x + 11.33 \tag{2.9}$$

将 2014 年的不重复的航线距离值 463.72 万千米代入，可得到

$$P = 29.5亿元/万千米$$

可见，不断增加的民航运输量需要更多、更密的航线网络，而更多的航线网络不仅提高了旅客运输量，也提高了民航的收入。要增加航线网络必须要有较好的空域环境、提高运行技术、加密加长航路网。

2.4　空域资源利用率的计算模型

2.4.1　基于空间概念的空域资源利用率计算模型

如何描述空域资源的利用程度呢？根据对空域资源利用情况进行评估的重点不同，空域资源利用率模型可以分为已开发空域资源利用率模型和整个空域资源的利用率模型，可以采用不同的计算模型。

1. 已开发空域资源利用率模型

已开发空域资源利用率表示所利用空域的实际使用效果，为空域中实际运行的平均飞机数与理论可容纳的飞机数之比。可表示为

$$\eta_B = N_1/N_2$$

其中，η_B 为已开发空域资源利用率；N_1 为单位空间、单位时间内实际运行的平均飞机流量；N_2 为单位空间、单位时间内按国际民航组织标准计算的理论可容纳飞机流量。

2. 整个空域资源的利用率模型

空域资源利用率表示的是对空域的开发利用情况，即已利用的空域资源空间占理论上可利用的空域资源空间的百分比。可表示为

$$\eta_A = V_1/V_2$$

其中，η_A 为空域资源利用率；V_1 为具备相应的技术标准，可为航行器提供服务的空域资源空间；V_2 为地球表面以上的、大气层以内的空间。

根据变量表达的含义不同，上式又可分为二维模型和三维模型。二维模型从空域投影平面出发，不考虑对空气空间的高度层划分，是一个投影面积之比。三维模型考虑空域高度层的不同划分标准，是一个体积之比。

据统计，2015 年全国航路航线总条数 748 条，总里程约为 199630 千米，简化地取航路航线的平均宽度约为 15 千米，可得民航使用的空域面积约为 299 万平方千米。我国国土总面积约为 1260 万平方千米，其中陆地面积约 960 万平方千米，海洋面积约 300 万平方千米。所以，根据空域资源利用率二维模型可得出目前我国民航利用的空域约占全国总空域的 23.7%。如果按三维模型计算，我国目前空域开发得还不够，空域利用率的计算结果将会小于二维模型的计算结果。

2.4.2 基于时空的区域管制空域资源短时利用率模型

对于区域管制空域，空域的结构是由航路交叉点及航路组成的，而运行时交通流按时间在空域中飞行，因此以航路交叉点附近区域及其航路段区域为对象，根据所考虑时间段，分时段对其利用率进行评估计算，然后综合建立综合区域管制空域短时利用率评估模型[5]。

1. 区域划分

选取某一交叉点附近构型，划分标准如图 2.4 所示，中间立体空间为交叉点附近区域，其余部分为航路段。航路网由若干个交叉点和航路段构成，研究中均将其进行划分。区域管制空域利用率计算由交叉点附近区域空域利用率和航路利用率得到。

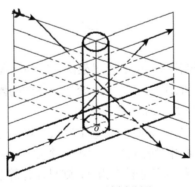

图 2.4 区域划分图

将给定的航路网区域划分为航路交叉点附近区域和航路段，首先对航路交叉点附近区域划分范围，为简化计算，将交叉点区域按有且仅有一架飞机的情况规则进行划分，除去交叉点附近区域，剩下的就是航路段。交叉点附近区域的划分情况如图 2.4 所示。

2. 时段划分

根据时间段的长短可将利用率大致分为中长期利用率、短期利用率和短时利用率。根据已往的研究成果，大多是中长期的利用率的研究，这里研究短时利用率的情况。

现将一天的时间段划分为繁忙时段和非繁忙时段，分别计算其时段的利用率。

飞机在空域中完成一系列的动作可以认为是对空域的利用，反过来空域为航空器的飞行提供服务，航路系统可以看成一个排队系统，排队论中用繁忙率来表征时段的繁忙特征，同样适用于航路系统，因此引入排队论中的到达率和服务率来定义时段。

在排队系统中，到达率表示单位时间内到达排队系统中的平均顾客数。服务率表示单位时间内服务完成的平均顾客数。在空域系统中，繁忙特征由航班到达率和管制服务率来表征，航班到达率为单位时间内到达航路入口点的平均航空器数量，管制服务率为单位时间内管制服务完成的平均航空器数量。繁忙率 ρ 的计算公式如下：

$$\rho = \frac{\lambda}{\mu} \tag{2.10}$$

其中

$$\lambda = \frac{\sum n f_n}{M_1} \tag{2.11}$$

$$\mu = \frac{\sum n f_t}{M_2} \tag{2.12}$$

λ 表示航班到达率，n 为统计时段中航空器架次，f_n 为 n 架航空器出现的频数，M_1 为出现频数总和；μ 表示管制服务率，t 为统计服务时间段中管制服务时间，f_t 为服务时间为 t 的频数，M_2 为出现频数的总和。

这里设定当 $\rho \geqslant 0.95$ 时，该时段为繁忙时段，否则为非繁忙时段。这里的非繁忙时不是空闲的含义，是针对管制员来说的一个相对的概念，是负担相对小的时段。繁忙时段整个区域的利用率可看作为 1，则只需计算非繁忙时段利用率，得到利用率计算公式：

$$U = \begin{cases} 1, & \rho \geqslant 95\% \\ U_0, & \rho < 95\% \end{cases} \tag{2.13}$$

3. 区域管制空域利用率计算模型

从空间和时间的角度进行划分后,需要分别建立交叉点附近空域利用率计算模型和航路利用率计算模型,再根据流量的时空分布确定权值,计算综合利用率。

1) 交叉点附近区域空域利用率计算模型

由上述利用率计算公式可知,需要计算非繁忙时段空域利用率,首先计算交叉点附近区域空域利用率。

设定区域内每个高度层如果存在航空器,则有且仅有一架飞机,则交叉点附近利用率值为被航空器占用的高度层数与高度层总数的比值。设交叉点处共有 N_{sum} 个高度层,其中航空器占用的高度层数为 N_{have},则

$$\mu_{\text{p}} = \frac{N_{\text{have}}}{N_{\text{sum}}} \tag{2.14}$$

得到非繁忙时段航路交叉点附近区域利用率后,则需对航路段非繁忙时段利用率进行计算,根据上述空域利用率的定义,建立航路利用率计算模型。

2) 航路利用率计算模型

根据定义,航路利用率是给定时段内高度层利用率的加权求和,其中高度层利用率是指研究时段流量与容量的比值。

首先建立高度层容量模型,模型假设及其符号定义如下:

(1) 假设飞行过程中航路的容量不受恶劣天气等随机因素的影响,在所考虑时间周期内,航路的容量是静态的。

(2) 假设航空器按平均巡航速度在各自主高度层上进行飞行且不允许超越,不考虑航路交叉点的影响,不考虑穿越对容量的影响,因此高度层的 "东单西双" 的运行影响可以忽略不计。

(3) 航路长度固定,飞机机身的长度忽略不计。

$$C_k = \frac{TV_j + L}{S + \Delta S} \tag{2.15}$$

其中,C_k 为 k 高度层的容量,T 为单位时间段,V_j 为所有使用高度层 k 的飞机的平均巡航速度,L 为航段长度,S 是高度层上最小飞行间隔,ΔS 为管制员的实际管制间隔超出标准最小安全间隔的平均值时增加的间隔裕度。

得到容量后还需要计算高度层的飞行流量 Q_k,确定高度层利用率值为

$$\mu_k = \frac{Q_k}{C_k} \times 100\% \tag{2.16}$$

在航路飞行的航空器按照巡航高度层飞行,考虑在最佳巡航高度上有节省燃油等有利条件,为了增加飞行高度层和空域容量,有利于管制员调配飞行冲突,实

行了 RVSM(即缩小最小垂直间隔)，即在一定飞行空域范围内在 FL290(8850m) 以上 FL410(12500m) 以下的飞行高度层之间的垂直间隔最低标准由 2000ft 缩小到 1000ft，该空间范围内飞行高度层的数量从原来的 7 个增加到 13 个，因此需考虑高度层的优先级问题，不同高度层利用率对航路利用率的贡献值不同，其权重值由层次分析法获得。

设权值为 α，则航路利用率值为

$$\mu_L = \sum_{k=1}^{N_1} \alpha_k \mu_k \tag{2.17}$$

上述模型是计算时间片内的利用率模型，将各个时间片 $t_i(i = 1, 2, \cdots, N_2)$ 的利用率加权求和，则得到最终非繁忙时段航路利用率计算公式:

$$\mu_R = \sum_{t_i=1}^{N_2} \mu_{L,t_i} \tag{2.18}$$

综上则有

$$\mu_R = \sum_{t_i=1}^{N_2} \sum_{k=1}^{N_1} \frac{\alpha_{k,t_i} Q_{k,t_i}(S + \Delta S)}{TV_j + L} \tag{2.19}$$

3) 权值的确定

得到航路交叉点附近区域和航路利用率后，需要确定各自权重，其值由流量的时空分布确定，即每段区域流量占整个区域总流量的比值。设交叉点附近区域和航路段区域的权值分别为 β_R 和 γ_P，则得到非繁忙时段区域管制区空域利用率计算公式为

$$U_o = \sum_{R=1}^{M} \beta_R \mu_R + \sum_{P=1}^{N} \gamma_P \mu_P \tag{2.20}$$

其中

$$\sum_{R=1}^{M} \beta_R + \sum_{P=1}^{N} \gamma_P = 1 \tag{2.21}$$

M, N 分别为航路段个数和交叉点个数，设通过某一航路段或交叉点的流量为 q_o，整个区域的流量值为 Q_o(认为区域流量为各个航路段流量和交叉点流量的和)，则给出权值的通用计算公式

$$\kappa = \frac{q_o}{Q_o} \tag{2.22}$$

β_R, γ_P 的值由公式 (2.21) 求得，再由公式 (2.13) 计算得到最终综合区域管制空域利用率的计算公式:

$$U = \begin{cases} 1, & \rho \geqslant 95\% \\ \beta_R \sum_{t_i=1}^{N_2} \sum_{k=1}^{N_1} \frac{\alpha_{k,t_i} Q_{k,t_i}(S+\Delta S)}{TV_j + L} + \gamma_P \frac{N_{\text{have}}}{N_{\text{sum}}}, & \rho < 95\% \end{cases} \quad (2.23)$$

2.4.3 基于时空资源消耗的终端区的短时利用率模型

20 世纪 80 年代早期,法国工程师路易斯·马尚从时空资源消耗的角度提出了城市资源的时间及空间消耗概念,通过这一概念指出了城市交通的实质。

所谓时空消耗,即交通个体 (可以是人,也可以是载运工具),在一定的时间周期内占用的空间或者说在一定空间上所使用的时间。近年来,时空资源消耗思想被广泛应用于城市交通领域中的各类型公路、城市道路以及人行横道的通行力的计算,并延伸至水路运输中内河运输网通行效率的计算。

对于空中交通运输而言,终端区 (进近) 管制空域属于 C 类空域,管制范围较大,存在密集交错的航路航线网,其符合时空消耗中为交通个体服务的具有时空属性的容器这一概念,区别于道路交通的二维性而言,空中交通的航线网布局是三维的,当研究时段为 1h 时其空间属性应该采用 m³ 来表示,即单位为:m³·h/架次。对终端区空域来说,其空间资源在一定的时间内是有限且稳定的。空域内交通流中任一航空器都会在一定的空间范围内使用时间飞行或者一定的时间内占用其空间资源。因此将时空资源消耗理论应用于空中交通领域内是合理可行的。因此,基于时空资源消耗概念,终端区空域就可以定义为航空器通过一定空间的航路航线所需要的飞行时间,或者也可以描述为航空器在一定的时间内占用的终端区空间体积。

空域作为一种特殊的资源,是可以被重复利用的,其资源属性有着明显的时间特性和空间特性。根据基于时空资源对终端区空域的新定义,定义终端区空域实际利用率为:单位时间周期内,实际使用时空资源 Z_o 与有效运营可用时空资源 Z_a 之比

$$U = \frac{Z_o}{Z_a} \times 100\% \quad (2.24)$$

根据实际,其中 $0 \leqslant U \leqslant 1$。

将终端区空域系统的运行过程分为进场、离场和飞越三个子过程的运行,当交通流呈拥塞状态时,进离场航空器沿着进离场随管制员指令进行机动飞行,其中,进场航空器不断降低高度,最终对正跑道;离场航空器不断提升高度,直到达到移交指定高度。飞越航路上航空器保持一定高度,飞越终端区。由于飞越航路对终端区进离场航线影响较小,且飞越航路空间资源呈现形式和进离场航线空间资源呈现形式不同,飞越航空器和进离场航空器运行类型不同,所以将飞越航路利用率与进离场航线利用率分别评估计算。

1. 模型假设及模型符号解释

基本假设：

(1) 假设飞行过程中容量不受恶劣天气等随机因素的影响，航线的容量是静态的；

(2) 航空器以平均进离场速度、飞越速度在终端区内飞行；

(3) 终端区只有一个机场，进离场扇区分离，进离场航空器互不干扰；

(4) 在计算空域利用率的指定时间周期或时间片内，进离场流量、飞越流量可通过流量统计方式得到。

对模型中符号进行解释与说明：

(1) 可用时空资源 Z_a：根据时空资源消耗的定义以及终端区进离场航线、飞越航路空域结构，可知单条航段或航路在瞬时提供的航路资源近似为 $L_r \times B_r \times H_r \times T_k$，其中 $r = 1, 2, \cdots, n$，代表某终端进近管制空域内第 n 条进场航段、离场航段或飞越航路；$k = 1, 2, \cdots, m$，代表某时间周期可分为 k 个时间片，则第 k 个时间片内，单条航段或航路的总时空资源 Z_a 为

$$Z_a = L_r \times B_r \times H_r \times T_k \tag{2.25}$$

其中，L_r 为进离场航段或飞越航路长度，B_r 为航路的宽度，进离场航段与飞越航路宽度一般均默认为 20km，H_r 为航段的高差，由于进离场航段是存在高度层的、连续下降或上升的航线，因此代表终端区进离场航段的上限与下限之差，而飞越航路的计算无须考虑高差，T_k 是第 k 个时间片。

(2) 有效运营可用时空资源 Z_a：在实际的管制过程以及航空器的飞行过程中，航空器处于三维的交通网载体之上，在计算可用时空资源时，应采用有效运营空间这一概念来取代公式 (2.25) 中的几何空间体积。有效运营空间 V 即可定义为在实际运行条件下，受航线使用频率与航线几何特性等因素影响，实际可以被利用的空间范围。单条航段或航路有效运营空间的表达式为

$$V = L_r \times B_r \times H_r \times \gamma \times \eta$$

其中，γ 代表航线使用频率权重，由于航线的使用频率的高低取决于单位时间航段上的航空器数量，即单位时间片 T_k 内的流量大小，因此可以用单位时间片 T_k 内，第 r 条进场/离场/飞越航线上的航空器数量与终端区内所有同一类型航线上的航空器数量的比值确定，$\gamma = q_r / \sum_{i=1}^{3} N_i$，其中 $i = 1, 2, 3$，1 代表重型机，2 代表中型机，3 代表轻型机。N_i 为在单位时间片内，雷达屏幕上所见的第 i 类机型的数量。η 代表受几何特性影响，空域实际可利用部分权重。由于需要考虑到终端 (进

近) 管制区域外围边界呈阶梯状，并不是规则的、巨大的矩形空域或如 D 类空域一样为圆柱形空域，因此需要在原有计算空间的基础上剔除大部分实际无法被利用的部分空域体积 —— 飞行中过于偏离航道、距离导航设施较远、管制员指令不达的空域部分。

将单条进场航段抽象为如图 2.5 所示几何模型，其中倾斜面 $abdc$ 表示单条进场航段，航线长度 $bd = ac$，航线宽度 $ab = cd = 20\text{km}$，航线高差为 be，取值范围在 3~6km。其中，由于下滑角度较小，$ed \approx bd = ac$。一般来说，航空器将沿进场程序下降飞行，保持垂直间隔 0.3km，由中国民用航空总局《中国民用航空空中交通管理规则令第 86 号》，各机型的最小尾流间隔的规定知平均水平间隔近似取 8km。特殊情况下，因随机因素扰动的影响，航空器将小范围偏离进场程序，进行下降，因此航空器听从管制员指挥能够活动的空域实则是非常有限的。

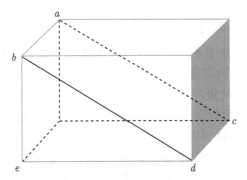

图 2.5　单条进场航线抽象模型

剩余部分的空域空间占总空间体积表示为

$$\eta = \frac{ac \cdot be \cdot ab - [(ac - 8) \cdot (be - 0.3) \cdot ab]}{ac \cdot be \cdot ab}$$

整理可得：$0.067 + 7.47\dfrac{1}{ac} = \eta$。由此可知剩余部分空域空间与航线长度的关系为反比例函数关系，即航线长度 ac 越长，剩余部分占比 η 越小。

单条离场航段中权重 η 的计算方法仿照进场航线中权重 η 的计算方法。

单条飞越航路中权重 η 近似为 1，由于飞越航路与进离场航线相比的特殊性，受几何特性所导致的无法使用的空域部分极小，因此 $\eta \approx 1$。

(3) 实际使用时空资源 Z_{o}：若一架航空器在瞬时占用的空域资源为 $(d + w) \times B \times h$，假设在单位时间周期 $[t_0, t_1]$ 内，航空器的飞行时间为 $t_2 - t_3$，则其实际占用消耗的时空资源为

$$Z_{\mathrm{o}} = N \int_{t_2}^{t_3} (d + w) \times B \times h \times \mathrm{d}t \tag{2.26}$$

其中, d 为航空器在终端区内进离场航线、飞越航路的平均水平间隔, w 为航空器平均机身长度, h 为航空器之间的垂直间隔, 当航空器在进离场航线上时, 该间隔一般取为 300m, 当航空器飞越航路时, 则无须考虑, N 为在时间周期内进入终端区飞行的航空器数量, B 为航路的宽度。

(4) 机身的平均长度 w: 以中型机为标准机型, 设 3 种机型的比例为重∶中∶轻 $= \rho_1 : \rho_2 : \rho_3$, 且 $\rho_1 + \rho_2 + \rho_3 = 1$。那么平均机身长度为

$$w = \sum_{i=1}^{3} \rho_i w_i \tag{2.27}$$

其中, w_i 为第 i 机型中常见机型的近似长度, 由于在计算过程中, 机身长度对空间占用情况的影响远小于间隔所造成的影响, 所以此处采用不同类型飞机机身近似长度值进行计算即可, 一般重型机取 70m, 中型机取 35m, 轻型机取 10m。

(5) 第 i 机型的平均水平间隔 d: 根据中国民用航空总局令第 86 号《中国民用航空空中交通管理规则》各机型的最小尾流间隔的规定, 水平间隔 d 预防了航空器在飞行过程中由于前机尾流造成的后机安全隐患。

又依据《飞行间隔规定》中所列规定, 航空器在进近管制区域内最低水平间隔不小于 6km, 因此在进近管制区域管制员进行指令管制的过程中, 会根据不同机场的地理条件以及气候条件等因素适当地提高航空器水平间隔的安全裕度 β, 它的取值大小与管制员的工作熟练程度以及自然条件等有着必然的联系, β 随当地机场实际情况而定。以下计算排除安全裕度 β 以外的、符合相关规定的第 i 机型的平均水平间隔。

假设每一类型航空器其后跟随的航空器类型都是随机的交通流, 且由以上分析可知, 航空器之间的水平间隔与后面跟随的机型有关, 那么通过对终端区进近管制中心的雷达监控数据的采集和数理统计, 可以得到一个矩阵 P_{ij}, 矩阵代表的是不同类型的航空器所跟随不同类型航空器的出现概率:$\begin{bmatrix} P_{11} & P_{21} & P_{31} \\ P_{12} & P_{22} & P_{32} \\ P_{13} & P_{23} & P_{33} \end{bmatrix}$,其中 $i = 1, 2, 3$, 代表的是三种类型航空器分别为重、中、轻, $j = 1, 2, 3$ 代表的是航空器后跟随的航空器类型为重、中、轻。

那么, 航空器之间的水平间隔就可以表示为

$$d_i = \sum_{j=1}^{3} P_{ij} D_{ij} \tag{2.28}$$

(6) 平均飞行时间 t_r：当航空器处于进离场航线时，假设在每条航段上，航空器都以匀速交通流飞行，由于中型机和重型机在交通流中所占的比重较大，速度差距较小，因此可以认为进场交通流以 250km/h 的速度做匀速运动，离场交通流以 500km/h 的速度做匀速运动；由于航空器进场离场正常情况下一定有降落或起飞请求且航空器之间互不影响，可将航空器作为到达或离开终端区的过程视为泊松 (Poisson) 输入过程，且在所考虑的时间片内，每个扇区都有一个独立的、可提供指令的服务机构，且航空器起飞降落均符合先到先服务的规则 (FCFS)。

因此将进离场航线上的航空器飞行活动就类比为排队论模型 $M/M/1$，以进场活动为例，其中，航空器的到达率 λ 的意义为每小时到达终端区进场航线上的航空器数量，通过统计某终端区进近管制中心雷达监控数据的航空器来流间隔期望 ε 可以得到，则 $\lambda = \dfrac{1}{\varepsilon}$；通过统计某终端区航空器通过初始进近定位点的时间期望χ，可以得到每个航空器在模型内的服务时间为 $\mu = \dfrac{1}{\chi}$。离场活动同理可得。

根据里特 (Little) 公式中关于排队论系统中的平均等待时间的描述，在足够长的时间片内，可以将平均逗留时间 W_s(航空器在终端区进离场航线飞行时间的平均值) 看作是在系统中的航空器平均飞行时间，则有 $t_r = W_s = \dfrac{1}{\mu - \lambda}$；当所研究的时间片较短时，航空器的平均飞行时间可等同于时间片长，即 $t_r = T_k$。

当航空器在飞越航路上，且该航路足够长时，航空器平均飞行时间近似等于时间片长。

2. 进离场航线利用率计算模型

在进离场分离情况下，终端区进离场航线上的航空器互不干扰，进场航线上包含多条进场航段、初始进近航段与中间进近航段，离场航线上包含多条离场航段，通过对以上参数与符号的解释说明与计算，得到进离场航线上单条航段在时间片 T_k 的空域利用率为

$$U_{rk} = \frac{\displaystyle\sum_{i=1}^{3} N_i[(d_i + w) \times B \times h \times t_r]}{L_r \times B_r \times H_r \times T_k \times \dfrac{q_r}{3} \times \eta \displaystyle\sum_{i=1}^{3} N_i} \times 100\% \qquad (2.29)$$

其中，$r = 1, 2, \cdots, n$，代表某终端进近管制空域内第 r 条进场航段或离场航段；$k = 1, 2, \cdots, m$，代表某时间周期可分为 k 个时间片。

假设某终端区内共有 r_1 条进场航段或进近航段，由于在终端区进场过程中，水平方向的下降运动是其主要飞行活动，通过赋予每条进场航线利用率航线里程

比例的权重, 在单位时间片 T_k 内, 整个终端区内进场航线利用率 U_{k1} 可以表示为

$$U_{k1} = \sum_{r=1}^{r_1} \frac{L_r}{\sum\limits_{r=1}^{r_1} L_r} U_{rk} \tag{2.30}$$

同理, 假设终端区内共有 r_2 条离场航段, 由于在终端区离场过程中, 主要飞行活动是做上升运动, 通过赋予每条离场航段利用率航程里程比例的权重, 在单位时间片 T_k 内, 整个终端区内离场航线利用率 U_{k2} 可以表示为

$$U_{k2} = \sum_{r=1}^{r_2} \frac{L_r}{\sum\limits_{r=1}^{r_2} L_r} U_{rk} \tag{2.31}$$

3. 飞越航路利用率计算模型

飞越航路上的航空器不在终端区内着陆, 一般处于较高的高度层, 是经由终端区从一个管制区飞往相邻管制区的航班, 飞越航班不做上升下降运动。飞越过程中, 航路或航线处于终端区以内的称为飞越航路。假设某飞越航路上有 x 个主用高度层, 每个机型按照平均巡航速度在其主用高度层上飞行, 则单位时间片 T_k 内, 第 y 个主用高度层上, 飞越航路利用率 U_{yk} 为

$$U_{yk} = \frac{\sum\limits_{i=1}^{3} N_i[(d_i + w_i) \times B \times t_y]}{L_y \times B_y \times T_k \times \dfrac{q_y}{3} \times \eta \cdot \sum\limits_{i=1}^{3} N_i} \times 100\% \tag{2.32}$$

其中, $y = 1, 2, \cdots, x$, 代表某终端进近管制空域内第 y 个主用高度层, 共有 x 个主用高度层; $k = 1, 2 \cdots, m$, 代表某时间周期可分为 k 个时间片。

则一条存在 x 个主用高度层的飞越航路上, 飞越航路利用率 U_{k3} 为

$$U_{k3} = \sum_{y=1}^{x} P_y U_{yk} \tag{2.33}$$

其中, P_y 为第 y 个主用高度层上航空器出现的概率。

4. 终端区空域利用率计算模型

理论上, 计算得到进离场航线利用率和飞越航路利用率后, 需要通过计算确定进场、离场以及飞越活动对终端区空域利用程度的重要性权重, 但限于数据资源有

限，本书仅在参考文献的基础之上，并考虑到进离场航线对终端区空域影响较大，飞越航路因不涉及起飞降落，对终端区空域影响较小，假设进场航线、离场航线和飞越航路的利用程度对终端区空域的利用程度重要性之比为 $\alpha_1 : \alpha_2 : \alpha_3$，则终端区空域利用率 U_k 为

$$U_k = \alpha_1 U_{k1} + \alpha_2 U_{k2} + \alpha_3 U_{k3} \tag{2.34}$$

若某一单位时间周期内，有 m 个时间片 T_k，为反映短时时变特性，则单位时间周期内的终端区空域利用率为

$$U = \frac{1}{m} \sum_{k=1}^{m} U_k \tag{2.35}$$

2.5 空域资源的现状与利用策略

2.5.1 空域资源利用目前存在的问题

我国空域资源利用目前存在的问题如下 [6]：

1. 没有体现满足公共服务需求

我国对空域资源的开发利用做得还很不够，例如，我国为民用航空开放的空域不到整个空域的 1/4，而与我国国土面积相当的美国，为民用航空开放的空域已达 80% 以上。而且，我国的空域资源配置还不尽合理，可利用的空域高度集中在东部地区。目前我国东部地区空管的空域、航线、能力等保障方面趋于或达到饱和。以北京、上海、广州等地为例，其高峰日和高峰时段的飞行量已经达到规定的饱和状态，造成了经常性的航班延误，增加了管制员的工作负担，带来了严重的安全隐患。

2. 空域划设不合理

由于历史发展的局限性，大多数人没有认识到空域是公共资源。空域管理者对空域使用区域划分主要以行政或其他管理机制的安排相适应而与飞行分布没有太大关系，造成机构设置、空域范围相似而飞行量相差很大。目前对空域位置要求不高的训练空域集中在其他飞行任务量大的中心城市和飞行密集的航路周围，空域不能考虑按任务的需要安排分配，这种现状加大了飞行冲突数量，同时增加了空域的拥挤程度，而飞行量少、航路稀疏的空域却不能得到有效的利用。

3. 在空域利用上没有充分体现经济性

我国目前空域划分不够科学，没有根据空域环境和空管保障能力及用户需求的不同，对全国空域进行统一的划分。航路、航线划设也不够规范，与部队飞行训

练空域交叉多,航线设置上也没有体现直飞。空域使用方法不够灵活,在使用上相对独立;军事飞行频繁穿越航路,由于指挥体制不同,调配预留空间大,造成空域资源的浪费;空域使用多偏重于静态控制,缺乏灵活性。

4. 空域的建设没有跟上形势的发展

目前空域管理大大地落后于用户发展的需要,航路总体结构没有相应的变化。航路网结构方式不能满足需要,经常出现梗阻现象。航路网结构以中心城市为起止点,过分依赖地面导航设备,节点单一,对流量限制过大。整个空域资源的效益没有达到最大化。

在部分枢纽城市及相关航路上,航空公司有足够的运力却不能获得时刻,时刻申请满足率 (即航空公司获得空域时刻的次数与申请时刻的次数之比) 不到 60%;在紧张的空域资源条件下,空管部门为了保证安全而不得不实行流量控制,给航空公司造成直接的经济损失。

2.5.2　空域资源的利用策略

空域资源利用策略是从两个方面出发的,一是提高空域资源利用率,二是提高空域资源使用率 [7]。

1. 提高空域资源利用率

空域资源能被使用,必须符合一定的标准,使航空器能在其中安全运行。从理论上讲通过卫星导航等新技术的应用,所有的空气空间都可作为空域资源被使用,但在实际情况中,由于目前通信、导航、监视设备的覆盖范围有限,各地区的技术水平不同,所以还有大量的区域未被开发,没能发挥相应的空域资源的作用。

建议航空运输由路基导航逐步转为星基导航,研制和采用新技术,加快对空域的开发、建设,使更多的空域可以被使用,提高空域资源利用率。

2. 提高空域资源使用率

提高空域资源使用率可以从以下三个方面分别论述。

1) 提高空域资源时间使用率

因为空域资源是一个流量资源,无法保存,过期作废,所以提高空域资源时间使用率的主要思路是使可用空域资源在所有的时间段尽量被占满和高效率使用。从这个思路出发,就是要让所有达到使用标准的空域资源在所有的时间段里,只要不超过其容量,都能为航空器的运行需求提供服务,并且尽量让航空器快速地从空域中通过,从而提高其时间使用率。

可采用的具体策略如下。

空域的动态使用: 对每一块空域统计航空器的使用需求, 按需分配使用, 可进一步评估其使用效率, 将空域资源分配给使用效率最大的需求方。

放行红眼航班①: 夜间航班对技术要求更高, 在目前技术水平下, 为了保障安全, 夜间的时段并没有对航班完全开放, 今后可进一步提高技术水平, 将夜间的空域资源也利用起来。

使空域连续顺畅: 空域本身是一个整体, 目前由于各种原因, 人为地将空域分割开来。由于技术水平的不同, 各国的管理体制不同, 空域的划分和其技术标准也不一样, 这样就为航空器顺畅地飞行带来了很多麻烦, 在不停地联系、交接管制工作过程中降低了航空器通过空域的速度。目前世界各国已意识到 "一个天空" 的重要性和好处, 但要真正实现还有许多制度和技术上的问题需要克服。

自由飞行: 是未来航空运输的发展方向, 对整个空管体制是一个大的改革。在星基导航和航空电子设备高度现代化的基础上, 由航空器自主决策飞行路线和高度, 自己保持安全间隔, 空管人员只是起监督和警示的作用。自由飞行将更多采用点对点直飞, 这将极大提高空域的利用率。

2) 提高空域资源空间利用率

(1) 提高可用空域资源面积。将一些已达到技术要求的空域尽量利用起来。例如, 开放低空空域, 开放一些不用的训练空域, 及时撤销一些空域限制等。

(2) 提高可用空域资源的利用率。一个空域资源的利用情况很大程度上取决于该地区的管制方式和水平, 对于 B737 来讲, 程序管制的纵向间隔是雷达监控管制的 1.67 倍, 是雷达管制的 6.25 倍, 在一条从 1200m 到 6600m 的航段上, 从理论上讲, 该航段在同一时间, 雷达监视管制的容量是程序管制的 16.7 倍, 而雷达管制则是程序管制的 62.5 倍。可见, 通过开发和采用先进科学技术和管理经验, 从技术层面上可以很好地挖掘空域资源的潜力。所以可通过技术手段提高可用空域资源的利用率, 使其可同时服务的航空器增加。例如, 对航空器的交通管制从程序管制到雷达管制再到星基导航, 缩小高度层的划分, 缩小航空器的控制安全间隔等。

3) 引入竞争机制

从空域资源是一种自然资源的角度出发, 为使资源的利用和分配更合理, 应在一定范围内引入竞争机制, 逐步放松管制, 使资源自动地按经济规律进行最优配置。例如, 可以改革目前的空管服务费收费体制, 允许私营资本进入空域资源的建设中等。

---

①红眼航班 (red-eye flight) 是指在深夜至凌晨时段运行, 并于翌日清晨至早上抵达目的地, 飞航时间少于正常睡眠需求 (8 小时) 的客运航班。

参 考 文 献

[1] 封志明. 资源科学导论 [M]. 北京: 科学出版社, 2004.

[2] 王莉莉, 徐肖豪. 空域资源的属性分析及利用策略思考 [R]. 中国交通研究与探索, 第七届青年交通运输会议, 2007.

[3] 徐肖豪, 王莉莉. 试论国家空域资源利用政策的框架体系 [J]. 民航管理. 2007, 202(8): 62-65.

[4] 徐肖豪, 王莉莉, 李晓津, 等. 国家空域资源利用政策研究 [R]. 2007.

[5] 张兆宁, 曹悦琪. 基于高度层的航路短时利用率模型研究 [J]. 重庆交通大学学报 (自然科学版), 2018, 37(8): 107-111.

[6] 徐肖豪, 王莉莉. 完善国家空域资源利用政策的建议 [J]. 综合运输, 2007, 6: 28-30.

[7] 徐肖豪, 王莉莉. 关于改善我国当前国家空域资源使用政策的建议 [J]. 南京航空航天大学学报 (社会科学版), 2008, 10(2): 23-27.

第3章 空域分类

3.1 空域分类概况

3.1.1 空域分类概念及目的

空域分类是指根据空域用户需求，按照国际民航组织空域分类标准以及国家的空域政策，将本国的空域进行科学地划分。空域分类是一系列标准的集合，包括对空域内运行的人、机、环的综合要求。空域分类的目的是确保空域的安全、有序和充分利用，满足不同空域用户的需求和空管资源的最优配置[1]。

进一步讲，空域分类的目的是在可接受的安全水平范围内，尽可能为航空器提供灵活性和机动性。在高密度以及高速运行的空域内，为其提供管制间隔的空管服务；在低密度以及低速运行的空域内，放开对 VFR(目视飞行) 活动的限制，促进通用航空的发展。对空域进行分类，可以优化空域结构，实现空域资源的优化配置，为 VFR 活动创造宽松和灵活的运行空间。

3.1.2 空域分类依据与原则

1. 空域分类依据

(1) 空域内运行的航空器机型、种类和等级分类；
(2) 空域内的运行规则、交通密度、交通流混合程度和冲突性；
(3) 空域系统结构以及通信、导航、监视技术的能力。

2. 空域分类原则

空域应当根据航空运行需求，航路、航线结构，通信、导航、气象和监视设施以及空中交通服务的综合保障能力划分，对运行其中的航空器提出相应的设备和能力要求，以便对所划空域内的航空器飞行提供对等的空中交通服务，使空域资源、航空器机载配置、管制资源得到最高效、最科学的配置。

3.1.3 空域分类相关因素

空域分类应考虑的七个主要因素如下：

(1) 空域用户需求。空域分类必须考虑国家和公众的利益，考虑公共航空运输、军事航空和通用航空等用户的需求特点，综合考虑各方面的需求统一规划。

(2) 空中交通服务水平。不同的空域用户对空中交通服务的要求不同，需要达到的安全水平不同，因此，在确定空域类型时必须考虑准备提供的空中交通服务水平。

(3) IFR(仪表飞行) 飞行流量。IFR 交通情况和流量变化趋势是空域分类调整的主要依据。

(4) 空中交通的混合、复杂程度。混合、复杂交通的处理比单一交通处理需要更高要求的空中交通服务和建立更协同的空域分类，要综合考虑空域中航空器的运行状况和相互影响，从方便管制员的管制工作出发，确定空域分类的范围。

(5) 空中交通保障系统。空中交通保障系统是影响所能提供空中交通服务水平的重要条件，包括通信、导航、监视、气象和航行情报等。

(6) 环境约束。地形、地貌、城市、机场及飞行流量密集区域等是影响空域分类的一个因素。

(7) 成本效益。空域分类需要人力和物力的支持，如管制员培训，通信、导航和监视设备的投入等，因此需要考虑成本效益。

3.1.4　空域分类的产生原因

空域分类的产生原因分析如下 [2]。

1. 目视和仪表混合运行对空域分类的推动

在航空的最初阶段，航空器采用目视飞行规则，通过 "看见–避让" 的原则保持飞行间隔、保证飞行安全，这个阶段没有空中交通服务也没有管制空域，安全责任完全在飞行员。随着仪表飞行的出现，"看见–避让" 原则已经不能适用于仪表与仪表、仪表与目视飞行。为保证安全，提供间隔服务的管制空域从非管制空域中分离出来，这是空域分类的原始形态。不仅如此，目视和仪表的混合运行持续、深刻地影响了国际民航组织空域分类的标准。在分类划设的空域内是否允许目视飞行，是否对目视飞行进行管制，以及如何管制至今仍然是空域分类标准最为重要的内容。应当说目视和仪表的混合运行推动了空域分类的进程。

2. 空中交通流密度增加对空域分类的推动

随着航空的进一步发展，空中交通流量迅速增加，空中交通服务细分为区域管制、进近管制和机场管制服务。随着空中飞行矛盾的加剧，为保护高密度的仪表运输飞行，同时为通用航空提供尽可能宽松的运行环境，对管制空域细分的需求越来越突出，并由此出现了绝对管制空域 A 类、终端 (进近) 管制空域 B、C 类、机场管制地带 D 类以及通用管制空域 E 类，加上非管制空域 G 类，构成了完整的空域分类体系。以上字母前的定语是对空域主要特点的概括，国际民航组织并没有这样定义，这些定语也不能完全反映此类空域的丰富内涵。

3. 国家和公众使用需求对空域分类的推动

国家航空器的飞行特点、飞行任务和飞行需求均区别于民用航空器,对空域分类的要求也大相径庭,国际民航组织没有给出这类飞行具体的空域类型,但在各国的航空实践中,均有军航的特殊使用空域 (SUA) 作为标准空域分类的补充。随着经济的不断发展,通用航空对空域的使用需求激增,由于通用航空与公共运输航空相比存在目视飞行多、活动范围广、灵活程度高的特点,从使用需求的多样性方面促进了空域的进一步划分。为促进通用航空的发展,保护公众合法使用空域的权益,各国均在努力平衡军事航空、公共运输航空以及通用航空这三类用户的需求,由于军事航空和公共运输航空任务相对单一,使用空域相对固定,所以通常先根据实际需求划设这些空域的范围,在这些空域范围之外的空域留给通用航空使用。

3.1.5 国际民航组织空域分类的基本状况

基于以上因素的考虑,国际民航组织于 1990 年 3 月 12 日,通过并实施了目前的空域分类计划,将空域划分为 A, B, C, D, E, F, G 七大类空域。其中,A~E 类空域为管制空域;F, G 类空域为非管制空域。不同类型的空域对空中交通服务和飞行的要求不同,其限制程度按照字母顺序递减,具体见表 3.1。不同类型的空域垂直相邻时,在共同飞行高度层的飞行应当遵守运行限制较少的空域类型的要求,并提供适合该类空域要求的服务。

表 3.1 国际民航组织空域分类一览

空域类型	飞行种类	间隔配备	提供服务	速度限制	无线电通信要求	ATC许可
A 类	IFR	所有航空器	ATC 服务	不适用	持续双向	需要
B 类	IFR	所有航空器	ATC 服务	不适用	持续双向	需要
	VFR	所有航空器	ATC 服务	不适用		
C 类	IFR	IFR 与 IFR IFR 与 VFR	ATC 服务	不适用	持续双向	需要
	VFR	VFR 与 IFR	① 配备与 IFR 间隔的 ATC 服务 ② VFR 之间提供交通情报服务和根据要求提供避让交通建议	3050m AMSL 以下:IAS 不得大于 250kn	持续双向	需要
D 类	IEF	IFR 与 IFR	ATC 服务,VFR 飞行的情报服务和根据要求提供避让交通建议	3050m AMSL 以下:IAS 不得大于 250kn	持续双向	需要
	VFR	不配备	IFR/VFR 和 VFR/VFR 交通情况和根据要求		持续双向	需要

空域 类型	飞行 种类	间隔配备	提供服务	速度限制	无线电通 信要求	ATC 许可
E 类	IFR	IFR 之间	ATC 服务和尽可能 提供关于 VFR 飞行的 交通情报	3050m(10000ft) AMSL 以下: IAS 不得大于 250kn	持续双向	需要 不需要
	VFR	不配备	尽可能提供交通情报		不需要	
F 类	IFR	IFR 之间 (尽可能)	空中交通咨询和飞行 情报服务	3050m(10000ft) AMSL 以下: IAS	持续双向	不需要
	VFR	不配备	飞行情报服务	不得大于 250kn	不需要	
G 类	IFR	不配备	飞行情报服务	3050m(10000ft)	持续双向	不需要
	VFR	不配备	飞行情报服务	AMSL 以下: IAS 不得大于 250kn	不需要	

每个国家的民航当局都有权决定国际民航组织空域分类方法在其空域设计中的使用。在一些国家，规则会被略微修改，以适应其空域规则和空中交通服务，但并不会违反国际民航组织的标准。

3.2 美国空域分类进化过程

通过对美国空域分类进化过程 [3] 的回顾，可以让我们对空域分类的原因有更深的了解。

3.2.1 非管制阶段

航空发展早期 (20 世纪初)，由于航空器的数量极少且没有必要的机载和地面设备帮助飞行员在云中飞行，所有的空域都是非管制空域 (G 类)，没有空中交通管制。

在那段时期，即使在最繁忙的机场，空中交通密度也非常低，航空器飞行的速度非常慢，所有的飞行都是目视飞行，没有严格的天气标准，飞行员目视飞行通常采取在云外飞行，水平能见度不低于 1n mile(海里)，以便能够看清其他飞行中的航空器和避开地面障碍物，保证飞行安全。

目视飞行所采取 "看和避让"(see and avoid) 方法是早期航空飞行避免相撞的基本方法。随着人们逐渐积累在边缘天气飞行的经验，慢慢地意识到，飞行员在夜间和高高度飞行时视力减弱，因此就逐渐提高在夜间和高高度飞行的天气标准以防止危险发生。

20 世纪 30 年代末期，随着航空工业的蓬勃发展，空中飞行规则和空中交通管制应运而生。

3.2.2　管制空域 (E 类) 诞生

随着陀螺仪等航空仪表出现和价格下降，越来越多的航空器可以安装有助于飞行员云中飞行的仪器，仪表飞行诞生。随着仪表飞行诞生，"看和避让" 的飞行规则无法满足空中同时存在的目视和仪表飞行之间的安全要求，在雷达还未出现的情况下，人们选择使用程序管制来保证航空器之间的安全间隔，这直接导致空中交通管制行业和管制空域的出现。

电子工业的发展催生了航空地面导航设施出现，飞行员利用机载无线电接收设备 (NDB 和 VOR) 接收地面导航设施的信号完成导航；同时，地面导航设施使空中仪表航路网络出现成为可能。导航设施的出现结束了目视飞行一统天下的局面，极大地提高了航空的使用效率。政府部门在飞行繁忙地带划设航路，并将航路系统周围的空域划为管制空域 (称为 E 类空域，早期的 E 类空域为高度 1200ft 以上)。

3.2.3　过渡空域 ——D、C、B 类空域的雏形

无线电导航设施使机场具备仪表进近 (非精密进近) 条件，极大地提高了机场的使用效率，同时给机场附近的空中交通安全带来了挑战，如何解决本机场进行仪表进近的航空器与机场周围目视飞行航空器之间的间隔成为空管人员思考的问题。

为保障机场附近的空中交通安全，航空界在机场周围建立过渡空域 (transition area)，以保护进场航空器的飞行安全，并将管制空域 (E 类空域) 的下限调到 700ft，该空域内允许目视飞行。

随着精密进近 (如 ILS) 的产生，ILS 可以引导航空器至 200ft 的高度 (对地)，如何解决精密进近航空器与机场周围的目视飞行之间的安全问题又给空域使用提出了挑战。为了保障安全，人们将管制空域 (E 类) 的下限调整到了地面，并提高管制空域内的目视飞行天气标准。标准提高为：距离云的垂直距离 1000ft，3n mile 的水平能见度。通过上述办法，避免目视飞行的航空器侵入仪表飞行的进近航道。

此时，管制空域还未细分，过渡空域也仅仅是管制空域 (E 类) 的一部分，但是随着机场的交通流量增长，管制空域面临细化的必要，以区分它们的功能和准入条件。

3.2.4　D 类空域的出现

随着主要机场飞行流量的增加，出现了塔台管制。塔台管制的任务是为进离场航空器提供排序服务并加速空中交通流量的，在设有塔台的机场划设机场管制空域 (D 类空域) 成为解决机场附近空中交通的一个必然选择。

无论在何种气象条件下，所有在 D 类空域内飞行的航空器必须与塔台建立无

线电通话联系 (即将进入和远离该空域的航空器也须和塔台建立联系)。若塔台不工作, 但又能够提供气象服务, 则将 D 类管制空域转化为 E 类管制空域。气象标准低于目视气象条件时, 将所有的飞行转入仪表飞行。不能够提供气象服务时, D 类管制空域将转化为 G 类空域 (非管制空域)。

为有利于向快速和慢速的航空器提供间隔服务, 空中交通管制部门通常将在以机场为圆心, 半径 4n mile, 高度 2500ft 以下范围内飞行的航空器速度限制在每小时 200n mile 以下。

3.2.5 雷达时代的来临

第二次世界大战以后, 雷达在航空界得到应用, 陆基监视雷达有助于空中交通管制部门为航空器提供更好的间隔服务。雷达多种多样, 主要应用于两个管制部门: 航路管制中心 (Air Route Traffic Control Centers, ARTCC)、终端管制中心 (Terminal Radar Approach Control, TRACON)。

空中交通管制部门使用雷达缩小仪表飞行航空器之间的间隔, 同时为管制空域内目视飞行的航空器提供交通咨询服务 (在管制员工作负荷允许的情况下)。但是目视飞行的航空器责任机长还负有 "看和避让" 的安全职责。

3.2.6 限制空域 —— C、B 类空域产生

随着航空运输业的发展, 飞行量急剧增加, 快速、大型的运输机和慢速、小型的通用航空飞行在同一个空域内运行的危险性越来越大。20 世纪 50 年代和 70 年代发生的两起空难促使美国联邦航空局 (FAA) 加速发展空管雷达和提高管制安全服务水平 (20 世纪 50 年代在大峡谷半空中的空难: 洛克希德的 Constellation 和道格拉斯的 DC-6 相撞, 以及 1978 年发生在圣地亚哥的空难: B727 和 Cessna172 相撞)。

随着雷达的普及, FAA 着手设计新的空域类型, 对在这些空域内目视飞行增加限制条件 (如通信能力、应答机等), 以更好地为繁忙飞行空域内的 IFR 和 VFR 飞行提供更安全的间隔服务, 这些空域包括: 终端雷达管制区 (terminal radar service area, TRSA) 空域和 C、B 类空域。在某些 D 类空域, 机场附近的交通顺序由塔台管制员和位于塔台的雷达进近管制员一起完成。

为了更好地提供空中交通管制服务, 管制单位在 D 类空域的外围设立 TRSA 管制空域, 由雷达管制员提供空中交通管制服务, 在该空域飞行的航空器没有被强制要求建立无线电联系。

在 C 类空域内飞行, 航空器必须装有 C 模式应答机, 必须与管制单位建立双向无线电联系, 任何飞向 C 类空域内 "卫星机场" 的航空器在进入 C 类空域以前必须联系空中交通管制员。C 类空域的速度限制与 D 类空域一样 (机场半径

4n mile 内, 高度 2500ft 以下, 表速不大于 200n mile/h)。

如果把 C 类空域比喻为一个正在发展的小城镇, 那么 B 类空域就是小城镇发展壮大之后的大城镇。为了加强繁忙机场 (如洛杉矶、达拉斯、纽约等) 的空中交通安全和秩序, 空中交通管制员需要在距机场更远的地方为区内所有进离场的飞行提供间隔服务 (包括安全间隔、落地间隔、起飞间隔等与飞行安全和加速空中交通流量有关的间隔服务)。

B 类空域为区内飞行的 VFR 和 IFR 飞行提供绝对的管制, 是美国所有空域中最危险, 限制最严格的空域。随着雷达作用距离的增加, ATC 将 B 类空域扩大并处在雷达的有效作用距离之内, 所有在 B 类空域内飞行的航空器必须装载 C 模式应答机, 具备双向通信的能力。由于所有的飞行都接受空中交通管制服务, 因此对目视飞行的要求有所降低 (云外飞行, 水平能见度保持 3n mile 以上)。

3.2.7 A 类空域产生

由于大部分飞行高度在 18000ft 以上的航空器都具备 IFR 飞行的能力, 因此, FAA 将 A 类空域设计成 IFR 飞行的管制空域, 高度从 18000ft 到 60000ft。A 类空域内没有最低天气标准。

A、B、C、D 类管制空域内不允许特技飞行, 除非得到空中交通管制部门的许可, 超轻型航空器和无人汽艇不允许在 B、C、D 类管制空域 2000ft 以上的高度飞行。

通过对美国空域分类历史的学习, 我们认为, 空域分类实际上是从保障空域运行安全, 提高空域效益的目的出发的, 将运行需求和空域结构统筹考虑, 将复杂交通流尽量同质化或分隔开; 空域是国家资源, 人人都有享受空域资源的权利, 在确保飞行安全的前提下, 空域用户可以尽可能地灵活使用空域, 充分考虑通用和私人航空对空域的需求, 尽量简化空域使用程序, 提高空域的灵活性和使用效率。

3.3 国外空域分类方案

下面介绍几个国家的空域分类方案, 可以看到每个国家的空域分类方案不是完全照搬国际民航组织的规定, 而是根据自己的国情具体规定的。

3.3.1 美国空域分类方案

美国于 1996 年开始引入国际民航组织的空域分类标准, 将美国的空域划分为 A、B、C、D、E 和 G 六类[4]。表 3.2 为美国各类空域对航空器运行的具体要求, 图 3.1 为美国空域分类示意图。

需要说明如下:

表 3.2　美国空域对航空器的运行要求

空域类型	飞行种类	进行许可	通信要求	间隔服务	交通咨询服务	安全咨询服务
A 类	IFR	需要	持续双向	全部飞行	无	提供
B 类	IFR 和 VFR	需要	持续双向	全部飞行	无	提供
C 类	IFR 和 VFR	IFR 需要	持续双向	IFR/IFR 间 IFR/VFR 间	提供	提供
D 类	IFR 和 VFR	IFR 需要	持续双向	IFR/IFR 间	管制员工作负荷允许时	提供
E 类	IFR 和 VFR	IFR 需要	IFR 持续双向	IFR/IFR 间	管制员工作负荷允许时	提供
G 类	IFR 和 VFR	不需要	不要求	IFR/IFR 间	管制员工作负荷允许时	提供

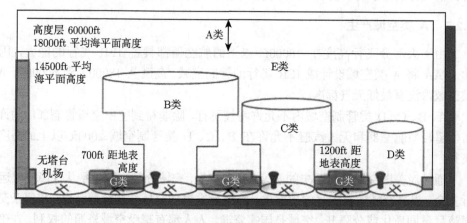

图 3.1　美国空域分类示意

　　B 类空域通常划设于繁忙机场终端区附近。这里的繁忙机场是指年旅客流量 500 万人次以上和年飞行架次 30 万架次 (24 万架次以上的商业运输飞行) 的机场。

　　C 类空域划设于中型机场终端区附近。中型机场为年仪表运行架次在 75000 架次以上；或者主要机场和次要机场年仪表运行架次之和在 10 万架次以上；或者主要机场年旅客流量 250 万人次以上，通常是二级枢纽机场。

　　D 类空域是小机场范围内的空域，为 IFR 和 VFR 飞行提供管制。

　　E 类空域为 A、B、C、D、G 类空域以外的所有空域。

3.3.2　英国空域分类方案

　　英国根据国际民航组织空域分类标准体系，划设了 6 类空域 [5]，分别是 A、B、D、E、F 和 G 类空域，没有划设 C 类空域，同时关于 F 类和 G 类空域的划设标准同国际民航组织的空域分类标准还有所不同，见图 3.2 和表 3.3。

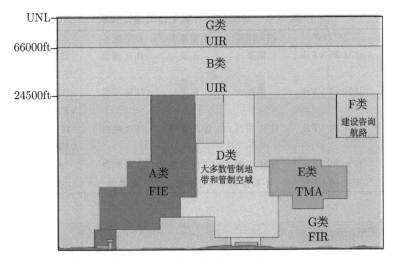

图 3.2 英国空域分类示意

表 3.3 英国空域对航空器的运行要求

空域类型	飞行种类	进入许可	通信要求	间隔配备	提供服务
A 类	IFR	需要	持续双向	全部飞行	提供 ATC 服务
B 类	IFR 和 VFR	需要	持续双向	全部飞行	提供 ATC 服务
D 类	IFR 和 VFR	需要	持续双向	IFR/IFR 间	IFR 提供 ATC 服务
				IFR/VFR 间	VFR 提供飞行情报服务
E 类	IFR 和 VFR	IFR 需要	IFR 持续双向	IFR/IFR 间	IFR 提供 ATC 服务
					VFR 提供飞行情报服务
F 类	IFR 和 VFR	不需要	不需要	IFR/IFR 间	提供飞行情报服务
G 类	IFR 和 VFR	不需要	不需要	不提供	提供飞行情报服务

需要说明的是，在 F 类和 G 类空域中，允许 3000ft 以下进行 VFR 飞行，允许未安装无线电设施的航空器在非管制空域进行 IFR 飞行，这里与国际民航组织空域分类标准有所不同；另外，在机场区域可以划设机场交通地带，机场交通地带不属于空域分类系统，但应与所在空域的空域类型相匹配。

3.3.3 德国空域分类方案

德国的空域分类方案同国际民航组织空域分类标准存在很大的不同，空域种类有 C、D、E、F 和 G 类五类空域，没有 A 类空域和 B 类空域[6]，见表 3.4 和图 3.3。需要说明如下：

C、D、E 类空域为管制空域，F 和 G 类空域为非管制空域。

D 类空域一般划设在机场管制地带。

表 3.4 德国空域对航空器的运行要求

空域类型	飞行种类	进入许可	通信要求	间隔配备	提供服务
C 类	IFR 和 VFR	需要	需要	IFR 提供	IFR 提供 ATC 服务
					VFR 提供飞行情报服务
D 类	IFR 和 VFR	需要	需要	IFR 提供	IFR 提供 ATC 服务
					VFR 提供飞行情报服务
E 类	IFR 和 VFR	IFR 需要	IFR 需要	IFR 提供	IFR 提供 ATC 服务
					VFR 提供飞行情报服务
F 类	IFR 和 VFR	IFR 需要	IFR 需要	IFR 提供	提供飞行情报服务
G 类	IFR 和 VFR	不需要	不需要	不提供	提供飞行情报服务

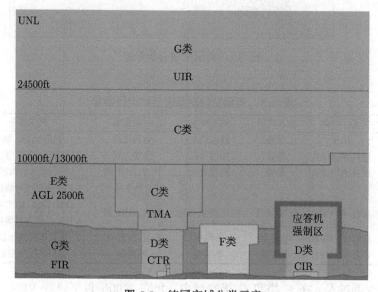

图 3.3 德国空域分类示意

3.3.4 澳大利亚空域分类方案

澳大利亚将空域划分为 A、C、D、E、G 五类空域，没有 B 和 F 类空域[7]，见表 3.5 和图 3.4。需要说明的是：

澳大利亚地域广阔，按照有无雷达覆盖对空域进行分别划设。

澳大利亚允许特殊 VFR 飞行，并且提供相应的服务。经空中交通管制许可，在低于目视气象条件下的管制地带内所进行的 VFR 飞行称为特殊目视飞行 (SVFR)。

C 类空域通常划设在澳大利亚主要国际机场上空。

D 类空域划设在中型机场的终端区管制地带。

表 3.5 澳大利亚空域对航空器的运行要求

空域类型	飞行种类	进入许可	通信要求	间隔配备	提供服务
A 类	IFR	需要	持续双向	提供	提供 ATC 服务
C 类	IFR/VFR	需要	持续双向	IFR 间	
				IFR/VFR 间	IFR 提供 ATC 服务
				IFR/SVFR 间	VFR 提供飞行情报服务
				SVFR/VFR 间	SVFR 提供 ATC 服务
D 类	IFR/VFR	需要	持续双向	IFR 间	IFR 提供 ATC 服务
				IFR/SVFR 间	VFR 提供飞行情报服务
				SVFR 间	SVFR 提供 ATC 服务
E 类	IFR/VFR	IFR 需要	持续双向	IFR 间提供	IFR 提供 ATC 服务
					VFR 提供飞行情报服务
G 类	IFR/VFR	不需要	IFR 需要持续双向	不提供	提供飞行情报服务

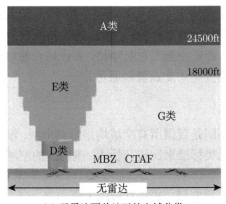

(a) 无雷达覆盖地区的空域分类　　　　(b) 有雷达覆盖地区的空域分类

图 3.4 澳大利亚空域分类示意

3.4 我国目前空域分类情况及分析

3.4.1 我国目前空域分类方案

我国空域分为飞行情报区、管制区、限制区、危险区、禁区、航路和航线。其中管制空域分为 A、B、C、D 四类。A、B、C 类空域的下限应当在所划空域内最低安全高度以上第一个高度层；D 类空域的下限为地球表面。A、B、C、D 类空域的上限，应当根据提供空中交通管制的情况确定，如无上限，应当与巡航高度层上限一致。

A 类空域为高空管制空域。在我国境内 6600m(含) 以上的空间，划分为若干个高空管制空域，在此空域内飞行的航空器必须按照仪表飞行规则飞行并接受空中交通管制服务。

B 类空域为中低空管制空域。在我国境内 6600m(不含) 以下最低高度层以上的空间,划分为若干个中低空管制空域。在此空域内飞行的航空器,可以按照仪表飞行规则飞行。如果符合目视飞行规则的条件,经航空器驾驶员申请,并经中低空管制室批准,也可以按照目视飞行规则飞行,并接受空中交通管制服务。

C 类空域为进近管制空域。通常是指在一个或几个机场附近的航路汇合处划设的便于进场和离场航空器飞行的管制空域。它是中低空管制空域与塔台管制空域之间的连接部分,其垂直范围通常在 6000m(含) 以下最低高度层以上;水平范围通常为半径 50km 或走廊进出口以内的机场塔台管制范围以外的空间。在此空域内飞行的航空器,可以按照仪表飞行规则飞行,如果符合目视飞行规则的条件,经航空器驾驶员申请,并经进近管制室批准,也可以按照目视飞行规则飞行,并接受空中交通管制服务。

D 类空域为塔台管制空域,通常包括起落航线、第一等待高度层 (含) 及其以下地球表面以上的空间和机场机动区。在此空域内运行的航空器,可以按照仪表飞行规则飞行。如果符合目视飞行规则条件,经航空器驾驶员申请,并经塔台管制员批准,也可以按照目视飞行规则飞行,并接受空中交通管制服务。

3.4.2　中、美空域分类状况对比

我国的空域分类与美国相比,最大的不同是我国所有空域均是管制空域,没有非管制空域。下面以国际民航组织推荐的七类标准来比较分析中、美两国的空域分类状况。

(1) A 类空域。中、美两国都划设了 A 类空域,其垂直范围大致相同,对空中交通服务和飞行的要求也一致,这类空域为大型喷气飞机的空中航路高速飞行提供了有力的保障。

(2) B 类空域。中、美两国都划设了 B 类空域,均允许 IFR 和 VFR 运行。中国的 B 类空域在垂直范围紧邻 A 类空域,是中低空管制区域,而美国的 B 类空域紧邻 E 类空域,是主要繁忙机场的终端管制区域。对于 VFR 运行,美国所要求的最低能见度比中国要低。

(3) C 类空域。中、美两国都划设了 C 类空域,均允许 IFR 和 VFR 运行。中国的 C 类空域是终端 (进近) 管制空域,美国的 C 类是主要机场的终端管制区域;对于 VFR 运行,美国所要求的最低能见度比中国要低,进入该类空域时航空器不要求其获取 ATC 许可。

(4) D 类空域。中、美两国都划设了 D 类空域,均允许 IFR 和 VFR 运行。中国的 D 类空域是机场管制地带,美国的 D 类空域是小机场的终端管制区域;对于 VFR 运行,美国所要求的最低能见度比中国要低,进入该类空域时航空器不要求

其获取 ATC 许可。中国所有的机场管制地带均划为 D 类空域，而美国依据流量和机场设施的不同将机场管制地带和终端区细分为 B、C、D 三类空域，细化的空域分类更有助于航空器安全、有序地运行。对 VFR 运行的低要求，在能够完全保证航空安全下，更有效地增加了空域容量。

(5) E 类空域。只有美国划设了 E 类空域。E 类空域被称为通用管制空域，为通用航空创造了宽松、规范、安全的运行环境。E 类空域内目视和仪表飞行可以混合运行，仪表飞行需要管制放行许可，接受与其他飞行之间的间隔服务；目视飞行仅在管制员工作负荷允许时提供交通咨询服务，飞行情报服务和告警服务由飞行服务站提供。比起 G 类空域，E 类空域较为严格的 VFR 飞行标准能够为 IFR 和 VFR 飞行提供较好的安全保障，且通信覆盖较好，飞行员更倾向于在 E 类空域内进行目视飞行，以便在需要的时候能够随时联系有关管制单位和飞行服务站，获取相关的空中交通服务以确保飞行安全。

(6) F 类空域。中、美两国都未划设 F 类空域。

(7) G 类空域。只有美国划设了 G 类空域。该类空域是美国的非管制空域，允许 IFR 和 VFR 飞行，但不提供管制服务。G 类空域是专为通用航空飞行划设的，在非管制空域内飞行，不需要向管制部门办理飞行申请和通报飞行活动，这样就大大简化了通用航空飞行申请手续，增强了通用航空的机动性、灵活性和高效性，同时，也减轻了空中交通管理的压力。

3.4.3　我国目前空域分类方案的缺陷

空域用户的特点和需求决定了空域的分类划设，而我国目前还是处于单一化的空域类型，"所有空域均是管制空域""离地三尺就要管制" 模糊了不同空域用户的需求差异，提供的是没有差别的统一服务。这样一刀切的方法不但无法满足空域用户的要求，而且会造成空管资源的浪费，在很多地方也实施不了。

根据我国目前现行的空域分类和规划现状，其不足之处有：

1. 现有空域分类体系不完善，缺乏非管制空域

参照国际民航组织、欧美的空域分类标准，我国没有设立非管制空域。由于没有非管制空域，任何飞行必须得到管制部门许可并建立双向通信联系，且飞行计划的申报和审批程序复杂，这在一定程度上制约了通用航空的发展。由于空域分类存在缺陷，空域系统没能为通用和私人航空用户创造有利的空域环境，限制了空域的灵活使用。

目前我国正在进行低空改革，有望增加新的空域类型。

2. 管制空域整合和集约化程度不高

我国现行的空域结构是在当时技术条件受限制的情况下划设的，区域范围狭

小,管制单位较多。这样就带来如下问题:一是管制空域狭小,调整间隔困难;二是协调移交频繁,差错概率增多;三是空域容量受限,流量控制增多;四是管制单位增多,运行成本加大。随着各地区区域管制中心的建成和空域的逐步接管,这个问题正在逐步解决中。

3. 空中交通管制服务与空域分类不匹配

空域分类是对人员、设备和服务的综合要求,而我国许多管制空域都达不到提供管制服务的要求 (如许多飞行稀少地区、山区)。将无法提供管制服务能力的空域划为管制空域,导致的结果:一是这些空域的飞行需求无法得到满足,空域资源闲置;二是由于缺乏管理,有些飞行失去监管,不利于航空安全运行;三是失去继续开发空域资源的动力,以抑制航空需求代替管理;四是加大空中交通管制服务的压力。

3.4.4 对我国空域分类的建议

1. 解除军民空域的硬性规定,灵活使用空域

随着交通流的不断攀升,空域的使用也要灵活多变。空域不应被强硬地指定为军用和民用空域,而应认为是一个连续的空域。要根据空域用户对空域的需求,在框架分配的基础上灵活使用空域,以达到空域利用的最大化,所以任何所需的空域隔离只具有临时的性质,通过引入空域灵活使用概念,提高空中交通系统的容量。具体表现在以下方面:

(1) 在军航训练空域开辟临时航线。临时航线的使用既不影响军航对空域的需求,又满足了民航在飞行高峰期对空域的需要,极大地缓解了繁忙地区的流量拥挤程度。

(2) 空军活动但附近民航空域内天气不好时,通过协调,军航给民航避让机动空域。假如航路上有雷雨天气,通过协调,可适当增加航路宽度或给出绕航空域,满足进场航班绕飞雷雨的需求;否则航班可能要返航或备降。

2. 更改 B 类空域下限

按照要求,B 类空域应提供空中交通管制服务。目前 B 类空域下限高度太低,监视和通信手段无法保证实施管制服务。建议将 B 类空域下限改为修正海平面气压 3000m,高原地区根据具体地理特点确定,B 类空域的上限为标准大气压高度 6000m。

3. 增设非管制空域

空域分类是对人员、设备和服务的综合要求,而我国许多管制空域都达不到提供管制的要求 (如许多飞行稀少地区、山区)。

我国的空域是在全空域管制的体系下架构，从航空发展的历史来看，VFR 飞行对非管制空域的需求是随着近年经济的发展而日益增加的，因此划设非管制空域，增加空域的灵活使用是发展带来的需求。

划设非管制空域存在政策和技术上的障碍，政策上国家得考虑是否需要为与 IFR 飞行无关的 VFR 飞行提供管制服务，技术上要考虑如何为非管制空域内的飞行提供良好的情报和咨询服务。

建议在合适的区域划设非管制空域，并提供飞行情报服务。非管制空域的上限为平均海平面高度 1000m，也可根据当地实际情况调整，下限到地表。可建立目视飞行高度层，并放宽对导航和监视设备的相应要求。

3.5 空域分类及变更模型

根据美国的空域分类，这里提出了一个空域分类及变更模型，通过该模型可对按美国空域划分标准进行划分的任一空域进行筛选、分类，从而确定其是何种类的空域，同时也可以通过该模型，更深刻地理解空域分类的内涵和调整方法。

3.5.1 空域分类模型

美国空域分类模型如图 3.5 所示。

1. 确定 A 类空域

本模型之所以在开端就对"待分类空域"是否是 A 类空域进行了判断，是基于 A 类空域的某些独特的性质。A 类空域为美国高空喷气航路划设的空域。高度在 18000～60000ft 的垂直范围内，仅限 IFR 飞行。其高度的固定性，让其很好地与其他空域类型区分。

2. 确定有塔台的机场管制终端区域

B、C、D 类空域都是机场周围有塔台的管制终端空域，通过此条件可将一部分 E 类空域和 G 类空域与 B、C、D 类空域区分出来。B、C、D 类空域有其固定的大小，剩下的提供管制的过渡区域划设为 E 类空域。

3. 确定一部分 E 类空域和 G 类空域

G 类空域为非管制空域，在此空域内不提供任何空中交通服务，因此很容易区分出它与 E 类空域。

4. 通过流量模型确定 B、C、D 类空域

1) B、C、D 类空域的区别

B 类空域是加强主要繁忙机场终端区范围内的交通管制，减小空中相撞的危

险划设的空域。主要繁忙机场是指年旅客流量 350 万人次以上或年飞行架次 30 万架次 (50% 以上的商业运输飞行) 的机场,这些机场通常为一级枢纽机场。目前,全美共有 37 个 B 类空域。

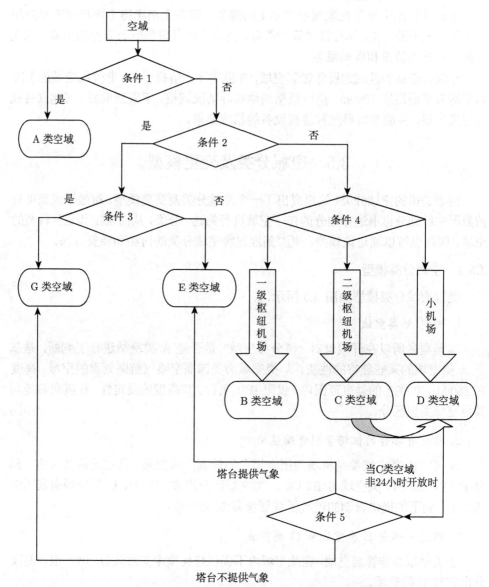

图 3.5 美国空域分类模型示意图

条件 1:空域高度在平均海平面 18000ft 至飞行高度层 60000ft 之间;条件 2:无塔台的机场管制终端区域;条件 3:提供管制服务;条件 4:流量分析;条件 5:如果塔台不工作

C 类空域为加强终端区范围内的交通管制，减小空中相撞的危险划设的空域。该终端区内的机场必须具有塔台和雷达进近管制单位，主要机场年仪表运行架次 75000 架次以上；或主要机场和次要机场年仪表运行架次之和在 10 万架次以上；或主要机场年旅客流量 250 万人次以上，这些主要机场通常是二级枢纽机场。目前，全美共有 121 个 C 类空域。

D 类空域为机场区域范围内运行的 IFR 和 VFR 提供的管制空域，该机场通常是具有管制塔台的小机场。

因此，区分出 "待分类空域" 周围的机场的级别即可大致区分出其是何种空域。本模型采用对机场周围空域的交通流进行流量分析的方法，以区分其繁忙程度。

2) 流量分析

本模型按飞行的架次划分一级、二级枢纽机场以及小机场。年旅客流量 350 万人次以上或年飞行架次 30 万架次 (50% 以上的商业运输飞行) 的机场为一级枢纽机场。年仪表运行架次之和在 10 万架次以上的机场为二级枢纽机场。

3) B、C、D 类空域的范围

标准的 B 类空域包含仪表进近程序的全部阶段，垂直范围通常为 10000ft 以下，呈 10n mile、20n mile、30n mile 的 3 环阶梯结构并具有 30n mile 的 C 模式应答机区域。B 类空域通常用 VOR 径向线和 DME 弧进行分割和描述，随着区域导航的应用，一些终端区也采用经纬度坐标描述不规则的多边形，如洛杉矶终端区的 B 类空域。B 类空域内运行的飞机通常为大型飞机，其设计和运行原则也是将大型飞机和小型飞机区分开来。

标准的 C 类空域垂直范围通常为 4000ft 以下，5n mile、10n mile 的 2 环阶梯结构并附有 20n mile 的外围进近管制空域。C 类空域没有规定 C 模式应答区域。此外，C 类空域内通常划设 D 类空域，由于某些 C 类空域并非 24 小时运行，在其不运行期间，由 D 类空域取代提供空中交通管制服务。C 类空域提供基本的雷达服务和进近排序服务，快速 (喷气) 和慢速 (螺旋桨) 飞机通常混合运行。

标准的 D 类空域垂直范围通常为 2500ft 以下，4.3n mile 的单环结构，包含地面至 1000ft 的仪表进近程序和地面至相邻管制空域下限的仪表离场程序。

3.5.2 空域分类的转换条件

1. C 类空域转换为 D 类空域

由于某些 C 类空域并非 24 小时运行，在其不运行期间，由 D 类空域取代，提供空中交通管制服务。

2. D 类空域转换为 E 或 G 类空域

无论在何种气象条件下，所有在 D 类空域内飞行的航空器必须与塔台建立无

线电通话联系 (即将进入和远离该空域的航空器也须和塔台建立联系)。如塔台不工作，但又能够提供气象服务，则将 D 类管制空域转化为 E 类管制空域，气象标准低于目视气象条件时，将所有的飞行转入仪表飞行；不能够提供气象服务时，D 类管制空域将转化为 G 类空域 (非管制空域)。

3.5.3 空域类型的变更建议和讨论

空域分类根据空域用户的需求提供差异化服务，明确了空域环境所需导航能力、所需监视能力和所需通信能力，将服务提供者责任和负荷与空中交通和空域用户需求相匹配，为空域管理提供了一个结构清晰、责任明确的管理环境，有利于实现空域管理的核心价值，即容量管理。从这个角度而言，空域分类是空域管理的一个基础性手段，类型明确了，运行环境就明确了，各方的权责也基本明确了。下面将讨论在什么情况下进行空域类型的变更。

1. B、C 类空域之间的转换

在目前世界航空的技术条件下，管制员的工作负荷仍然是决定空域分类的一个十分重要的限制因素。因为他们的工作负荷会对航空器的安全运行有着直接的影响。但在现存的某些空域，会有管制员的工作负荷与所管辖空域的需求不匹配的现象。

正如前面所说的，如果把 C 类空域比喻为一个正在发展的小城镇，那么 B 类空域就是小城镇发展壮大之后的大城镇，空中交通管制员需要在距机场更远的地方为区内所有进离场的飞行提供间隔服务。在这种演变过程中，不只需要导航设备更加先进，管制员的工作负荷也成倍地提高了。因此，只从流量来区分 B、C 类空域，显然有些不够全面。各个机场会因为气象、周围地形和周边设施而设计出各种各样的进近程序，显然有的地方即使流量没有达到一级枢纽机场的流量要求，由于空域受限、净空条件不好或者空域中有较多的冲突点，其给管制员带来的工作负荷可能已经达到了在一级枢纽机场工作的管制员的工作负荷。例如，纽约管制中心 ZNY 点的日飞行约为 19500 架次，大于印第安纳管制中心 ZID 点的日飞行为 19000 架次。与此相反，对于管制员的工作负荷方面，纽约管制中心 ZNY 的日工作负荷值约为 35200，小于印第安纳管制中心 ZID 的日工作负荷值 39000。显而易见，流量的大小不能完全地决定管制员的工作负荷的大小。因此，仅以流量来划分 B、C、D 类空域而不考虑管制员的工作负荷是存在安全隐患的。

因此，可以对一些在设备方面达到 B 类空域要求的 C 类空域进行管制员工作负荷的测试。如果其达到在一级枢纽机场的工作负荷，可将这部分 C 类空域转换为 B 类空域。这样，可以在距离机场更远的地方为所有的飞机提供间隔服务，将要进行进近的飞机提早排序，这样便可以更好地保证飞行的通畅，降低管制员的工作负荷，从而大大地保障了飞行的安全。因为在民航界，飞行的安全往往比飞行的效益更值得关注。

相反来讲，部分机场的流量很大，超过了设定的目标值，但是其周围地形等各方面因素对飞行无较大影响，其飞行程序设计得十分合理。在此工作的管制员的负荷可能就没有达到在一级枢纽机场应有的工作负荷，可将这部分 B 类空域转换为 C 类空域，这样一来，可以撤掉一些 B 类空域的必需设备，以大大节约成本。另外，也可以适当地再加大此类空域的流量，提升飞行收益，方便旅客出行。

2. 是否将 D、E 类空域改为 C 类空域

在目前的空域分类基础上，C 类空域是比较受欢迎的，与此同时，在 FL195 以下的空域，C 类空域的应用也是最为广泛的。因此，有将 D、E 类空域改为 C 类空域的建议被提出。但很多国家坦言，对于将 D 或 E 类空域改为 C 类空域，在设备、人员还是其他方面都没有丝毫困难。但他们却又都感到没有必要这么做。大多数国家或者地区都是出于对执行目视飞行规则的航空器的考虑，从而保留 D 类空域。特别是考虑到滑翔机的时候，因为到现在，滑翔机仍然没有能力配备应答机。如果一味追求更高级别的空域，不仅浪费人力物力，对滑翔机的安全也起到了消极的作用。

3. E 类空域是否作为管制空域

在欧洲只有 5 个国家广泛使用 E 类空域。而在美国，也仅将 E 类空域作为过渡空域。很多人都认为 E 类空域不适合作为管制空域。产生这一现象的主要原因是，在此空域中执行目视飞行规则的航空器不需要与空中交通管制部门保持联系。因此，管制部门并不知道其具体运行情况。但是，如果此类飞机遇到仪表天气条件，飞行员会改变飞行规则，进而执行仪表飞行规则。但这种改变是完全无法预测的，它会给管制员，其他飞行员带来困扰和安全威胁。因此，E 类空域根本无法提供一个交通情况透明的管制空域。E 类空域这一类型还需要很好地研究和讨论。

3.6 空域分类的未来发展趋势

3.6.1 美国未来空域的发展趋势

FAA 根据美国的实际情况，对未来的空域进行了重新划分，意在满足未来的恶劣天气情况、交通需求和设备要求。美国未来空域的发展大致分为两个阶段。

1. 中期发展

在此阶段 (2010~2025 年)，空域被分为高高度空域和两个低高度空域：超高密度空域和剩余的低高度空域。这样分类的目的意在基于航空器设备和性能能力的

基础提供更加高效的服务，同时也保留了对工作负荷的限制。

高高度空域采用了更大胆更简化的扇区，同时增加更多可替换性的管制员。在此空域内将拥有大量高性能的航空器。

超高密度空域提供更加严格的间隔和合并操作，当有恶劣天气时，飞行程序会有空域范本支持，以满足航路的需求。在此空域中，管制员使用决策支援工具来处理所有交通。

低高度空域包含大量的爬升和下降的交通流，高低性能的航空器都会在此空域中运行。不过基于飞行要求和天气情况，飞行程序可以自动改变，同时也会有空域范本加以参考，以满足航路的需求。

2. 下一代发展

在此阶段 (2025 年到以后)，空域被分为间隔自动生成空域，高高度空域和低高度空域。重新设计的空域较之以往的空域结构将更多的注意力都放在管制员身上，通过调整分配给管制员的管制空域的大小以重新分配管制员的工作负荷。根据风和天气的条件，空域的大小和形状也做出了相应的调整。

在这个阶段，空域的主要目的是要影响飞机的设备和性能特征，增加其容量、灵活性和效率。对于一部分空域，管制员的工作负荷已经不是一个限制因素了。

间隔自动生成空域的特点是：在此空域内，飞机间的冲突可以自动处理。所有的飞机通过各种机载设备都能够自动保证有足够的间隔。管制员的工作集中在管理空中交通流的复杂性。在此空域内，进场走廊在下降的最高点开始，离场走廊在爬升的最高点结束，飞越走廊应该连接最佳的优先使用路径。基于需求和天气条件，所有的空中走廊都是动态的。此阶段的其他空域特点与中期空域无特别大的差异。

3.6.2　欧洲未来空域的发展趋势

欧洲各国也根据实际情况对国际民航组织的空域分类标准进行了引入和变通，但是由于欧洲各国面积狭小、空域零碎，空域分类情况较美国更为复杂。

欧洲空管的相关部门目前正在努力统一欧洲各国的空域分类标准，逐步走向一个统一的组织领导，以达到领空单一连续、没有国界限制的目标，实现欧洲 "一个天空" 的计划。其目的是创造一个持续的领空的空中交通管理，为空域用户提供最大自由化的空域交通管理服务。这其中对于安全和国防有特殊需求的个别国家，可以给出适当的补偿。

欧洲管制部门计划在国际民航组织空域分类的基础上提出了 U、K、N 三类空域。U 类空域是未知空中交通环境的空域类型，同国际民航组织空域分类模型中的 G 类空域对应；K 类空域是已知空中交通环境的空域类型，国际民航组织的 D 类和 E 类空域是制定 K 类空域的基础；N 类空域是已知交通意图环境的空域类型，国际民航组织的 A 类和 C 类空域是制定 N 类空域的基础。

此种改变可以减少提供服务时产生的模糊性和不确定性所造成的多空域分类，同时也简化了飞行计划，飞行操作，减少空中交通管制部门之间的协调，增长空域的潜在能力，便于将来更有效地利用空域。

参 考 文 献

[1] 王世锦. 空域分类关键技术及应用研究 [D]. 南京: 南京航空航天大学, 2010.

[2] 刘松, 王伟. 空域的分类划设与实施 [J]. 空中交通管理, 2007, (11): 6-9.

[3] Aircraft owners and pilots association. Airspace for everyone[J]. Safety Advisor, 2009, 38002(06): 5.

[4] Federal Aviation Administration. Airspace Designations and Reporting Points[S]. Washington: FAA, 2005.

[5] European Organization for the Safety of Air Navigation. Euro-control Airspace Strategy for the ECAC States[S]. Brussels, 2001.

[6] Airspace class-Germany [EB/OL]. Wikipedia, 2010-4-2. http: //en.wikipedia. org/ wiki/Airspace_class.

[7] Civil Aviation Safety Authority of Australia. Airspace Designation and Standards[S]. Canberra, 1997.

第4章 空 域 设 计

空域设计的内容主要包含进离场航线设计 (飞行程序设计)、扇区设计、终端区设计和航路网设计。由于飞行程序、终端区设计有相应的设计规范文件,本章根据曾经做过的设计给出设计思路和相应的设计经验总结。扇区设计分成两部分,一部分是设计时的考虑因素和经验,放到本章的 4.3 节,另一部分是动态扇区设计,由于涉及很多算法模型,放到第 7 章单独成章。航路网设计内容较多,从规范到方法、模型,放到第 5 章单独成章。

4.1 飞行程序设计

4.1.1 飞行程序设计定义

航空器在机场附近的起飞离场和进场着陆时,跑道的方向和航路飞行方向通常是不一致的,受到周围建筑物、地形、限制性空域以及正在运行的其他航空器的影响,为保障航空器在空中运行的安全和顺畅,必须为其规划合理的空间飞行路线,即飞行程序[1]。

飞行程序设计是在分析终端区净空条件和空域布局的基础上,根据航空器的飞行性能,确定航空器的飞行路径以及有关限制的一门科学。

根据所执行的飞行规则划分:按目视飞行规则设计的程序称为目视飞行程序;按仪表飞行规则设计的程序称为仪表飞行程序。

根据航空器定位方式划分:使用传统导航定位方式的飞行程序称为传统飞行程序,使用 PBN(基于性能的导航) 进行导航定位的飞行程序称为 PBN 飞行程序。

根据发动机工作模式划分:一般飞行程序设计部门只考虑发动机全部正常工作情况设计并发布全发飞行程序;对于部分发动机失效的情况,则由营运人根据航空器性能和具体的飞行环境设计应急飞行程序。

从航空器的飞行阶段来讲,除了巡航阶段外都属于飞行程序设计范畴。

在飞行程序设计过程中,首先要保证航空器与地形、地物之间有足够的安全裕度;其次,所设定的飞行路线应符合航空器的飞行性能;同时,该飞行路线还应满足空域规划的限制。

飞行程序设计要遵循安全、方便、经济和环保的原则。任何情况下,都要首先保证航空器的飞行安全[2]。国际民航组织要求航空器按照飞行程序飞行时,与障碍物碰撞的概率应不高于 1×10^{-7}。

4.1.2 飞行程序设计原则

飞行程序设计的总体目标是安全、方便、经济。安全是保障安全,方便是所设计的程序有利于飞行员的飞行和管制员的指挥,经济是尽量缩短航空器在出发地与目的地之间的飞行路线长度。飞行程序设计应遵守的原则如下:

(1) 飞行程序设计的飞行路线应保证航空器与障碍物之间有足够的安全裕度;

(2) 与当地的飞机流向相一致;

(3) 不同飞行阶段尽量使用不同的飞行路线;

(4) 当不同飞行阶段的航空器必须使用同一飞行路线时,应尽可能使起飞离场的航空器在进场、进近的航空器之上飞行;

(5) 尽量减少对起飞航空器爬升的限制;

(6) 进场的航空器尽可能连续下降;

(7) 尽量减少迂回航线。

4.1.3 飞行程序的结构

航空器从起飞到着陆的整个飞行过程可以分为以下几个飞行阶段:起飞离场、航路飞行 (巡航)、进场、进近。除航路飞行阶段,其余阶段都属于飞行程序设计的范畴。

进近航段又分为起始进近航段、中间进近航段、最后进近航段、复飞航段。另外,每一个进近程序都必须包括至少一个等待程序,如图 4.1 所示。

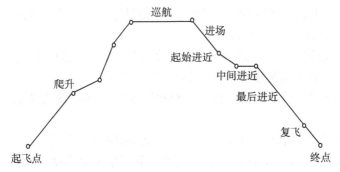

图 4.1 航空器的飞行过程

下面将对每一个飞行程序阶段进行详细介绍。

1. 离场程序

离场程序是一种规划的离场航线,为航空器提供终端区至航路结构的过渡。离场程序以跑道的起飞末端 (DER) 为起点,即公布适用于起飞区域的末端 (即跑道端或相应的净空道端); 当航空器按照设计的离场爬升梯度 (PDG) 达到下一个飞行阶段 (即航路、等待或进近) 规定的最低高度/高的位置, 离场程序即告完成。

标准的程序设计梯度为 3.3%, 它起始于跑道起飞末端之上 5m 的一点。

离场程序分为三种, 分别是直线离场、转弯离场、全向离场。其中转弯离场使用最广泛。

(1) 直线离场, 起始离场航径与跑道中线方向相差在 15° 以内为直线离场。

(2) 转弯离场, 当离场航迹转弯角度大于 15° 时, 称为转弯离场。

(3) 全向离场程序以航空器在开始转弯前保持跑道方向爬升到起飞末端标高之上 120m 为基础设计。当超障余度要求达到一个附加高度时, 直线离场需要延长, 直至达到要求的转弯高度。

离场程序保护区划设及超障评估中最重要的一个面是障碍物鉴别面 (OIS)。障碍物鉴别面的起点为起飞末端之上 5m, 障碍物鉴别面的梯度为 2.5%, 覆盖整个离场程序的直线部分保护区。

2. 进场程序

进场程序是一种规划的进场航线, 它提供从航路结构至终端区内一个定位点或航路点的过渡。进场程序起始于飞机离开航路飞行的开始点, 终止于等待点或起始进近定位点 (IAF)。

3. 进近程序

进近程序是根据一定的飞行规则, 对障碍物保持规定的超障余度所进行的一系列预定的机动飞行。这种机动飞行是从起始进近定位点或从规定的进场航路开始, 直至能完成着陆的一个点为止。

进近程序根据最后进近航段是否有高度引导, 又分为精密进近程序 (有高度和航向双重引导) 和非精密进近程序 (只有航向引导)。

进近程序由四个部分组成, 分别为起始进近航段、中间进近航段、最后进近航段、复飞航段。

起始进近航段从起始进近定位点开始, 至中间进近定位点 (IF) 或最后进近定位点/最后进近点 (FAF/FAP) 结束。主要用于降低航空器高度, 并通过一定的机动飞行, 完成中间或最后进近航迹的对准。

中间进近航段位于中间进近定位点和最后进近定位点/最后进近点之间, 主要用于调整航空器的外形, 减小飞行速度, 少量消失高度, 调整好航空器的位置, 为最后进近做好准备。

最后进近航段是完成对准着陆航迹和下降着陆的航段。其仪表飞行部分是从最后进近定位点/最后进近点开始, 至建立目视飞行或复飞点 (MAPt) 结束。

复飞航段也被称为复飞程序。它从复飞点开始,到航空器回到起始进近定位点开始另一次进近;或飞至指定的等待点等待;或爬升至最低安全高度,开始备降飞行为止。

在进近过程中,当判明不能确保航空器安全着陆时,复飞是保证安全的唯一手段。因此,每一个仪表进近程序都必须设计一个复飞程序。

4. 等待程序

等待程序是航空器为等待进一步的放行许可而保持在一个规定空域内的预定的机动飞行。当在一个时间里,机场周围的空域内的航空器,超过其容量限制或有航空器出现紧急情况时,需要指挥部分或全部的航空器在等待空域进行等待,以保证航空器之间的安全间隔,因此,等待程序是飞行程序的一个重要组成部分。每个飞行程序至少要有一个等待程序。

等待程序通常设置在起始进近定位点或进场航段中的某一个位置。

4.1.4 飞行程序设计考虑的因素

飞行程序设计的飞行路线除保证航空器与障碍物之间有足够的安全裕度外,还应考虑以下因素:

- 地形和障碍物的分布特征;
- 机场设施、设备的保障条件;
- 要运行的航空器类别、性能和机载设备;
- 起飞一发失效应急程序的需求;
- 飞行人员的操作水平;
- 飞行路线周边的空域状况;
- 与相关航路、航线的衔接;
- 不同性质的空中飞行活动对空域和空中交通服务的不同要求;
- 当地航空气象特点;
- 城市规划和航空器运行对环境的影响;
- 空中交通流量分布情况,包括垂直和水平方向的分布;
- 城市规划、建设及安全保障要求;
- 空中交通保障系统,包括通信、导航、监视、气象和航行情报的综合能力;
- 空中交通管制服务的手段和方式;
- 空域用户对空域的特殊要求。

4.1.5 飞行程序设计的基本步骤

飞行程序设计的基本步骤如下:

(1) 根据机场的净空条件、导航设施的布局和与本机场进、出港有关的航路的情况，设计给出初步的离场、进场和进近以及复飞程序的飞行路线。

(2) 根据所设计的飞行路线，分别按离场、进场和进近以及复飞程序设计准则，确定航空器在各个不同航段飞行时，在一定的安全系数的前提下，可能产生的最大位置偏移 (我们称之为保护区)。

(3) 分别按各自的准则，计算每一航段内可以保证航空器不与地面障碍物相撞的最低安全高度。离场和复飞的计算方法与进场、进近的不同，但目的是一样的，都是通过对保护区内的障碍物按照相应规则进行安全评估，保障航空器与障碍物相撞的概率在可接受的安全风险水平下。

(4) 检查各航段的下降梯度是否符合要求；离场和复飞检查是否符合爬升梯度要求。如果有不符合要求的航段，必须进行调整，使其符合要求。在调整过程中，如果改变了航线的位置或距离，应重复第 (2) 步和第 (3) 步，并再次进行检查和必要的调整，直至所有航段都符合要求。

飞行程序最终的设计结果就是标准仪表图和机场运行标准，以航图的形式给予公布。

4.1.6　程序设计相关基本概念

1. 程序设计中使用的速度

飞行程序设计时，应根据航空器的类型，以及所设计的飞行航段，从相应的表中查取所对应高度的指示空速 (IAS)。如果是某一速度的范围，应取影响最大者作为设计时的速度。空速表所测出的空速值，经过仪表误差和空气动力误差的修正后，就可以得到指示空速。指示空速再通过对空气压缩性修正量误差和空气密度误差修正，就得到真空速 (TAS)。在程序设计中，利用查表求换算因数 K 的方法将 IAS 转换为 TAS。

$$TAS = K \times IAS \tag{4.1}$$

其中，K 为换算因数。

2. 转弯参数的计算

转弯参数包括转弯真空速、转弯坡度、转弯率和转弯半径等。飞机转弯时的速度决定了转弯半径和转弯率。转弯半径和转弯率的大小，直接影响到机动飞行所占的空间和时间。为了保证飞机在仪表进近的机动飞行中具有足够的安全保护区，程序设计时，除按飞机分类规定各航段的速度范围外，还规定了转弯坡度和转弯率。

1) 转弯坡度与转弯率

飞机转弯时的倾斜角度，即飞机横轴与地平线或飞机竖轴与地垂线的夹角，称为转弯坡度 (α)，以 (°) 为单位。单位时间内所转过的角度称为转弯率 (R)，以 (°)/s

为单位。转弯率和转弯坡度之间的关系为

$$R = (562 \times \tan\alpha)/v \tag{4.2}$$

其中, v 为真空速, 单位为米/秒 (m/s);

2) 转弯半径的计算

转弯半径 (r) 与转弯速度 (v) 和转弯率 (R) 之间的关系是

$$r = 180v/(\pi R) \tag{4.3}$$

3. 全向风及转弯风螺旋线

在转弯过程中, 由于航空器的航向是不断变化的, 无法用某一固定的风向来分析整个转弯阶段在风的影响下航空器可能产生的航迹偏移的范围。因此, 在程序设计时, 采用全向风来代替某一特定风向。所谓全向风是指风速一定, 风向为任意方向的风, 即考虑风向为 360° 中的任何一个方向。程序设计时, 不同飞行阶段, 所使用的全向风的风速各不相同, 具体可参考各航段风速的设计规定。

4. 保护区和最小超障余度

1) 保护区

由于气流运动、驾驶技术、导航系统误差等因素的影响, 航空器飞行时不能严格保持预定航迹, 总会或多或少地产生偏移。在一定安全系数的前提下, 飞机在某航段飞行可能产生的最大位置偏移的区域, 称为保护区。

每个航段都有相应的保护区。通常, 保护区以预定航迹为对称轴。大多将这个区域分为主区和副区, 主区和副区各占保护区的一半。

2) 最小超障余度

最小超障余度 (minimum obstacle clearance, MOC) 是指飞机在保护区内飞越障碍物上空时, 保证飞机不至于与障碍物相撞的最小垂直间隔, 是受天气、设备、飞机性能以及飞行员能力的影响而制定的保证飞机安全越障的最低要求。

4.1.7 传统程序设计技术总结

传统程序建立在仪表飞行基础上, 主要依赖于地面导航设施提供的导航信号。航空器要求一直能接收到导航设备所给出的方向引导信号, 即航迹引导。航空器通过航迹引导做向台或背台飞行。

以离场程序设计为例, 解释一下传统程序的航迹设置要求和相应保护区的样子, 方便与下面的 PBN 程序进行对比。

离场程序分为直线离场和转弯离场两种。

1. 直线离场航迹设计要求

直线离场的起始离场航迹与跑道中线方向相差在 15° 以内。任何地方只要实际可行，离场航迹应尽量与跑道中线延长线一致。当起始离场航迹不经过跑道起飞末端时，在正切跑道起飞末端处的横向距离不得超过 300m。直线离场航线必须在 20km 以内取得航迹引导。

2. 转弯离场航迹设计要求

当离场航线要求大于 15° 的转弯时我们称之为转弯离场。航空器在达到起飞末端标高之上 120m 之前不允许转弯。如果因障碍物的位置和高度不能使转弯离场满足最低转弯高度的准则，则离场程序应根据当地情况与有关飞行单位协商进行设计。

转弯可规定在一个高度 / 高 (指定高度转弯)，一个定位点或在一个电台上空进行 (指定点转弯)。当采用转弯离场时，航空器必须在转弯之后 10km 之内取得航迹引导。

3. 直线离场保护区

以起飞末端为起点，起始宽度为 300m(每侧 150m)。如果起始离场航迹与跑道中线延长线一致，保护区以跑道中线为轴线向两侧各扩张 15°，如果起始离场航迹与跑道中线延长线不一致，则在航迹调整一侧的第 1 区边界也应调整相等的角度。

在正切导航台位置，保护区的宽度为 ±1.9km(VOR) 或 ±2.3km(NDB)。然后，沿航迹向两侧各扩张 7.8°(VOR) 或 10.3°(NDB)，确定有导航台引导的保护区。有导航台引导的保护区分为主区和副区两部分，其划分方法为航迹两侧各一个主区和一个副区，每一个主区和副区占每侧宽度的 50%，靠标称航迹的为主区。取无航迹引导时的保护区与有导航台引导的保护区两者中较小的作为离场程序设计的保护区，如图 4.2 所示。

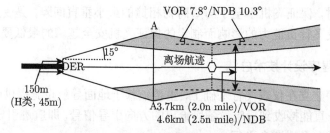

图 4.2　向台直线离场保护区

4. 转弯离场保护区

转弯离场的保护区分为两个部分：转弯点之前和转弯点之后。转弯点之前的保护区的画法与直线离场一致。转弯点之后的保护区，我们称为转弯区。转弯区所依据的参数如下。

(1) 高度：采用指定高度转弯离场时，用转弯高度；采用指定点转弯离场时，用机场标高加上以 10%爬升梯度从 DER 至转弯点所爬升的高度。

(2) 温度：相当于上述高度上的 ISA + 15 ℃。

(3) 指示空速：设计离场程序使用飞机分类速度表内所列各类航空器的"最后复飞"速度增加 10%(由于起飞时重量增加)。

(4) 真空速：TAS = $K \times$ IAS。

(5) 风：如有统计风的资料，可用最大 95%概率的全向风，如没有风的资料则应使用 56km/h 的全向风。

(6) 转弯坡度：平均转弯坡度为 15°。

(7) 定位容差：相应于定位形式。

(8) 飞行技术误差：驾驶员反应时间 3s ＋建立坡度 3s 等于 6s(用以计算 c 值)。

转弯离场的保护区示例如图 4.3 所示。

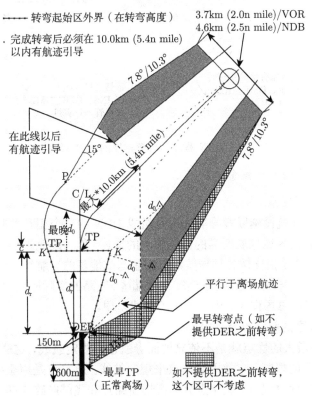

图 4.3 指定高度离场保护区

4.1.8　PBN 程序设计技术总结

基于性能的导航 (PBN) 是国际民航组织在整合各国区域导航 RNAV 和所需导航性能 (RNP) 运行实践和技术标准的基础上，提出的一种新型运行概念。它将飞机先进的机载设备与卫星导航及其他先进技术结合起来，涵盖了从航路、终端区到进近着陆的所有飞行阶段，提供了更加精确、安全的飞行方法和更加高效的空中交通管理模式。PBN 的引入体现了航行方式从基于传感器导航到基于性能导航的转变。

PBN 程序与传统程序最大的区别是 PBN 程序的航线不需要必须向着信号台或背对着信号台飞行，而是通过飞机的机载数据库的位置计算，在各种导航源信号的融合下，只要达到定位精度要求的导航覆盖范围内设计航迹都可以。PBN 程序与传统程序的概念示意图如图 4.4 所示。

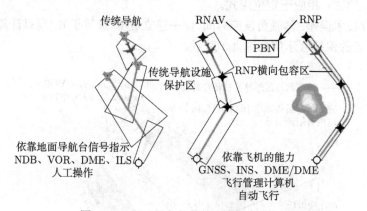

图 4.4　PBN 程序与传统程序的保护区对比

1. PBN 程序的基本概念

1) PBN 的三要素

导航规范、导航设施以及导航应用是组成 PBN 的三个相互关联的要素。导航规范是对沿着特定区域导航所需的性能要求的描述，作为民航当局适航、运行批准的基础。导航设施是指支持各种导航规范的星基或地基的导航基础设施。导航应用就是将导航规范与导航设施结合起来，在终端区、航路的实际应用，以 RNAV/RNP 航路、标准仪表进离场程序、进近程序的形式呈现。

2) PBN 程序的航路点及其容差

PBN 程序最大的优点就是不依靠地面导航设施规定航线，这样在航路规划时不受导航台布局的限制，它使用航路点来规定航线。航路点是用于确定一条 PBN 航路而规定的地理位置点。航路点分为旁切航路点和飞越航路点两种。

旁切航路点要求飞机在到达该点以前转弯使飞机切入下一段航路或程序的航

路点。

飞越航路点为飞机加入下一段航路或程序而飞越该点开始转弯的航路点。

2. PBN 程序设计的航迹设置要求 (以离场程序设计为例)

目前, PBN 离场程序可用的导航规范有: RNAV1, RNAV2, RNP-1 和 A-RNP。

1) 直线离场的航迹设计

初始离场航迹的对正 ($\alpha \leqslant 15°$) 由位于跑道起飞末端后面的第一个航路点确定。

2) 转弯离场的航迹设计

转弯离场可以规定四种转弯: 在 "旁切" 航路点转弯; 在 "飞越" 航路点转弯 (相应于指定 TP 转弯); 在一个高度转弯; 固定半径转弯 (只用于 RNP AR 程序)。为使航空器正确实施转弯, 每一个规定转弯最小为 5°, 最大不得超过 120°。对指定高度转弯离场, 无最大转弯角度的限制。

3) PBN 程序直线离场的保护区

离场开始的保护区宽度的设计, 适用一般准则, 直至扩展边界与假想区外边界相交, 随后保持假想区宽度至离场程序第一个航路点。假想区从 DER 开始延伸至第一个航路点, 其在 DER 和第一个航路点的保护区半宽随导航源类型不同而不同, 如图 4.5 所示。

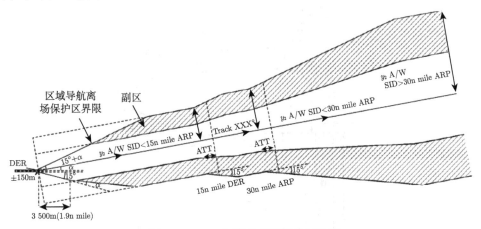

图 4.5 PBN 程序直线离场的保护区

4) PBN 程序转弯离场的保护区

转弯离场的保护区随着转弯方式、指定点转弯的航路点类型、使用的航径终结编码类型不同而不同。由于保护区的绘制方法与步骤较烦琐, 在此不作为重点内容详细介绍, 保护区示例如图 4.6 和图 4.7 所示。

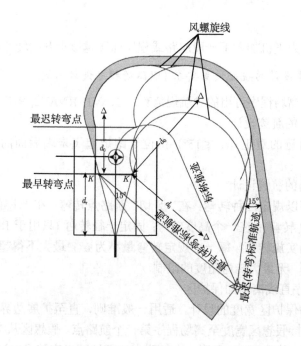

图 4.6 飞越航路点转弯离场保护区 (使用 DF)

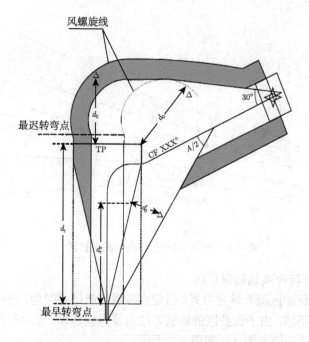

图 4.7 指定高度转弯离场保护区 (使用 CF)

4.2 终端区空域设计

4.2.1 终端区空域概述

终端区空域是描述环绕某个机场提供空中交通服务空域的一般术语。为了向空中交通管制提供安全的运行环境系统，有必要在某些机场附近划设一个空域范围以便在一定程度上保护航空器的运行。一般情况下该空域划设在向仪表飞行规则 (IFR) 运行的航空器提供空中交通服务 (ATS) 的机场附近。

国际民航组织文件汇编中有关于终端区空域设计的资料，这些资料的信息可以分为四个主题，分别是：

(1) 飞行程序设计方面；

(2) 终端区空域结构的架构；

(3) 提供空中交通服务的责任界定；

(4) 空中交通服务空域分类的确定。

这些主题适合于所有交通密度水平的终端区空域的设计，也可作为各个国家空域设计规定的参考 [3]。

1. 飞行程序设计方面

飞行程序设计资料中的离场程序、进场程序和等待程序与终端区空域设计相关，因为这些程序的设计结果将影响终端区交通流的分布。

2. 终端区空域结构的架构

根据国际民航组织的要求，一旦决定要提供空中交通服务，则接受服务的空域应当被指定为以下类型。

(1) 飞行情报区 (FIR)：决定接受飞行情报服务和告警服务的空域称为飞行情报区。

(2) 管制区域 (CTA)：自地球表面上某个指定高度向上延伸的受管制空域。管制区域的下限必须高于地面或者水面之上不小于 200m(700ft)。

管制区域可由终端管制区 (TMA)、衔接航路、区域性管制区构成。

(3) 管制地带 (CTR)：从地球表面向上延伸至某个指定上限高度的受管制空域。管制地带的水平范围应当从该机场或者相关机场的中心沿着进近方向延伸至少 9.3km。

典型的终端管制空域基本架构如图 4.8 所示。

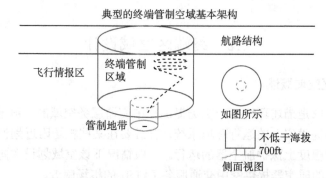

图 4.8 典型的终端管制空域基本架构

本图示中, 终端空域和管制地带被画为圆形。某一特定位置的实际形状取决于现场的要求

3. 提供空中交通服务的责任界定

空中交通服务规则中关于区域与进近管制之间的责任界定正日益成为终端区空域容量和效率的主要影响因素, 在高交通密度的区域尤其如此。这样的区域更要求加强协作, 因此也就加重了管制员和飞行员的工作负荷。

国际民航组织指出, 区域管制服务和进近管制服务规则之间的界限尚未明确定义。在某些地方进近管制单位履行了区域管制的职能, 而在其他地方区域管制单位履行了进近管制的职能。

4. 空中交通服务空域分类的确定

国际民航组织要求, 空中交通服务空域应当根据国际民航组织出版的空中交通服务空域分类列表进行分类。

4.2.2 终端区空域设计的现状分析

终端区空域结构可以利用多种方法确定。这些结构的最终目的都是给那些在机场或者相关机场附近进行仪表飞行规则运行的航空器提供一个安全的空中交通管制系统。

空域结构通常是历经多年逐渐形成的, 当进行终端区空域设计时, 应仔细分析现存的特定地区相关的空域结构。分析从以下方面进行:

1. 交通流评估

在终端空域设计的开始阶段对现有交通流和汇入交通流进行评估是一个重要的步骤。交通流的特征 (双向、多向等) 将对该空域的设计和运行走向产生很大影响。建立新航路的潜在可能性也应当予以考虑。

2. 接受进近管制的空域的识别

为了识别接受进近管制的区域,可以对航空器的飞行剖面进行分析。同时应当考虑到相邻管制单位的要求、区域管制的扇区划设等。

3. 新地区终端区空域的建立

有些地区建立终端区空域时,可能涉及新机场的建设、设想的运行类型等还没有实际运行的情况,这样就不可能使用现有的交通样本进行飞行剖面分析或者确定交通流特征。遇到这种情况时,可以利用预计将采用的航空器类型和航路组成交通样本进行分析。除了飞行剖面和航路因素外,还应考虑导航设施的要求、位置和其他影响因素。如果选定了新的地区,重要的是定期审查运行以便确定是否需要更改结构,如果有此需求,应当在早期就进行规划。

4. 飞越交通流的识别

对将要实施进近管制功能的空域进行设计时,应当最大可能地适用底层原则,以避免将飞越航空器包括进去。因此必须要识别出重要的飞越交通流。这些飞越交通流也可以使用计算机辅助工具识别出来。

5. 与航路环境衔接的设定

权威性的文件可能未规定终端空域特定区域所需的尺寸,但是确定航空器在某一特定区域从航路阶段进入进近阶段 (反之亦然) 的重要点的位置有助于确定区域范围。这些重要点所在位置的选择很大程度上取决于终端空域所采用的进离场方式。这些重要点的位置不一定与飞机航迹的爬升末端或者下降起点有联系,如图 4.9 所示。

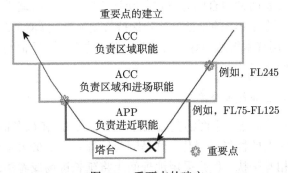

重要点的建立

ACC
负责区域职能

ACC
负责区域和进场职能　　　例如, FL245

APP
负责进近职能　　　例如, FL75-FL125

塔台　　　✳ 重要点

图 4.9 重要点的建立

在这种情况下,重要点建立在进近管制与负责离场交通流的区域管制之间的移交点。对于进场交通流,这些点建立在飞行的前段。该区域管制的低高度扇区开始履行进近职能并且将航空器在后段移交到进近管制以便进行最后进近排序

4.2.3 终端区域内的运行实际分析

在与进近管制功能有关的划定区域内 (例如, 根据规定的重要点划定该区域) 的运行与该终端空域的机场的实际运行有关。相关地区内的运行实际分析取决于大量因素。一些具体因素如下:

(1) 交通密度;

(2) 交通流的复杂性;

(3) 航空器的运行类型;

(4) 当地条件和/或限制;

(5) 区域导航规定和/或导航基础设施;

(6) 其他用户活动 (如军方的要求)。

在许多机场, 值得注意的是那些低交通密度运行的航空器, 实际运行可能因为未正式确定的进场 (STAR) 和离场 (SID) 航路而表现出灵活多变的特点。在其他地区条件允许时, 应当使用正式的进场和离场航路。这可以以标准仪表离场和进场航路或者认可的运行程序形式向管制员发布。

4.2.4 标准仪表离场和进场航路的建立

如果有要求, 应当建立标准仪表离场和进场航路以有利于保持空中交通流的安全、有序和迅速通行, 明确空中交通管制放行许可的航路和程序, 降低管制员工作负荷, 提高终端区空域容量, 有利于导航数据库的编码, 可以支持现代化的飞行数据处理系统。

通常情况下, 进离场航路划设在交通流复杂的繁忙地区。从战略的观点来看, 应当尽可能地避免进离场航路发生冲突。为了实现这个目的可以利用地理间隔方法或者垂直方法或者两种混合的方法进行交通流的分流。战略性地降低交通流冲突是为了进场和离场航空器的平稳运行和保持常规流量, 以便全面提高容量。但是在许多地方, 也使用战术雷达引导的方式进一步增加容量。下面将对两种降低冲突交通流的方法进行介绍。

1. 地理间隔方法降低冲突交通流

地理间隔是通过降低水平面的交通流冲突来建立的, 在很多情况下, 采用该地理间隔可以使航空器的性能最优化。这是因为地理间隔能最大程度地保证航空器爬升和下降不会相互干扰。但是采用地理间隔将延长进场或者离场航空器的飞行距离, 如图 4.10 所示。

2. 垂直方法降低冲突交通流

垂直间隔与地理间隔相比可以允许更多的直线航路, 从而减少飞行距离, 但是爬升和下降剖面可能会受到损害。这可以通过分析交通流冲突点和相关高度的方法将其减少到最低程度。当考虑用垂直方法确定进场和离场交通流的间隔时，必须根据与相关机场的距离和交通流的穿越情况来确定。这可能靠近机场，结果是离场交通将被限制在低于进场交通的高度。这种情况下，垂直划分将根据当地情况来确定。一般来说，交叉点将位于 FL70(标称的) 或其下方，如图 4.11 所示。如果交叉点距离该机场相当远，可以考虑离场交通爬升到进场交通流之上的可能性，如图 4.12 所示。

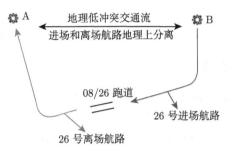

图 4.10 地理间隔方法降低冲突交通流

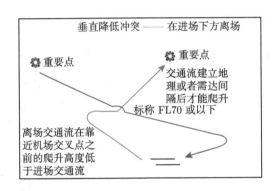

图 4.11 一般情况

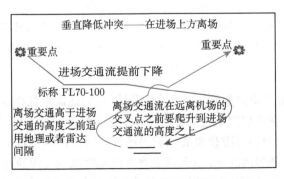

图 4.12 交叉点距离该机场比较远的情况

在确定使用方法时，必须考虑到相关航空器的性能。如果决定将离场航空器的高度限制在进场航空器的高度之下，则通常应当在接近相关机场的地方实施，以尽量降低对航空器爬升和下降性能的影响。这种交叉点的划定将受到当地条件的制约。但是向三边起始方向穿越有利于最后进近的进场航空器进一步下降时有足够的时间和空域。

如果决定让离场航空器爬升至进场交通流之上，则有必要将交叉点所在的区域确定在可以确保离场航空器有充分的爬升性能以便在交叉点获得垂直间隔的地方。在这个距离向三边末端交叉可能比较有利，离场航空器可以有更长的距离以获得交叉点所需的更高的高度。在该区域的进场交通相应地将处于较低的高度。

4.2.5 重要点的理想位置

在理论环境下交通流从各个方向进场和离场，空域设计用垂直或地理方法降低交通流之间的冲突。为了采纳战略降低冲突原则，空域设计可以倾向于四角多方向系统。四角多方向系统可以用于可用空域充足的地区，如图 4.13 所示。

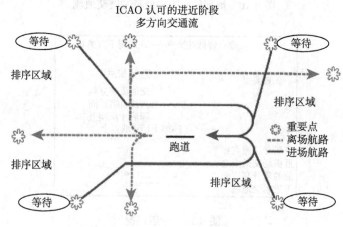

图 4.13　四角多方向系统

进离场交通的重要点以四角几何形状来确定。在进场航空器进入所用跑道相关的起落航线前划定了一个排序空域。在进场交通流之间标示与离场交通流有关的重要点。这种方法可以在多方向交通流和可用空域比较充足的地区使用

不管所用跑道的构型如何，交通的始发地/目的地需求都将保持不变，因此当所用跑道变化后，在终端空域内的交通流改变很大程度上是不可避免的。选择机场所用的跑道以及相应的标准仪表离场和进场航路时对航路系统的影响保持中立通常是值得的。因此理想情况下，进入或者离开终端区域的交通流在定义的重要点之后应当保持稳定，并且不应当依据终端空域内部的交通流需求而确定。跑道切换导

致的交通流变化将使得航路系统产生非标准化和不可预测的某个水平,这是合理和潜在的。这将相应地影响航路扇区的容量并且需要可变的飞行计划航迹。

4.2.6 终端空域的设计步骤

对整个终端区空域进行设计,建议按以下步骤进行。

1. 第 1 阶段 —— 问题评估

在开始进行终端空域设计项目之前应当明确项目的目的和范围。该空域可能够用,只是需要进行优化,或者可能去解决一个问题。该问题可能已经存在或者将来随着交通等级的增加或者交通特征的改变等而出现。要想预知问题就要求对交通需求进行监控和进行交通预测。

2. 第 2 阶段 —— 项目组织

各个项目的组织需求各异,但是所有利益相关方都应当尽早参与其中。工作安排可以从两个层面进行组织。

宏观层面:检查不受现行 FIR 边界或者政治特性因素限制的多国空域系统内的主要交通流。然后提出终端区域内的相关界面,以便尽可能地适应整个系统的要求。这样安排的好处是可以超越所仿真的区域从更广的角度来考虑问题,以便使得与相邻区域的航路相协调。

微观层面:这需要参与所规定服务的各方,包括空中交通管制员、空域用户等输入信息。最终目的是改进相关终端空域内单个区域的结构。总地来说,对空域内的单个区域而言这是最成功的方法。但是如果孤立地发展,则有可能与整个容量的增加产生矛盾。相互干扰区的确定原则是应当在所有的利益相关方之间进行广泛咨询的同时给予充分的考虑。

3. 第 3 阶段 —— 形成提案

形成提案应当建立在合格的问题评估基础上,并且可以覆盖许多区域。这些提案将因项目而异,相似的问题可能会使得不同国家由于当地需求不同而采取不同的解决办法。

4. 第 4 阶段 —— 提案审定

提案在实施前通常要进行审定。提案可以通过仿真 (快速或者实时) 或者分析实验情况或者其他地区的实施情况进行审定。但是,如果将提案视为对现行结构或系统的改进,则未必需要在实施前进行审定。

整个的开发流程如图 4.14 所示。

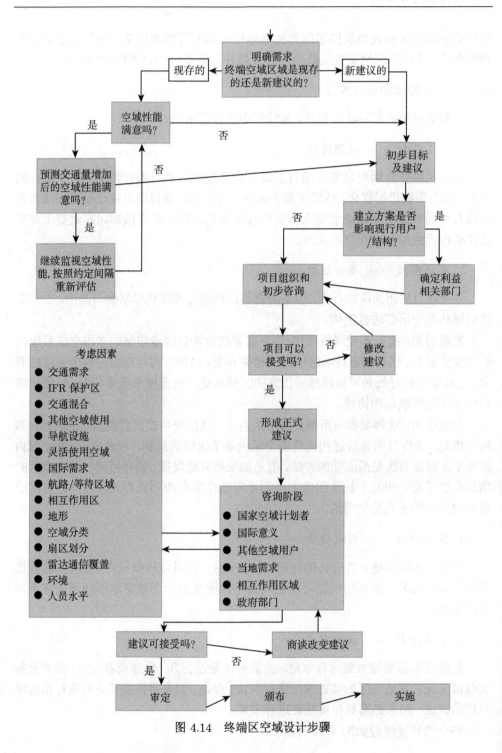

图 4.14　终端区空域设计步骤

4.3 扇区设计

扇区的合理设计,对提高空域资源的利用率、均衡管制员工作负荷、保障飞行安全具有极大的研究意义。

4.3.1 扇区概念

整个管制中心所负责的管制空域被划分成小的空域单元,这些空域单元称为扇区;每个扇区单元由 2 名管制员负责,一个是管制席管制员,一个是协调席管制员,分别对指定空域的飞机提供管制服务。

每个管制席位都配备有雷达屏幕、无线电、电话等监视和通信设备,由一组管制员负责指挥飞机的运行,以保证其所分配的空域内的飞机之间有足够的安全间隔。

扇区组合是指将单个扇区单元或多个相邻的扇区进行组合的一种行为。扇区组合必须符合扇区结构特征约束才是可行扇区组合,可行扇区组合可以分配给一个管制席位负责。

扇区开合是指扇区的大小、范围根据空中的交通流的变化而进行重新组合的一个过程。例如,当夜间交通流少的时候,可以将几个相邻扇区合并成一个扇区,由一组管制员进行指挥,俗称合扇;当白天交通流大的时候,将这几个扇区分开,由多组管制员进行指挥,俗称开扇。

4.3.2 扇区结构特征

根据国务院第 86 号令《中国民用航空空中交通管制规则》规定,将管制区分为两个或两个以上的扇区,目的是将管制区的工作量分配至两个或两个以上的管制席位,以减轻单一管制席位的工作负担,保证空中交通安全有效运行。

扇区是管制空域的基本单元,扇区的划分原则如下 [4,5]:

1. 扇区连续性规则

根据便于管制工作的扇区划分原则,同一个扇区的管制工作处于相对集中的空间范围之内,更有利于管制工作的顺利进行,否则会由于管制空间跳跃、分散,管制员注意力分散,给飞行安全带来隐患。如图 4.15 所示,扇区 A 被扇区 B 所隔开,给管制员造成注意力分散,这样的情况也是不允许的。因此,扇区划分的结果必须要使每个扇区都是连续的。

2. 扇区形状的凸形规则

扇区的形状应尽可能是凸形的,这样的形状可以避免同一架飞机两次或者多次进入同一个扇区,从而增加管制员额外的协调工作负荷。如图 4.16 所示,飞机进入扇区 B 两次，管制员就必须与相邻扇区管制员协调两次，协调工作负荷增加，所以在扇区的划分中需要尽可能保证每个扇区形状上的凸约束，同时在扇区动态组合中也需要尽可能保证组合后的扇区在形状上是凸形的。

图 4.15　扇区连续性规则示意图

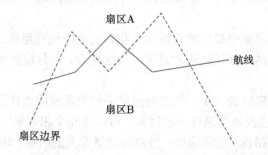

图 4.16　扇区形状的凸规则示意图 1

需要说明的是，并不是所有呈现凹形边界的扇区都是不允许的，只要这个凹形边界不会使得交通流两次或两次以上进入同一扇区，这个扇区边界就是可以接受的，如图 4.17 所示。

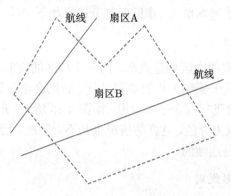

图 4.17　扇区形状的凸规则示意图 2

3. 扇区凹状比例规则

虽然有些凹型边界也是可接受的，但是凹的程度是有限制的。如图 4.18 所示，该扇区所包含的多边形的面积，与其所有顶点的凸壳所包含的多边形面积的比值太高，这就说明该扇区存在着角度非常小的凹形边界，这样的凹形边界是没有意义的，这样的划设结果是应该避免的。原多边形面积与凸壳面积之比称为扇区凹型比例，国内外对这一比例尚没有具体的数值建议，可根据实际情况而定。

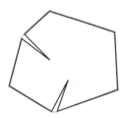

图 4.18　扇区凸状比例规则示意图

4. 扇区内航路交叉点 (汇聚点) 规则

本规则包含两层意思：一个是扇区内的航路交叉点 (汇聚点) 数量的要求；另一个是扇区边界与扇区内交叉点 (汇聚点) 的距离要求。

航路交叉点 (汇聚点) 往往伴随着潜在的飞行冲突，这就给管制员带来了较多的解决冲突的负荷。因而，单个扇区内交叉点 (汇聚点) 数量不宜过多，建议不超过 4 个。

此外，扇区边界和航路交叉点应保持一定的距离，这样可以保证管制员有充分的时间解决交叉点处可能发生的飞行冲突。如图 4.19 所示，假设在该空域内，管制员为解决冲突所花费的时间为 ω_f，扇区移交时间为 ω_c，管制规定允许的航空器间隔时间为 ω_j，则扇区边界与交叉点最小时间为

$$T_h \geqslant \omega_f + \omega_c + \omega_j \tag{4.4}$$

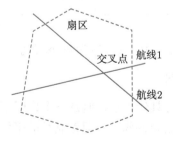

图 4.19　扇区边界与交叉点 (汇聚点) 的最短距离规则示意图

一般来说，换算为距离，交叉点到扇区边界的距离建议至少为 10km。

5. 扇区最短穿越时间规则

为保证空中管制员调配指令发布的工作裕度，航空器在扇区内的停留时间需要保持一定的长度。一般来说，航空器在扇区内平均的驻留时间至少为 4~5min，长的有 20min，如图 4.20 所示。

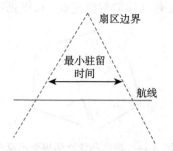

图 4.20   扇区最短穿越时间规则示意图

6. 扇区结构的逻辑性规则

扇区边界应当避免交叉或有空隙，以易于管制员掌握。如图 4.21(a) 所示，如果扇区边界交叉，在重叠区域的管制责任不明确，难以保障安全；如图 4.21 (b) 所示，如果扇区边界有空隙，在扇区 A 与扇区 B 之间处于无人管制的状态，同样难以保证安全。

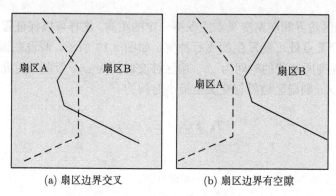

(a) 扇区边界交叉   (b) 扇区边界有空隙

图 4.21   设计不当的扇区结构示例

7. 扇区面积大小的限制

扇区面积大小一般没有具体规定，但是一个扇区不能面积太大，其总的容量 (工作负荷) 必须低于一个给定的阈值，即管制员的平均工作负荷强度应当小于统计时间的 80%，允许偶尔超过该值，但时间不能持续太长，而每个扇区之间的工作负荷应尽可能均衡。但同时扇区面积也不能太小,这样会造成管制资源的浪费和频率的多次转换,对管制效率和安全都不好。

8. 扇区边界与特殊使用区域的位置规则

扇区划设应该考虑到特殊使用空域 (special usage airspace,SUA) 的影响。理想的划设结果,应该使得 SUA 完全处于扇区内部,并且距离扇区边界足够长的距离,以便管制员能够有足够的时间来管制进入本扇区的航班绕过 SUA,如图 4.22(a) 所示。如果扇区边界穿越 SUA,并且 SUA 在两个扇区内都有明显的可观察部分,便于各自管制员的感知与管理,这种划设结果也是可以接受的,如图 4.22(b) 所示。如果扇区边界从 SUA 边缘地带穿越,这种划设结果是不允许的,如图 4.22(c) 所示。

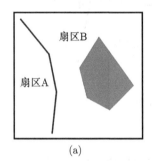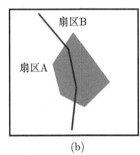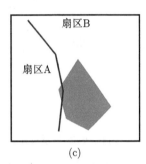

(a)　　　　　　　　(b)　　　　　　　　(c)

图 4.22　扇区边界与 SUA 位置规则示意图

9. 扇区边界与主要交通流的交叉角规则

扇区的边界与主要交通流的交叉角应尽可能垂直,而不是擦着扇区边界飞行,以保证在扇区边界处的管制职责分配更为明确。

10. 扇区内部角度规则

扇区是个多边形,如果其内角度数太小,容易形成比较尖锐的形状,造成航班快速、频繁地穿越扇区边界,应该给扇区内角角度设置最小值 θ,即

$$\theta_i \geqslant \theta, \quad 0° \leqslant \theta \leqslant 90° \tag{4.5}$$

θ 角度建议为 45°。

11. 扇区纵横比例规则

扇区外形应避免呈现长条形,为了满足这一约束,设置扇区的外观纵横比例的下限值 γ。扇区的纵横比例为扇区最小外接矩阵的宽与长的比例,如图 4.23(a) 所示,当交通流横穿扇区 C 时,会造成很短的驻留时间和频繁的扇区移交,从

图 4.23(a) 的虚线矩形可以看出，扇区 C 的外接矩形宽与长的比例很小，这样的划设结果一般是不允许的，即应该满足

$$\gamma_i \geqslant \gamma \tag{4.6}$$

需要说明的是，如果主要交通流的走向与扇区 C 相一致，如图 4.23(b) 所示，这样的划设结果是可以接受的。建议最小的纵横比为 0.3。

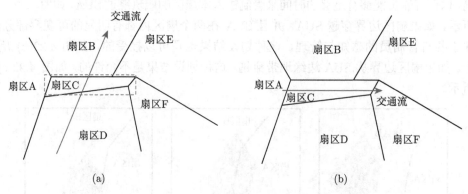

图 4.23 扇区外观比例规则示意图

12. 扇区边界平滑规则

扇区的边界应尽可能平滑，以线段为主，避免出现锯齿状。例如，应将优化后生成的图 4.24(a) 通过合适的平滑算法转化成图 4.24(b) 的形式。

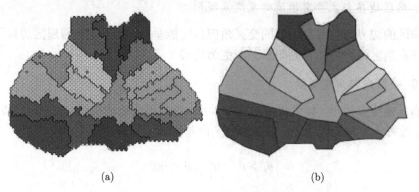

图 4.24 扇区边界平滑规则示意图

4.3.3 扇区划分种类

管制扇区可以有以下划设方法：

(1) 按平面几何划分，把主要枢纽机场位置或者主要导航台位置作为扇区中心，对管制空域进行平面几何划分得到扇区单元。

(2) 按垂直高度划分。根据航空器上升、下降、穿越高度，决定划设扇区的高度范围。

(3) 综合划分。按照航路航线的繁忙程度、使用情况划分，即根据进离场航路航线的主要进出流量和航路飞行交叉点、冲突发生位置的分布，合理分配至相应的管制扇区，使得管制员工作负荷较为均衡。

管制扇区划设还有一种分类方法，对于按照地理位置进行的扇区划分，我们称为地理性划分；对按照起飞离场、进近排序不同功能进行的扇区划分我们称为功能性划分。

4.3.4 扇区划分考虑因素

设置扇区应当考虑以下因素：

(1) 扇区对应的空域结构：有航路航线的分布、禁区、危险区、军区活动划分的限制区、等待区的分布以及重要导航台、位置报告点、航路交叉点的位置。

(2) 扇区内航空器状态：爬升/下降、平飞/穿越所占全部管制扇区内航空的比例。

(3) 空域需求，需要考虑空中交通流量饱和程度以及军方运行需求；

(4) 管制员的工作能力，也就是管制员工作经验与处理应急问题的能力；

(5) 硬件设施，语音通信设备、导航台和监视设备能力的良好程度；

(6) 扇区内机场及跑道情况：机场跑道方向决定了进离场方向以及进近五边程序的设置；

(7) 管制方法和管制原则，管制单位之间的协调工作，航空器穿越扇区时所需进行的高度方向调度。

参 考 文 献

[1] 戴福青. 飞行程序设计 [M]. 天津：天津科学技术出版社, 2000.

[2] 国际民航组织. ICAO DOC8168-OPS/611. 空中航行服务程序 —— 航空器运行 (第一卷) 飞行程序 (第六版)[S]. 国际民航组织, 2003.

[3] EUROCONTROL 终端空域设计操作方法指导材料.

[4] 张明. 终端空域扇区规划及运行管理关键问题研究 [D]. 南京：南京航空航天大学, 2010.

[5] Swenson H, Barhydt R, Landis M. Next Generation Air Transportation System (NGATS) Air Traffic Management (ATM)–Airspace Project[R]. NASA Airspace Systems Program, Aeronautics Research Mission Directorate, 2006.

第5章 航路网设计

本章先进行航路网的基本概念、分类、发展历史的介绍，然后进行航路网规划方法的介绍，进一步对航路网中的关键研究内容枢纽机场确定方法进行探讨，最后给出了航路网的评价方法。

5.1 航路与航路网

5.1.1 航路与航路网简介

航空器在空域运行需要依照一定的线路，航路与航线都是与航空器在空域间运行相关的概念。

航线有两个概念，一个是航空公司所说的航线，该航线是航空器运营两个机场间的飞行路线，航线确定了飞机飞行的具体方向、起讫和经停地点，可分为国际航线、国内航线与地区航线。另一个是与航路并提的航线，指飞机可飞行通过的路，相对航路来说，航线没有宽度。

航路也是飞机可飞行通过的路，但是航路是具有宽度的重要空域。航路空域以连接各导航设施的直线为中心线，规定有上限、下限的高度和宽度，航空器在航路规定范围内运行。航路宽度并不是一成不变的，航空器的性能、导航设施的准确度、飞行的高度、空域下方的地形等因素决定了航路的宽度。民用航空航路是由民航主管当局批准建立的一条由导航系统划定的空域构成的空中通道，在这个通路上空中交通管理机构向航空器提供必要的空中交通管制和航行情报服务。

这些在浩瀚的空域中确实存在无法用肉眼识别的航路以及航路之间的交汇点、机场、国境点等要素，这些要素构成了航路网。航路网是涉及航路机场及航空器飞行路径的集合，有时也称为航路航线网。

航空器在航路网里运行，如果偏离这些安全通道，就有可能失去联络、迷航，甚至出现与障碍物相撞的危险。

航路网根据其运行的交通量又分为骨干航路、干线航路、支线航路，对应构成的航路网分别称为骨干航路网、干线航路网、支线航路网。在中国，还根据运行规则的不同，有单向航路，有空中立交桥。这些概念在随后的相应章节里会详细介绍。

5.1.2 航路网结构的发展

空中的航路网和航空公司的航线网络是相辅相成的，航路网为航空公司的航线服务，航路网的建立要考虑航空公司航线的需求。当航路网到一定规模时，航空公司航线的设计要结合航路网的结构。在了解了航路网的相关概念后，本节首先介绍航路网结构的发展。

最早的民航运输业出现时，业务量少，机场位置的确定是根据需求自然形成的。在建成机场后，随着机场间的运量增大，逐渐形成了航路、航线与航空公司运行的航线网络。从网络形成过程上，大致经历了从点对点式网络到轴辐式网络的发展过程。

点对点网络主要指两个机场间的直飞航路，客货不需要经过第三个机场进行中转。这种模式在短距离飞行并有一定客货源的条件下有一定优势。图 5.1 是简单的点对点式航路示意图。航路主要是两个城市之间的直线连接，航空器在其上往复运行。

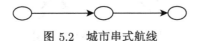

图 5.1　点对点航线

城市串式是点对点模式的变形，飞机在始发地至目的地进行客货源的补充，形成串珠状网络，也称为甩辫子航线。该种航线结构适合较小的空域市场，但是规模不稳定。而且对于乘客而言这种模式不方便，容易产生航班的连续延误。图 5.2 为城市串式航线，而此时的航路开始从一个城市连接上另一个城市，慢慢延伸加长。

图 5.2　城市串式航线

环飞航线也是点对点式航线的一种形态，其主要是由民航运输中客货需求的单向性所决定的，指通过其他通航点经停最终回到原始出发点的航线，其示意图如图 5.3 所示。随着航空公司环飞的需求，航路航线连接的城市越来越多，逐渐开始形成局部的航路网。

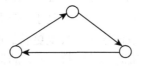

图 5.3　环飞航线示意图

点对点式航线对旅客而言可以用最短的飞行时间到达目的地。同时对于航空公司而言，航班间的运营没有任何相互关联，航班排班比较容易进行，没有高峰点运营的压力。但是点对点航线只考虑城市运量却无法顾及航班间的衔接，没有形成网络层次上配置航线资源。在该模式中一条航线承载的旅客往往仅限于该航线所衔接城市对间的旅客需求，而仅限于一个航空市场的需求又往往有限，因此降低了客座率和载运率水平。这种航线网络从根本上抑制了航班客流量，只是客货的单向配送，难以形成经济规模。对于网络而言，简单的城市对连接难以形成 $1+1>2$ 的效果，航路间无法配合。

因为点对点式航线难以满足日益增长的民航业务需求，新的网络结构被民航工作者提出。1979 年美国放松对于航空运输的管制，航空公司为了市场需要，探索出一种既有效率又体现规模经济的运营组织方式，逐步形成了以枢纽机场为轴心、非枢纽机场为辐射支撑点的轴–辐式 (hub-and-spoke) 运输组织网络。在 20 世纪 90 年代，欧洲的运输自由化进一步促进了更大范围的轴–辐式航空网络的形成。

轴辐式网络是航空运输的一种空间网络系统，是一个含有轴心和辐网的空间集合。航班流在整个轴辐式集合中产生、传播并终止。通过不同形式的链接使交通流的总成本最低。由于轴辐式网络中各非枢纽机场间没有航线直接衔接，网络布局呈现出以枢纽机场为轴心向其他机场辐射的特点，因此该网络形式又被称作“中枢辐射式”网络。图 5.4 为轴辐式网络示意图。

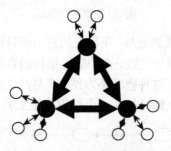

图 5.4　轴辐式网络示意图

随着航空公司轴辐式网络需求的增加，航路网也逐渐呈现出以繁忙机场为中心节点的中枢辐射式网络结构，繁忙机场周边航路网密集、空域资源紧张。繁忙机场群间有多条骨干航路连接。不繁忙空域航路网密度低，往往只有一条支线航路连接。整个国家空域上形成疏密有致，基本覆盖的国家航路网。

轴辐式网络有利于资源的合理配置，有利于网络规模经济的有效发挥。但是对于乘客而言，中枢辐射航线网络使旅客要接受更长的旅行时间，以及中转带来的种种不便。对航空公司而言，航班时刻的安排、运力的调配和人力的安排都变得更加复杂，使运营管理成本有所增加。对机场而言，“航班波”带来客货流量的高峰极易造成枢纽机场和航路上的拥塞，增加枢纽机场运营压力。由于航班编排紧凑，当一个航班遇到突发事件 (如天气原因) 导致航班不正常时，会对其他航班造成很大的后续影响。进入 21 世纪以来，随着人们对旅行效率要求的提高，轴辐网络的弊端凸显，低成本航空引发的点对点式连续增加，机场体系的空间结构日趋复杂。许多航空公司都在着力于现有的航路网构架其合适的航线运营网。

空中航路网越来越密集，对航空安全的影响增大，随着机载设备等技术的逐渐增强, 未来将会根据运行特点的不同对航路网有不同的发展趋势, 高空航路网将逐渐向空中高速路网发展, 中低空机场间航路向自由飞行航路发展, 机场附近的进离场航路将固化成走廊, 随繁忙程度决定走廊的多少, 飞机按定制进离场方案连续上升和下降。

5.1.3 航路网规划的意义与目的

在当今时代, 人们的交流越来越密集, 对于交通的快捷、便利的要求越来越高, 航空运输的重要性进一步体现。依据 5.1.2 节的介绍可以发现航空公司的航线网根据运输需求在不断变化, 作为航空运输的运输环境的航路航线网络, 也要根据航空公司航线网络的变化不断地进行调整, 与时俱进。实际上, 航路航线网络不仅对于航空器安全运行有着重要意义, 而且, 一个合理的航路航线网络对于航空运输业稳定、高效、经济地运行乃至国家地区的经济社会发展、人们的自由出行都有着积极的影响。民航业务的快速增长需要相应的航路航线网络与之相匹配。大型的网络系统, 如互联网、交通运输网络等都不是能立刻被完美设计出来的, 它的设计需要在应用过程中不停地实践、不断地优化以满足使用需求。

我国现行航路网是在 20 世纪五六十年代航路结构上逐步形成的, 其航路建设和运行管理相对滞后, 在一定程度上影响了航空事业发展[1]。航路网规划旨在剖析现行航路航线在航空运输多元化和飞行流量快速发展中暴露出来的结构性缺陷, 并根据交通流结构特征、发展趋势, 结合空管保障条件, 运用交通网络设计与优化技术, 研究提出合理高效的航路网方案建议。

航路网规划是科学分配和使用空域资源、提高空中交通运输效能的有效手段, 能够降低航空公司运营成本, 指导合理布局地面通信、导航和监视设施, 并为机场改扩建提供参考。欧洲、美国、澳大利亚等国家和地区都适时启动了空域重组项目, 研究规划航路, 正是为了适应航空运输快速发展和空中航行技术进步, 提高空域运行容量和效率。合理的航路网要能满足各方面多方航空用户需求, 并能充分利用空域资源保证航空器的运行要求。

5.2 航路网规划

在了解了航路网的相关知识后, 本节给出航路网规划的相关内容。网络由节点及连接节点的链路组成。航路网规划就是对机场等节点以及节点间连接方式的研究。航路网的布局规划总体上要依据经济、社会和交通发展需求进行布局, 同时结合空域资源可用性、管制保障水平、地形环境条件等对路线进行优化。中国民用航空局空中交通管理局 (简称民航局空管局) 给出了航路网规划方法参考资料, 十分详尽, 本节主要结合自己的研究对其航路网规划原则方法进行总结介绍。

5.2.1　航路网规划的原则

航路网的设计是一个庞大的系统工程,它涉及空管系统的各个方面,涵盖了数学、经济学、地理学、交通运输学、运筹学和物理学等学科知识。所以,在规划中应把握以下原则[2]。

(1) 需求先导:应当深入研究航路网需求,考虑民航业务的现状与未来发展趋势,确保航路网布局与流量增长需求相匹配。

(2) 分层布局:首先考虑骨干航路网,再进行支线建设。统一规划、分步实施、滚动更新。

(3) 距离优先:尽量保证航空器飞行的出发地到目的地路径最短,同时不造成空域资源的减少。

(4) 结构灵活:考虑各方面空域用户的需求,平衡不同用户的需求。

(5) 符合规范:符合我国空域使用规范和国际民航组织的规范和技术标准。

(6) 技术应用:充分考虑空域管理和航路新技术的应用,为灵活使用航路、提高航路使用效能创造条件。

航路网规划涉及国民经济的各个层面,进行规划工作时需要注意以下几点:

一是做好远期宏观交通流需求的预测和分析工作。只有明确了未来的需求,才能有的放矢地进行航路网的规划。

二是航路网架构应分层次考虑。优先在经济发达、交通流往来密集的区域沿线建立骨干网络,其次考虑在次级枢纽建立区域干线航路、支线航路,区域干线航路和支线航路不需要必须点对点连接,而主要是和骨干航路网配合。

三是对枢纽机场的位置要慎重考虑,航路网要优先保障连接枢纽机场。枢纽机场的位置在很大程度上影响了航路网的结构。非枢纽机场和小型机场建设时要考虑附近的航路网结构,航路网结构不应因其而作重大调整。

四是应综合符合国际民航组织相关标准和建议措施,有效结合区域导航、RVSM (缩小垂直间隔) 等空管新技术的应用,充分发挥新技术的推动作用。

五是航路规划应兼顾环保因素,尽量统筹考虑,缩短飞行距离。

5.2.2　航路网规划的考虑因素

综合航路网规划的原则,在航路网规划时应考虑以下因素。

(1) 空域开放程度:空域的限制,危险区、限制区和禁区的设置直接影响空域资源,进而对航路航线网络构型产生作用。

(2) 市场需求:航线网络规划通过合理地优化和开拓航线网络来满足市场的需求。布设航路航线网要考虑网络覆盖范围的客源情况,网络容量应适应于客源的增长。

(3) 运输机场的保障能力：新建航路需要考虑通航机场的周转能力，航路容量与机场容量要做到互相匹配。

(4) 航空器的安全性：充分考虑航空器在规划的网络中的安全问题。

(5) 地形限制：我国幅员辽阔，地形复杂，航路下的地形地貌会造成影响。

(6) 科学技术因素：不同技术手段、技术指标会影响网络的结构域组成。

5.2.3 航路网与机场的关系

航路与机场是民航运输的重要构成要素。航路的网络与机场的分布互相影响，航路网与机场分布的匹配程度将影响民航运输业的发展。航路网与机场有如下关系：

(1) 最初机场位置的确定是根据需求自然形成的，随着机场间运输需求的增多，形成了航路和航路网。

(2) 枢纽机场位置和所采用的运行技术会极大地影响航路网的布局。

(3) 航路网主要用于连接各个机场，但当初步航路网和机场网形成后，只要是航路网覆盖到的地方，其下的新建机场对航路规划作用不大。

(4) 航路网未覆盖到的地方，新建机场会增加新的航路需求，对现行网络进行补充甚至影响网络结构。

(5) 连接枢纽机场、繁忙机场的航路会根据需求增加平行航路或分流航路。

综上所述，在航路网建设时首先要考虑到枢纽机场的位置，枢纽机场的选择将影响航路网的形态。

5.2.4 航路与航空公司航线的匹配关系

航路网建设、机场网络布局与航线网络是构成民航运输系统的要素，航路网在三大网络系统中负责连接各机场，并为航空器运行提供空中的道路。航线开设需要根据航空器性能选择相应的航路。航路的设计与建设直接影响到航线能否高效运行。航路网与航线网络的关系如下：

(1) 航路的建设为航线运行服务，在民航运输开始阶段，通航城市少，通信、导航、监视设备简单，航路采用点对点式建设。随着社会经济的发展，空中交通需求增加，航线增多，航路随之开始增长，逐步形成了网络。

(2) 航路为航线提供运行通道，航路的设计主要基于空中交通流量的分布情况，优先满足大流量的航线，但同时也要考虑到航空电子设备的发展水平、空域资源、管制员负荷等因素。

(3) 航线在航路上运行，根据具体飞行线路可以选择航路网中不同的航段运行。

(4) 在航线与航路匹配过程中，航线规划需要从航空器的安全、性能、航程、效益等条件考虑航路的选择。

(5) 新增航线加入航路网建议通过最短路径原理就近加入航路网。

(6) 运行大交通流量航线的航路根据空中交通需求增加平行航路、单向循环航路以满足需求。

(7) 为保障安全、提高通行能力，对繁忙的航路交叉点应进行评价，适时评估是否应该架设立交桥。

综上所述，在航路网设计中应尽可能满足空中交通需求。航路网设计完毕后，航线根据现实条件在航路上选择运行路线。交叉点复杂程度的评估将影响骨干航路网的规划和空中立交桥的搭建。

5.2.5　航路网规划参考方法

依据航路网的规划原则，在航路网规划中采用分层的方式，首先应当考虑重要节点间的连接，通过重要节点的连接构成航路航线网中的骨干网络。其次考虑骨干网络与下级网络的匹配连接以完善整个航路网 [3]。

1. 骨干航路网的设计

骨干航路网是航路网的第一级组成，是我国枢纽点间连接的网络。骨干航路网连接我国各大交通区域，完成国内交通运输任务，同时为国内与国外的空中交通提供通道。构成骨干航路网的航路建设需要能满足空中交通流量的发展，在航空运输中必须优先保障骨干航路网的畅通。骨干航路网设计流程如图 5.5 所示。

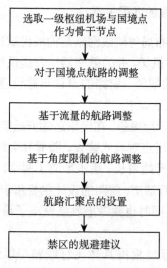

图 5.5　骨干航路网设计流程图

在航路网规划中,首先选取枢纽机场与国境点作为网络的节点。对于网络的优化步骤如下:

1) 基于国境点的航路调整

国境点是一国出国境的特殊点,是连接国内航线与国外航线的关键节点,在设计国内航路网时必须考虑国境点的情况。对于国境点航路的调整主要是对于穿越别国领空航路的调整。同时,部分航路流量太小、太远,直接连接对于空域资源利用率不高,同时造成空域航路间的冲突,对于这些涉及国境点的航路在这里应予以调整优化。

2) 基于流量的航路调整

对于空中骨干航路网而言,小流量的航段并不适合作为网络的组成。在网络设置中建议通过航段流量的对比进行调整,设置标准,对低于标准流量的航段进行删减或合并。

3) 基于角度的航路调整

如果两条航路彼此非常接近,那么作为骨干航路网,设立这样两条相近航路同时存在的意义不大,并且互相接近的航路会造成相互干扰,影响航空器的安全高效运行。因此以航路间的夹角作为限制,对相邻航路进行合并,以进一步优化调整航路。

各条航路之间的夹角可以计算得到,通过节点的经纬度求出节点间的距离,进而由距离得到航路之间的角度关系,航路之间的角度 θ 与节点距离有如下关系:

$$\theta = \arccos\left(\frac{b^2 + c^2 - a^2}{2bc}\right)$$

按照中国现有的空中规则与空中交通服务手册中的规定,航空器使用导航设备汇集或者分散飞行,航空器之间的航迹夹角不得小于 15°。在实际操作中可设置 15° 作为航路调整的判定值,通过夹角的限制,去除距离相隔比较近的线路。

在根据角度选择航路的同时也应当考虑距离的增加,如果在合并航路后到达预计节点的距离比原航路增加 20% 以上,则应考虑保留原航路。

4) 汇聚点的设置

航路汇聚点是指航路网中大于两条以上的航段由于飞行流量汇聚而形成的航路定位点,航路汇聚点布局是在满足各种约束条件的情况下,合理安排航路汇聚点的空间地理位置,达到消除航路瓶颈、提高空域运行效能的目标。这里将提供两种方法对航路汇聚点进行设置。

方法一:根据几何位置设置汇聚点,即不考虑机场客流量的影响仅考虑汇聚点至区域内各枢纽机场距离和最小。目标表达式为

$$\min Z_1 = \sum_i d_i \tag{5.1}$$

约束条件为

$$\min \lambda_i \leqslant \lambda_c \leqslant \max \lambda_i \tag{5.2}$$

$$\min \varphi_i \leqslant \varphi_c \leqslant \max \varphi_i \tag{5.3}$$

约束条件表示航路汇聚点的选取必须在枢纽机场组成的区域内。式中, d_i 表示不同的汇聚点到区域枢纽机场的距离, $d_i = 2R \times \arcsin \sqrt{\sin^2 \dfrac{\Delta \varphi}{2} + \cos \lambda_i \times \cos \lambda_c \times \sin^2 \dfrac{\Delta \lambda}{2}}$; γ_i、 φ_i 表示区域内枢纽机场经纬度坐标; λ_c、 ϕ_c 表示航路汇聚点的经纬度坐标。

　　方法二: 考虑到旅客量的影响, 为区别不同城市节点的吸引力, 可以依据机场间旅客量设置权重从而计算出汇聚点。节点权重由城市在区域内周转旅客量占区域城市间旅客周转总量的比重确定。根据权重设置目标函数表达式为

$$\min Z_2 = \sum_i (\omega_i d_i) \tag{5.4}$$

约束条件为

$$\min \lambda_i \leqslant \lambda_c \leqslant \max \lambda_i \tag{5.5}$$

$$\min \varphi_i \leqslant \varphi_c \leqslant \max \varphi_i \tag{5.6}$$

式中, ω_i 表示区域内不同汇聚点到所连接枢纽机场的权重; d_i 表示汇聚点到区域内所连接枢纽机场的距离。选择枢纽机场以及国境点作为骨干网络的节点, 并将这些节点连接成网络。在连接完毕后通过相关指标对网络的连接方式进行优化调整。在网络优化中应该充分考虑航路网规划的各种因素。

　　在优化过程中进行了航路的合并调整, 而在整个骨干网络布局调整后通过平行航路的建设满足不同的空中流量需求。

　　5) 对于三区的规避

　　在航路规划时要考虑空域中禁区、危险区、限制区这三区的情况。在对三区规避时可以采用链图的方式, 其步骤如下:

　　(1) 将三区描述为规避区域中的凸多边形区域;

　　(2) 将规避空间用连接线划分为凸多边形区域;

　　(3) 设置相连线段上的点为可能路径;

　　(4) 依据安全间隔规定连接各凸多边形顶点, 构成该规避区域内航路网布局方案。

　　以上对于空中骨干航路网的设计步骤是探索性的方案, 实际操作过程中应当依据现实条件灵活运用。

2. 区域干线网络设计

进行了骨干航路网络的设计后,需要将其他节点接入骨干航路网,这就需要区域干线网络的设计与优化。区域干线网络设计是将次重要节点加入枢纽网络。区域干线网络设计流程如图 5.6 所示。

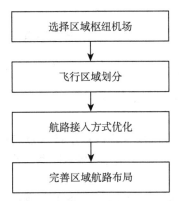

图 5.6 区域干线航路设计流程图

首先选取区域枢纽机场,在区域枢纽机场覆盖范围内的支线机场可以选择通过区域干线网络加入空中骨干航路网系统。区域枢纽机场选择完毕后,根据最小距离将区域枢纽即机场周围的枢纽点或航路交叉点作为航路区域的顶点,区域顶点及其间航段围成的区域即为区域枢纽机场所在区域。在区域枢纽机场及区域划分完成后,将区域枢纽机场接入骨干航路网,完成区域干线网络的布局。

在机场接入方式上综合考虑最短路径、航路角度、航段间流量以及空中交通流走向等因素,具体接入方法与步骤如下:

(1) 区域枢纽机场依据区域多边形形状,在各边选取接入点加入骨干航路网。

(2) 对于机场的终端区进行研究,终端区范围内有骨干航路的区域枢纽机场,可通过机场的进离场程序直接接入该走向的骨干航路。终端区空域是指在一个或者几个机场附近的航路、航线汇合处划设的、便于进场和离场航空器飞行的管制空域,是高空管制空域或者中低空管制空域与机场管制地带之间的连接部分。在分类指标中建议以 46km 为机场终端区范围。

(3) 对于机场终端区没有覆盖的航路则首先根据角度原则与最短路径原则选择接入方式。当机场与区域两端点间连接后,航段与端点间航段夹角小于 15°,则通过最短路径寻找机场与骨干航路接入点。

(4) 当机场与区域两端点间连接后,航段与端点间航段夹角不小于 15°,通过流量选取接入点。在机场期望接入骨干航段的接入位置 P 与流量应有如下关系:

$$\frac{l_{pj}}{l_{pk}} = \frac{f_{pk}}{f_{pj}} \tag{5.7}$$

其中，

$$\lambda_j \leqslant \lambda_p \leqslant \lambda_k \tag{5.8}$$

$$\varphi_j \leqslant \varphi_p \leqslant \varphi_k \tag{5.9}$$

其中，j、k 为区域枢纽机场 i 期望加入骨干航段端点；λ、φ 表示经纬度；f 表示航段间流量；l 表示航段长度，$l = 2R \times \arcsin\sqrt{\sin^2\dfrac{\Delta\varphi}{2} + \cos\lambda_i \times \cos\lambda_j \times \sin^2\dfrac{\Delta\lambda}{2}}$。式 (5.7) 表示由重心法确定接入点位置，式 (5.8) 和式 (5.9) 限制了接入点 P 的位置。

(5) 选取了接入点 P 后再次考查机场至接入点航段与机场至区域端点夹角，若夹角小于 15°，则直接建立机场至区域端点航路，若不小于 15°，则保留接入点航路。

根据以上方法，将区域枢纽机场接入骨干航路网，完成对区域干线网络的完善。

3. 区域支线网络设计

在完成了区域干线网络后，对于区域中流量小、重要程度低的其他节点则汇聚至枢纽网络或区域干线网络，构成区域支线网络。在网络设计中所指的支线为枢纽城市与辐射城市之间的航线。

区域支线网络设计时，采用中枢辐射网络结构设计，针对重要性低的节点进行设计。在骨干航路网及区域干线网络基础上逐步加入节点，最终得到完整的航路网。在设计中首先将重要节点进行排序，从节点集合中依据交通流量、城市地位等因素综合考虑选取节点。节点对间路径根据优化模型进行选择。确定路径之后根据实际情况调整航线，保证航空器运行的安全。区域支线设计参考模型如下 [2]。

目标函数：

$$\min P_c = \sum_{N_c}\left(\sum_{i=1}^{m}\sum_{j=1}^{m}\frac{f_i(l_i)f_j}{V}X\sec\left(\frac{a_{ij}}{2}\right)\right) \tag{5.10}$$

$$\min Q = \sum_{L}f_iL_i \tag{5.11}$$

$$\min S = \frac{\displaystyle\sum_{N}f_iL_i}{\displaystyle\sum_{N_g}f_{ij}L_{ij}} \tag{5.12}$$

$$\min Z = \sum_{i \in N_g} sD_i + \sum_{j \in N_g} nD_j \tag{5.13}$$

约束条件:

$$l_i = 0, 1 \tag{5.14}$$

$$f_i \leqslant C_i \tag{5.15}$$

$$\sum_{N_c} x_i \leqslant N_c \tag{5.16}$$

其中,f_i 为区域内航段流量;L_i 为区域内航段的长度;C_i 为区域内航段容量;N_c 为区域内中间节点集合;N_g 为区域内城市节点之和;f_{ij} 为城市 i 到 j 间流量;L_{ij} 为城市 i 到 j 间路径长度;V 为航空器平均速度;X 为雷达管制侧向间隔标准;a_{ij} 为区域内航线夹角;sD_i 为区域内中间点 i 的阻抗;nD_j 为区域内航段 j 的阻抗。

该目标函数包括航路网全局阻抗目标与单航线阻抗目标,二者是有 "冲突" 的,可采用加权法、层析法或 Pareto 求解,得到优化支线网络。

5.3　枢纽机场确定方法

从 5.2 节可以看到,航路网设计首先要确定骨干航路网,骨干航路网的设计首先要确定枢纽机场。本节提供一种枢纽机场的确定方法。空中骨干航路网的设计本质在于实现交通流密集地区之间流量的传输,地面枢纽选取与空中骨干航路网设计的关系是:先进行枢纽机场的选取,进而利用枢纽点强大的服务优势,完成对枢纽点所覆盖城市群区域选取。因此,空中骨干航路网枢纽不仅在空间位置上具有很强的中位特性,同时在枢纽容量、飞行成本、经济政治等方面也应进行全面的考虑,因此,本节采用多目标决策方法对空中骨干航路网枢纽的诸多因素进行考虑,最后使用启发式搜索和贪婪算法相结合的算法进行结果的求解 [4,5]。

5.3.1　基本假设和说明

空中骨干航路网在枢纽的选择上具有以下假设和特点:

(1) 假设在空中骨干航路网中有 n 个机场,预定航空枢纽数目为 p;

(2) 航班飞行计划制订时,航空公司倾向于运费最少的航线飞行;

(3) 在空中骨干航路网中,一个枢纽机场可以和多个枢纽机场相连,枢纽机场之间完全相连,非枢纽机场之间须通过一定数目的枢纽进行转接连通;

(4) 航线上没有容量限制,枢纽有容量限制。

基于以上假设和条件,并将各枢纽作为节点,从而抽象为一个基本航空网络拓扑结构进行分析,建立空中骨干航路网枢纽选择模型。

5.3.2　模型建立

1. 第一目标函数

1) 函数建立

在空中骨干航路网中，枢纽作为网络的重要节点，不仅要满足其所在城市的交通需求，还要为其覆盖区域的其他节点提供相应的交通流中转服务，因此枢纽点必须在网络中满足一定的几何位置，即枢纽点的中位特性。本方法主要考虑空中骨干航路网枢纽作为一种服务性枢纽的情况，因此，以枢纽节点到其他节点的成本总和最小作为目标函数。总的运输成本应包含起点至枢纽的运输成本、枢纽之间的运输成本以及枢纽至终点的运输成本，则第一目标为运输成本最小，表达式如下：

$$\min \sum_{i \in L} \left[\sum_{k \in N} Z_{ik} + \sum_{k \in N} \sum_{l \in N} Y_{kl}^i + \sum_{l \in N} \sum_{j \in N} X_{lj}^i \right] \tag{5.17}$$

式中，Z_{ik} 为由 i 机场出发到达枢纽 k 的运输成本；Y_{kl}^i 为源自 i 机场经过枢纽 k 到达枢纽 l 的运输成本；X_{lj}^i 为源自 i 机场由枢纽 l 到达机场 j 的运输成本。

在运输成本的计算中，主要考虑由于机场之间的距离对运输成本的影响，因此，通过一个单位距离航路的运输成本 P，将航路距离同运输成本结合起来，表达式如下：

$$Z_{ik} = P_{ik} \times D_{ik} \tag{5.18}$$

$$Y_{kl}^i = P_{kl}^i \times D_{kl}^i \tag{5.19}$$

$$X_{lj}^i = P_{lj}^i \times D_{lj}^i \tag{5.20}$$

式中，D_{ik} 为由 i 机场出发到达枢纽 k 的运输距离，P_{ik} 为其单位航路距离的运输成本；D_{kl}^i 为源自 i 机场经过枢纽 k 到达枢纽 l 的运输距离，P_{kl}^i 为其单位航路距离的运输成本；D_{lj}^i 为源自 i 机场由枢纽 l 到达机场 j 的运输距离，P_{lj}^i 为其单位航路距离的运输成本。

2) 约束条件

(1) 枢纽容量约束。

空中骨干航路网的设计本质在于实现流量密集地区之间交通流的传输，因此，枢纽应该具备很强的周转能力，则枢纽容量应该能够承载经过枢纽的飞机最大流量的输入和导出。因输入输出流量一般相等，本节只考虑输出流量，则表达式如下：

$$O_i / T_i \leqslant 1, \quad i \in N \tag{5.21}$$

式中，T_i 为 i 机场的容量大小；O_i 为出自 i 机场的总流量；定义 N 为网络中机场集合，满足式中条件，表示枢纽流量在其容量承受范围之内，不满足时，超过容量承受范围。

(2) 流量约束

$$O_i = \sum_{k \in N} Z_{ik}, \quad i \in N \tag{5.22}$$

$$Z_{ik} \leqslant O_i S_k, \quad i, k \in N \tag{5.23}$$

$$\sum_{k \in N} X^i_{kj} = W_{ij}, \quad i, j \in N \tag{5.24}$$

$$X^i_{lj} \leqslant W_{ij} S_l, \quad i, j, l \in N \tag{5.25}$$

式中，X^i_{kj} 为从源自 i 机场由枢纽 k 到达 j 机场的流量；W_{ij} 为从 i 机场到达 j 机场的流量；Z_{ik} 为源自 i 机场流向枢纽 k 的流量；S_k、S_l 为 0-1 变量，当 k、l 机场是枢纽时，S_k、S_l 为 1，否则，S_k、S_l 为 0。

(3) 枢纽个数标准

$$\sum S_k = g, \quad k \in N \tag{5.26}$$

式中，g 为枢纽个数。

(4) 非负条件，即所有的变量满足大于等于零。

2. 第二目标函数

第二目标函数主要考虑吞吐量、度中心性以及地域重要性对骨干航路网枢纽选择的影响，进而利用因素加权法将三个因素进行综合，得到骨干航路网中 i 机场的综合指标 S_i，表示式如下：

$$S_i = aT_i + b\mathrm{Dc}_i + cx_i \tag{5.27}$$

式中，T_i 为 i 机场吞吐量指标；Dc_i 为 i 机场度中心性指标；x_i 为 i 机场所在城市的地域重要性指标；a、b、c 分别为三个指标在综合指标中所占的权重指数。

1) 吞吐量

机场吞吐量指的是一定时期内飞机起降次数和旅客运送数量，该指标在一定程度上反映了机场的规模和运转能力。当机场作为一个枢纽来选择的时候，吞吐量代表了此机场在整个航空网络的中转能力，同时只有航空网络中的枢纽保持良好的中转效率，才能保障航空运输的高效运行，因此机场吞吐量是衡量一个机场能否成为航空网络枢纽的一个重要指标，设机场 i 的年吞吐量为 $t_i(i = 1, \cdots, n)$，n 表示网络中机场总数，则机场 i 吞吐量指标 T_i 表示为

$$T_i = t_i \bigg/ \sum_{i=1}^{n} t_i \tag{5.28}$$

2) 度中心性

度 (degree) 指的是与给定节点直接相连节点的数量。度中心性越大，网络中枢纽地理位置越重要，覆盖作用越明显，对整个骨干航路网的效率的实现起的作用就越大。度中心性指标 Dc_i 可以表达为

$$\mathrm{Dc}_i = \frac{1}{n-1} \sum_{j=1, j \neq i}^{n} a_{ij} \tag{5.29}$$

当机场 i 和机场 j 直接相连时，a_{ij} 定义为 1，其他为 0，n 为网络中机场的个数，Dc_i 越大，机场的中心性越强。

3) 地域重要性指标

在我国，东部沿海的经济发展迅速，中部和西部地区发展相对缓慢，这种不均衡性促使民航运输方面也存在东部强而中西部较弱的地域性特征，因此，考虑经济后续性发展和政治因素等方面，将中西部地区一些吞吐量较少但地理位置重要的机场考虑在内，从而实现空中骨干航路网对于经济的带动作用。

在城市地域重要性方面，很多地理学家和经济学家都提出了不同的测度方法，在本节中，我们利用最小需要量和主成分分析法对全国 223 个地级以上城市等级进行了实证研究，最后得到城市地域重要性指标 x_i。

根据以上对机场枢纽选择的分析，最终可得到多目标决策模型：

(1) 目标函数

$$\min \sum_{i \in N} \left[\sum_{k \in N} Z_{ik} + \sum_{k \in N} \sum_{l \in N} Y_{kl}^i + \sum_{l \in N} \sum_{j \in N} X_{lj}^i \right]$$

$$\max S_i = \max \left(aT_i + b\mathrm{Dc}_i + cx_i \right)$$

(2) 约束条件

$$O_i/T \leqslant 1_i, \quad i \in N$$

$$O_i = \sum_{k \in N} Z_{ik}, \quad i \in N$$

$$Z_{ik} \leqslant O_i S_k, \quad i, k \in N$$

$$\sum_{l \in N} X_{lj}^i = W_{ij}, \quad i, k \in N$$

$$X_{lj}^i \leqslant W_{ij} S_l, \quad i, j, l \in N$$

$$\sum S_k = g$$

式中所有变量都满足非负条件。

5.3.3 模型的求解

启发式搜索法：首先考虑相关的经验和知识，然后对问题有关的信息进行搜索，在搜索过程中，不断注意经验的积累，并和搜索结果进行分析对比，从而达到提高解决问题效率的目的。已有研究表明启发式算法处理许多实际问题时可以在合理时间内得到不错的答案。因此很多的学者和专家开始利用启发式搜索算法对实际问题进行求解。

贪婪算法 (greedy algorithm)：是一种重要的算法设计技术，它总是做出在当前来说是最好的选择，而并不从整体上加以考虑，它所做的每步选择只是当前步骤的局部最优选择，但从整体来说不一定是最优的选择。由于它不必为了寻找最优解而穷尽所有可能解，因此其耗费时间少，一般可以快速得到满意的解。当然，我们也希望贪婪算法得到的最终解是整体的最优解。

一般情况下，要使最终解是最优解并不是一件容易的事，但对某问题能选择出最优量度标准后，用贪婪算法求解则特别有效。最优解可以通过一系列局部最优的选择即贪婪选择来达到，根据当前状态做出在当前看来是最好的选择，即局部最优解选择，然后再去解做出这个选择后产生的相应的子问题。每做一次贪婪选择就将所求问题简化为一个规模更小的子问题，最终可得到问题的一个整体最优解。

在多枢纽选择问题中，往往不是需要一个最优的解，而是需要一些有效解来进一步分析和研究，因此首先采用启发式搜索算法对此问题进行求解，在搜索时，以提供的机场数据为枚举数据，利用网络上点的拓扑特性，采用顺序性方法，首先枚举综合指标较大的点，倾向于优先选择这些点作为枢纽，若该值相差不大，则枚举总飞行成本较小的点，顺序性的枚举能够使解空间尽量保持凸性，且使得初始解保持很高的质量。

在启发式搜索的基础上，采用贪婪算法，在枚举综合指标较大的点时，贪婪地选择枢纽容量较大的点，在枚举总飞行成本较小的点时，也贪婪地选择枢纽容量较大的点，贪婪算法不从整体最优上加以考虑，但是却能得到某种意义上的局部最优解，因此可以便于优化目标向更加细化的分支延伸，同时，非单纯性地使用贪心算法，也能避免解空间陷入局部最优。

5.3.4 实例验证及分析

1. 数据引用及计算

在实例分析中，选取《从统计看民航——2009》中全国 158 个机场数据作为研究对象，根据公式 (5.28)，得出结果，选取前 30 个机场作为代表，则吞吐量指标如表 5.1 所示。

根据全国各机场之间是否存在直接连接航线，根据公式 (5.29)，得出结果，选取前 30 个机场作为代表, 则度中心性指标如表 5.2 所示 (定义同一城市的机场中心性相同)。

表 5.1 吞吐量指标

机场	T_i	机场	T_i	机场	T_i	机场	T_i	机场	T_i
首都	0.131	巫家坝	0.036	禄口	0.022	美兰	0.015	长乐	0.011
白云	0.072	咸阳	0.032	天河	0.021	新郑	0.015	龙洞堡	0.011
浦东	0.071	萧山	0.030	流亭	0.020	桃仙	0.015	吴圩	0.010
虹桥	0.055	江北	0.028	周水子	0.019	滨海	0.013	永强	0.009
宝安	0.047	高崎	0.023	凤凰	0.016	太平	0.013	两江	0.009
双流	0.045	黄花	0.022	地窝堡	0.016	遥墙	0.012	武宿	0.009

表 5.2 度中心性指标

机场	Dc_i	机场	Dc_i	机场	Dc_i	机场	Dc_i	机场	Dc_i
首都	0.643	巫家坝	0.406	天河	0.268	遥墙	0.238	桃仙	0.214
浦东	0.573	咸阳	0.399	龙洞堡	0.268	长乐	0.238	萧山	0.203
虹桥	0.573	江北	0.392	太平	0.257	新郑	0.236	武宿	0.192
白云	0.552	高崎	0.300	两江	0.257	吴圩	0.236	凤凰	0.171
宝安	0.455	黄花	0.300	滨海	0.246	流亭	0.236	周水子	0.150
双流	0.406	禄口	0.311	永强	0.246	美兰	0.214	地窝堡	0.107

在考虑地域重要性方面, 将根据文献 [6] 中得到的全国各城市的地域重要性指标, 选取前 30 个机场所在城市作为代表, 则地域重要性指标如表 5.3 所示。

表 5.3 地域重要性指标

机场	x_i	机场	x_i	机场	x_i	机场	x_i	机场	x_i
首都	4.26	巫家坝	1.62	禄口	2.01	美兰	1.35	长乐	0.73
白云	2.20	咸阳	2.15	天河	2.17	新郑	1.55	龙洞堡	0.68
浦东	3.32	萧山	1.12	流亭	1.25	桃仙	2.13	吴圩	0.85
虹桥	3.32	江北	2.03	周水子	1.63	滨海	2.07	永强	0.67
宝安	2.17	高崎	1.62	凤凰	1.05	太平	2.08	两江	0.96
双流	1.65	黄花	0.76	地窝堡	1.36	遥墙	1.56	武宿	1.21

在空中骨干航路网的研究中, 其原则为: 主要考虑流量和中心性因素, 同时兼顾地域性, 因此设定 a 为 0.4, b 为 0.4, c 为 0.2, 由公式 (5.27), 得到综合指标如表 5.4 所示。

在飞行成本最小的目标实现中, 考虑到航路建设涉及费用比较复杂, 因此在计算中, 理想化地将每段航路的飞行成本看成是一样的, 则可以使用机场之间的距离来代替彼此之间的飞行成本, 而距离则是由机场所在坐标值进行求解的。

表 5.4　综合指标

机场	S_i	机场	S_i	机场	S_i	机场	S_i	机场	S_i
首都	0.490	巫家坝	0.317	高崎	0.250	两江	0.226	长乐	0.219
浦东	0.417	咸阳	0.312	新郑	0.241	滨海	0.223	桃仙	0.217
虹桥	0.417	江北	0.308	吴圩	0.238	流亭	0.222	美兰	0.212
白云	0.408	禄口	0.293	萧山	0.233	永强	0.222	凤凰	0.194
宝安	0.341	黄花	0.268	龙洞堡	0.232	武宿	0.221	周水子	0.187
双流	0.321	天河	0.255	太平	0.227	遥墙	0.220	地窝堡	0.170

2. 结果分析

空中骨干航路网应设置在城市群区域之间，枢纽机场的研究最终要归于枢纽城市，因此合理性地将一个城市的多个机场进行合并，例如，虹桥机场和浦东机场。利用 Matlab 编程语言对算法进行实现，当枢纽个数 s 为 3、5、7、12、24 时，结果如表 5.5 所示。

表 5.5　枢纽选择结果

枢纽个数	枢纽选择
$S = 3$	北京、上海、广州
$S = 5$	北京、上海、广州、昆明、西安
$S = 7$	北京、上海、广州、昆明、西安、重庆、沈阳
$S = 12$	北京、上海、广州、海口、昆明、深圳、成都、武汉、沈阳、西安、厦门、重庆
$S = 24$	北京、天津、上海、杭州、南京、广州、深圳、厦门、沈阳、哈尔滨、成都、重庆、武汉、长沙、桂林、南宁、西安、昆明、贵阳、济南、青岛、三亚、海口、乌鲁木齐

由于航空客流所依据的发展因素具有很强的地理特征，所以航空枢纽的分布也受到地理因素的影响。从表 5.5 可以明显看出，航空网络枢纽的选取具有很强的集聚性，当 $S = 3$ 时，所选枢纽为北京、上海及广州，这是符合我国航空运输发展的现状的，一直以来，这三个城市在全国客流量中都占有很大比重 (表 5.6)，并以其为主体，形成了显著的 "轴–辐" 系统。而基于三个枢纽的简单空中骨干航路网也是这样的拓扑结构。当 $S = 4$ 时，所选枢纽为北京、上海、广州及昆明，从地理区域上看，枢纽的选择更加全面，枢纽服务增加了对西南区域的覆盖。当 $S = 5$ 时，可以看出，枢纽服务范围覆盖了全国的大部分区域，并且在客流量比重上，已经占到 40% 左右，这也基本上达到了空中骨干航路网连接流量密集区域的目的。当 $S = 12$ 时，从表 5.6 上可以明显看出，随着枢纽选择个数的增加，枢纽的服务范围越来越广，枢纽所承载的总的流量也越来越大，这些枢纽机场的选择也基本上代表了全国流量较大的城市。因此，在后续的章节中，将这些流量较大的城市按照一定的地域

范围进行适当地合并，从而形成流量密集的城市群区域，完成空中骨干航路网枢纽点设置位置的选取。

表 5.6　枢纽流量占全国总客流量比例

枢纽	2008 年	2009 年	2010 年
北京	13.3%	13.19%	13.1%
广州	8.11%	8.24%	7.26%
上海	12.4%	12.6%	12.7%
总计 1($S=3$)	33.81%	34.03%	33.06%
昆明	3.41%	3.57%	3.91%
总计 2($S=4$)	37.22%	37.60%	36.97%
西安	2.87%	2.94%	3.19%
总计 3($S=5$)	40.09%	40.54%	40.16%
$S=12$	62.02%	60.35%	63.21%
$S=24$	78.98%	80.05%	78.94%

5.4　航路网的评价指标

航路网评价是通过一些归类的性能指标，按照一定的规则与方法，对航路网从某一方面或多个方面的综合状况做出优劣评定的，性能指标体系的确定直接影响到航路网规划的科学性。评价指标是规划目标和具体规划规则的数学描述，是规划者对航路网的属性与需求之间价值关系的反映，是进行航路网规划的依据和综合评价的基础。

为了对航路网的技术水平即航路网的内部配置、布局及其技术服务水平综合描述，本节主要把航路网的性能指标分为三大类：航空网布局质量指标、航空网运行指标和航空网拓扑结构特征指标。

5.4.1　航路网布局质量指标

1. 航路网长度

反映航路网的发达程度。定义式为

$$L = \sum_{i=1}^{n} L_i \tag{5.30}$$

其中，i 表示航路网中任意航段；n 表示航路网中航段数；L_i 表示航段 i 的长度。

2. 航路连接度

用于衡量网络的成熟程度，连接度越高，网络越成熟。定义式为

$$J = \frac{\sum\limits_{i}^{n} m_i}{N} = \frac{2M}{N} \tag{5.31}$$

其中，i 表示航路网中任意节点；n 表示航路网中航段数；m_i 表示第 i 个节点的邻接边数；M 表示网络总边数；N 表示航路网中的节点数量。

3. 网络的非直线性

反映了网络的便捷程度。网络非直线系数用于衡量整体航路网的便捷程度，数值越高飞行成本越大，空域利用率越低。非直线系数由两点间的航路距离与空间距离的比值定义，越接近 1 连接越便捷，其表达式为

$$R = \frac{\sum\limits_{ij} R_{ij} F_{ij}}{\sum\limits_{ij} F_{ij}} \tag{5.32}$$

其中，R_{ij} 表示节点 i 和节点 j 之间的非直线系数；F_{ij} 表示航路节点 i 和航路节点 j 之间的空中交通流量。

4. 航路网平均路径长度

网络中两个节点 i 和 j 之间的距离 d_{ij} 定义为连接这两个节点的最短路径上的边数。网络平均路径长度 L 定义为任意两个节点之间的距离的平均值：

$$L = \frac{2}{N(N-1)} \sum_{i>j} d_{ij} \tag{5.33}$$

其中，N 表示航路网中的节点数量；d_{ij} 表示节点 i 和 j 之间的最短路径，若考虑节点之间的权重，则 $d_{ij} = \sum\limits_{i=1}^{k} w_{ik} d_{ik}$，$w_{ik}$ 表示如果航路点 i 和 j 之间存在最短路径，则经过第 k 个航路点时该点所处位置的权重值为 w_{ik}，d_{ik} 表示如果航路点 i 和 j 之间存在最短路径，则经过第 k 个航路点时该点所处位置的边长为 d_{ik}。

5. 航路网簇系数

网络的簇系数是用来衡量网络节点聚类情况的参数，即网络中节点的邻点之间也互为邻点的比例。节点 i 的簇系数 C_i 是指它所有相邻节点之间连边的数目占

可能的最大连边数目的比例，记为

$$C_i = \frac{2E_i}{k_i(k_i - 1)} \tag{5.34}$$

其中，k_i 为节点 i 和其他节点的连接点；E_i 为与节点 i 相连节点 k_i 之间实际连接存在的边数。整个网络的簇系数 C 是所有节点簇系数的平均值

$$C_i = \frac{1}{N} \sum_{i=1}^{N} C_i \tag{5.35}$$

当 C 为 1 时，表示所有的节点都相连，C 为 0 时，表示与节点 i 相连的节点之间互不相连，国内航路网簇系数的计算结果见图 5.7 和图 5.8。

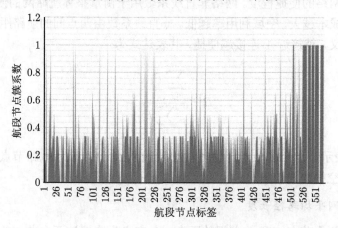

图 5.7　国内航段节点簇系数趋势示意图

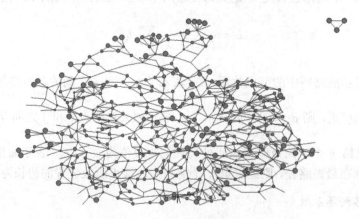

图 5.8　基于复杂网络的航段节点簇系数示意图

国内航路网的平均簇系数为 0.3113，表现出较强的集聚性。

5.4.2 航路网运行指标

(1) 航路利用率：航路网单位长度单位时间的流量，反映了网络中航路的利用情况，其定义式为

$$U = \frac{\sum\limits_{i=1}^{m} F_i}{\sum\limits_{i=1}^{n} L_i} \tag{5.36}$$

其中，n 为航路网中航段数；L_i 表示航段 i 的长度；m 为航路网中航线数；F_i 为航线 i 的流量。

(2) 航路网可达性：城市对班机在航路网中飞行的最短平均路径，反映了班机在城市间的易达程度，数值越大，网络通达性越好。定义式为

$$S = \frac{\sum\limits_{i=1}^{n} \sum\limits_{j}^{n} s_{ij} F_{ij}}{\sum\limits_{i=1}^{n} \sum\limits_{j}^{n} F_{ij}} \tag{5.37}$$

其中，s_{ij} 表示城市节点 i 和节点 j 之间最短路径长度；F_{ij} 表示航路节点 i 和航路节点 j 之间的空中交通流量。

(3) 航路网运行成本：通过航路网总飞行里程进行衡量。对于同样机型的航空器，单位里程运行成本可以看作近似相同，在不考虑机型差别的情况下，对于航路网的总运行成本可以通过飞行总里程表示，其表达式为

$$C = \sum\limits_{i=1}^{n} \alpha F_i L_i \tag{5.38}$$

其中，F_i 和 L_i 分别对应网络各航段的流量及航程；α 为单位里程上单架飞机运行成本系数，$\alpha = 0.1544$。

(4) 网络的交叉冲突：直接反应航路运行的安全性和管制负荷，其表达式为

$$P_c = \frac{2F_1 F_2}{V} X \sec \frac{\alpha}{2} \tag{5.39}$$

其中，F_1 和 F_2 均对应交叉点各航路的流量 (每小时的流量)；V 为航路飞行平均速度；X 为雷达管制下侧向间隔标准；α 为交叉点不同航路夹角。

5.4.3　航路网拓扑结构特征

拓扑是研究几何图形或空间在连续改变形状后还能保持不变的一些性质。它只考虑物体间的位置关系而不考虑它们的形状和大小。航路网表现出的大规模的统计特性,为航路网从统计描述方面进行研究提供了可能,图 5.9 为基于邻接航路点的航路复杂网络模型示意图。

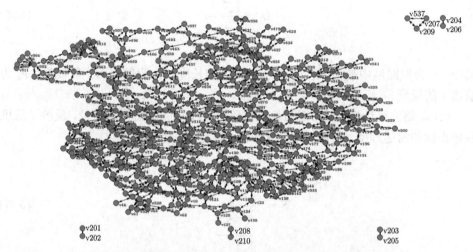

图 5.9　基于邻接航路点的航路复杂网络模型示意图

1. 航路网度及度分布

作为航路网节点,其度是指该节点与其他航路节点连接的边的数量,通常节点度值大小反映了该节点的通达性和规模。网络中节点的度值占网络节点总数的比例叫度分布,我国航路网度值与度分布的计算示意图见图 5.10 和图 5.11。

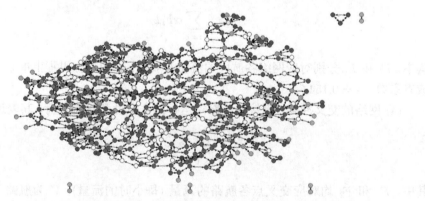

图 5.10　基于复杂网络的国内航段节点度值示意图 (扫描封底二维码可看彩图)

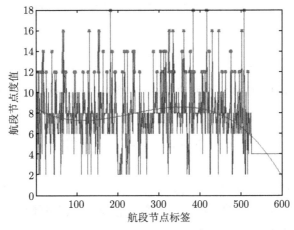

图 5.11 航段节点度值分布示意图 (扫描封底二维码可看彩图)

将航段节点按相同度值进行分类, 度值越大, 代表航段节点所处位置越复杂, 也越为关键, 从中可识别出重要航段节点。

2. 度中心性

针对复杂网络, 与度概念紧密相连的是度中心性 (degree centrality), 其又可分为节点中心性 (node centrality) 以及网络中心性 (graph centrality)。前者指的是节点在其与之直接相连的邻居节点当中的中心程度, 而后者则侧重节点在整个网络的中心程度, 表征的是整个网络的集中或集权程度, 即整个网络围绕一个节点或一组节点来组织运行的程度。度分布衡量的是所有网络节点度的分布规律, 而网络中心性更多地是指单个节点或一组节点在网络中的位置及其重要程度及影响。

由图中实体向量大小可直观得到: 对整个网络的构建和连通起关键作用的单个关键节点或一组关键节点在图 5.12 中有明显体现。

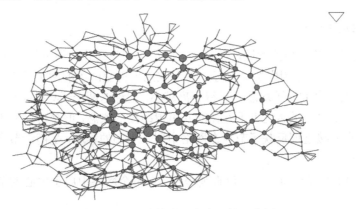

图 5.12 国内航路网度中心性示意图

节点 v_i 的度中心性 $C_D(v_i)$ 就是其度 k_i 除以最大可能的度 $(N-1)$, 即归一化度值:

$$C_D(v_i) = k_i/(N-1) \tag{5.40}$$

该中心性定义也可以推广到整个网络。在所有含 N 节点的网络中, 假设网络 $G_{optimal}$ 使得下式达到最大值:

$$H = \sum_{i=1}^{N} [C_D(u_{max}) - C_D(u_i)] \tag{5.41}$$

其中, u_i 为网络 $G_{optimal}$ 的各个节点, u_{max} 表示网络 $G_{optimal}$ 中拥有最大度中心性的节点。对于含 N 节点的某网络 G, 令 v_{max} 表示其拥有最大度中心性的节点, 则网络 G 的度中心性 C_D 定义为

$$C_D = \frac{1}{H} \sum_{i=1}^{N} [C_D(v_{max}) - C_D(v_i)] \tag{5.42}$$

实际上, 当图 $G_{optimal}$ 的某个节点和所有其他节点相连而其他节点之间没有任何连接, 即 $G_{optimal}$ 为星形网络时, H 值达到最大, 即

$$H = (N-1)[1 - 1/(N-1)] = N - 2 \tag{5.43}$$

因此, 网络 G 的度中心性 C_D 可简化为

$$C_D = \frac{1}{N-2} \sum_{i=1}^{N} [C_D(v_{max}) - C_D(v_i)] \tag{5.44}$$

3. 接近度中心性

在拓扑学和数学相关领域, 接近度 (closeness) 是拓扑空间里的基本概念之一, 接近度中心性示意图如图 5.13 所示。对于欧几里得空间里的两个子集, 如果两个子集所有元素对之间的平均欧几里得距离越小, 则称这两个子集越接近。这个概念可以推广到图论中, 虽然这里不存在欧几里得距离的概念, 但是可以采用最短路径来表征。节点的接近度反映了节点在网络中居于中心的程度, 是衡量节点的中心性的指标之一。

由图 5.13 中实体向量大小可直观得到: 在整个网络中居于中心的节点在图中有明显体现。

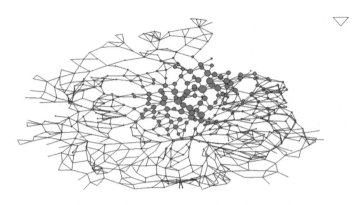

图 5.13　国内航路网接近度中心性示意图

定义 d_{ij} 为节点 v_i 到节点 v_j 所要经历的边的最小数目, 则对于连通无向图来说, 节点的接近度中心性 (closeness centrality)$C_{\mathrm{c}}(v_i)$ 最自然的定义可以表示为

$$C_{\mathrm{c}}(v_i) = (N-1) \Bigg/ \left[\sum_{j=1,j\neq i}^{N} d_{ij} \right] \tag{5.45}$$

即接近度表示节点 v_i 到其他所有节点最短路径之和的倒数乘以其他节点个数。节点的接近度越大, 表明节点越居于网络的中心, 它在网络中就越重要。航路节点紧密中心性越高, 则该点到其他节点的平均最短距离越短。而平均最短距离越短意味着网络运行得越快, 在运行时经过的中途节点越少, 这种航路节点一般都是交通枢纽所在。令 $v_{\max}$ 表示网络 G 中拥有最大接近度中心性的节点, 根据星形网络可推出

$$H = [(N-1)(N-2)/(2N-3)] \tag{5.46}$$

由此可以得到连通网络 G 的接近度中心性 C_{c} 为

$$C_{\mathrm{c}} = \frac{2N-3}{(N-1)(N-2)} \sum_{i=1}^{N} [C_{\mathrm{c}}(v_{\max}) - C_{\mathrm{c}}(v_i)] \tag{5.47}$$

对于非连通图来说, 上述定义需要做一定的修正, 一个比较好的做法是分别计算各个连通分支的中心性, 然后根据各连通分支的阶数进行加权。

4. 中介度中心性

它的定义是通过假设信息仅沿着最短路径来传播。如果 n_{jk} 是连接节点 j 和 k 之间的最短路径数目, $n_{jk}(i)$ 是连接节点 j 和 k 之间包含着节点的最短路径数

目，结果节点 i 的中介度中心性定义为

$$B_i = \frac{1}{(N-1)(N-2)} \sum_{j \in G, j \neq i} \sum_{k=G, k \neq i, k \neq j} n_{ik}(i)/n_{jk} \tag{5.48}$$

航路节点的中介度中心性数值反映了节点对网络中运行流量的承载程度，与度中心性有所不同的是，中介中心性侧重于衡量节点在衔接局部社团网络模块之间的重要性。

参 考 文 献

[1] 吴越, 王莉莉. 骨干航路网络的规划研究 [J]. 中国民用航空, 2013, (9): 57-59.

[2] 中国民用航空局空中交通管理局. 航路网络规划方法参考资料, IB-TM-2009-009. 2009 年 12 月 1 日.

[3] 王莉莉, 吴越, 吴桐水. 基于几何航路汇聚点设置的骨干航路网络规划 [J]. 中国民航大学学报, 2014, (2): 23-26.

[4] 王莉莉, 刘兵. 空中高速路网的设计讨论 [J]. 系统工程, 2012, 11: 107-111.

[5] 王莉莉, 刘兵. 空中高速路枢纽选择 [J]. 中国民航大学学报, 2012, 30(3): 6-9.

[6] 周一星, 张莉, 武悦. 城市中心性与我国中心性的等级体系 [J]. 地域研究与开发, 2001, 20(4): 1-5.

第6章 空 域 评 估

空域评估涉及的种类繁多，不过最常见的还是空域的容量评估、空域的效能评估和空域的安全性评估这三大类。本章重点介绍了空域的容量评估、空域的保障能力评估、交叉点的复杂度评估和安全风险评估。空域评估中没有包含如空域通行能力评估、噪声评估、污染物评估等方面的研究。

6.1 空域容量评估

我国关于空域容量评估问题研究由理论方法、关键技术逐渐向实际应用方面转化，其成果已经应用于民用机场航班时刻制定、机场规划和扩建，以及扇区规划、优化和运行等多个方面。容量评估技术为我国空域和机场的规划和优化提供了科学参考。

6.1.1 空域容量评估概述

容量评估作为考量空域运行能力的应用科学技术，其发展经历了理论研究、实践探索和应用管理三个阶段，自 20 世纪 40 年代的机场跑道容量理论研究雏形发展至今日的精确化空域仿真模型，足以体现出技术理论研究与实践探索相辅相成的发展历程。在这数十年的发展过程中，空域容量主要可分为航路容量、终端区容量、扇区容量三部分[1]。

1. 航路容量

航路作为空中交通网络的基本组成部分，其容量对整个空中交通网络的运行起着决定性的作用。航路容量是指在单位时段内，某航路最多可以服务的航空器架次数。具体可分为理论容量、实际容量和运行容量。

理论容量：在单位时间段里，充分满足持续服务请求的条件下，航路在理论上最多可以服务的航空器架次。"持续服务请求" 指总有航空器等待进入。

实际容量：在理论容量的基础上考虑可变因素如管制员工作负荷、空域耦合等实际性因素，在单位时间段内待评估航路实际能够服务的航空器架次。

运行容量：指在可接受延误水平下，单位时间段内航路可以服务的航空器最大架次。该指标反映了航路的日常服务能力。

理论容量仅仅考虑航路本身和航空器等结构性因素的影响。而实际容量在理论容量的基础上考虑了管制员工作负荷、空域耦合等因素的影响。运行容量将航班延误和服务水平联系起来,若某时段内多个航空器同时需要加入同一航路运行,可能由于该航路相关单元资源受限,航空器在进入航路前往往需要等待服务许可,这势必将产生运行延误,此时把延误时间作为容量评估的标准,运行容量更接近于反映航路实际运行时的服务能力。通常来说,某航路的运行容量小于其理论容量,如图 6.1 所示。

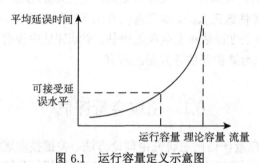

图 6.1　运行容量定义示意图

2. 终端区容量

终端区是以若干机场为中心的中低空域,其容量指的是在一定的系统结构 (空域结构、飞行程序等)、管制规则和安全等级下,考虑可变因素 (飞机流配置、人为因素、天气因素等) 的影响,在单位时间内所提供或者能提供多少架次航空器的服务。

3. 扇区容量

扇区容量评估以管制空域中的扇区为主要对象,其中涉及的概念包括:

(1) 扇区容量是指单位时间内扇区所能提供服务的最大航空器架次。

(2) 扇区主观容量是指在管制员工作负荷处于可接受水平时,单位时间内扇区所能提供服务的最大航空器架次。

(3) 扇区客观容量是指在扇区空域结构、航班流比例、管制规则等限制因素的影响下,单位时间内扇区所能提供服务的最大航空器架次。

容量的评估方法主要分为四种:基于计算机仿真模型的评估方法、基于管制员工作负荷的雷达模拟机评估方法、基于历史统计数据分析的评估方法、基于数学计算模型的评估方法。计算机仿真模型评估方法的结果准确性高,但模型构建和使用均需要投入大量的技术支持和资金支持,且评估周期较长。雷达模拟机评估方法简单易操作,但管制员的个体差异和模拟环境均会对结果的准确性造成影响。数据分析评估方法易于操作,但数据收集困难,且样本数据的数量和质量都会对结果的准确性产生直接影响。数学计算模型评估方法简单有效,先期投入较少,但相较于前三种方法缺乏实际验证,参数设定的准确与否也会影响到评估结果的准确性。各种方法有利有弊,建议结合使用。

6.1.2 航路交叉点容量评估

作为国内空域的基本组成单元,准确对航路容量进行评估,将直接影响流量管理的实施效果。航路交叉点的容量往往是影响航路整体容量的关键因素。本节将对航路交叉点处的航空器的运行情况进行分析,建立容量计算模型,并讨论一种特殊情况即有航空器穿越高度层的情况出现时,如何计算航路交叉点的容量 [2,3]。

1. 航路交叉点容量模型

如图 6.2 所示,航空器在过航路交叉点之前,在各条航路上的飞行是各自独立互不影响的,在过交叉点之后航空器的运行亦是如此。但过交叉点之前,必须对即将过交叉点的航空器之间的间隔进行调整,进而进行排序,从而保证在交叉点前航空器之间的间隔大于规定的最小安全间隔。交叉点附近的航空器要满足安全间隔要求:

(1) 同一条航路上航空器之间的纵向间隔;

(2) 两条航路上航空器之间的侧向间隔;

(3) 某架航空器改变高度层后,与所在新高度层的航空器之间的纵向间隔;

(4) 某航路上某架航空器改变高度层后,与所在高度层的另一条航路上航空器之间的纵向间隔;

(5) 穿越高度层时,与所经过高度层上的航空器之间的纵向间隔。

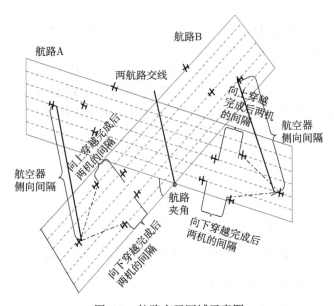

图 6.2 航路交叉区域示意图

如图 6.3 所示，两条航路交叉，其交叉角度为 φ，在飞机通过交叉点之前，管制员可以调配其中一个飞机，使其上升高度或下降高度，到达另一个"顺向高度层"。接下来将采用这个方法来建立模型，分析计算交叉点处各条航路的容量。为方便讨论，假设飞机 1 和飞机 2 在 s_1 高度层，飞机 3 和飞机 4 在 s_2 高度层。飞机之间的运行间隔为 $d_{ij}^{s_k}$。x_1, x_2, x_3, x_4 分别为航路 1，航路 2，航路 3，航路 4 这四条航路上距交叉点最近的飞机与交叉点的距离。每条航路上距离交叉点最近的飞机的速度分别为 $v_1^{s_1}, v_1^{s_2}, v_1^{s_3}, v_1^{s_4}$。$v_i^{s_1}, v_i^{s_2}, v_i^{s_3}, v_i^{s_4}$ 为四条航路各高度层上机型组合中前机的速度；$v_j^{s_1}, v_j^{s_2}, v_j^{s_3}, v_j^{s_4}$ 为四条航路各高度层上机型组合中后机的速度。

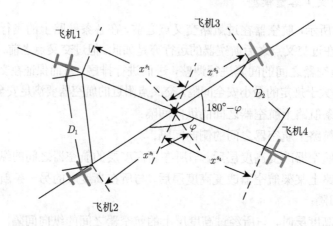

图 6.3 交叉点飞机示意图

令飞机 1 上升高度，以 β 角度爬升，到达 S_2 高度层，在飞机 1 到达 S_2 高度层后，飞机 3 从 S_2 高度层以 γ 角度爬升，上升到 S_3 高度层。D_1 为飞机对头运行时的最小安全间隔。D_2 为飞机之间的侧向间隔。t_1 为飞机 1 从 S_1 爬升到高度层 S_2 需要的时间。t_2 为飞机 3 从 S_2 高度层爬升到 S_3 高度层需要的时间。L_1、L_2、L_3、L_4 分别为各航路参考位置入口点到交叉点的距离。约束条件如下：

$$t_1 = \frac{300}{v_1^{s_1}\sin\beta}, \quad t_2 = \frac{300}{v_1^{s_2}\sin\gamma} \tag{6.1}$$

$$x^{s_1} + x^{s_4} - 2v_1^{s_1}\cos\beta t_1 - 2v_1^{s_4}t_1 \geqslant D_1 \tag{6.2}$$

$$(x^{s_1})^2 + (x^{s_2})^2 - 2x^{s_1}x^{s_2}\cos(180°-\varphi) \geqslant D_2^2 \tag{6.3}$$

$$(x^{s_3})^2 + (x^{s_4})^2 - 2x^{s_3}x^{s_4}\cos(180°-\varphi) \geqslant D_2^2 \tag{6.4}$$

$$(x^{s_1} - v_1^{s_1}\cos\beta t_1)^2 + (x^{s_3} - v_1^{s_3}t_1)^2$$
$$- 2(x^{s_1} - v_1^{s_1}\cos\beta t_1)(x^{s_3} - v_1^{s_3}t_1)\cos\varphi \geqslant D_2^2 \tag{6.5}$$

$$\left(x^{s_1} - 2v_1^{s_1}\cos\beta t_1 - v_1^{s_1}t_2\right)^2 + \left(x^{s_3} - 2v_1^{s_3}t_1 - v_1^{s_3}(\cos\gamma)t_2\right)^2$$
$$- 2\left(x^{s_1} - v_1^{s_1}(\cos\beta)t_1 - v_1^{s_1}t_2\right)$$
$$\times \left(x^{s_3} - v_1^{s_3}t_1 - v_1^{s_3}(\cos\gamma)t_2\right)\cos\left(180° - \varphi\right) \geqslant D_2^2 \tag{6.6}$$

四个航路的容量分别为 C_1, C_2, C_3, C_4:

$$C_1 = \frac{L_1 - x^{s_1}}{d_{av}^{s_1} + \Delta S} + 1, \quad C_2 = \frac{L_2 - x^{s_2}}{d_{av}^{s_2} + \Delta S} + 1$$

$$C_3 = \frac{L_3 - x^{s_3}}{d_{av}^{s_3} + \Delta S} + 1, \quad C_4 = \frac{L_4 - x^{s_4}}{d_{av}^{s_4} + \Delta S} + 1 \tag{6.7}$$

其中,

$$d_{av}^{s_k} = \sum_{(i,j)} d_{ij}^{s_k} p_{ij}^{s_k(i,j)} \tag{6.8}$$

$d_{av}^{s_k}$ 为高度层 s_k 上飞机的平均纵向间隔; p_{ij} 为机型组合 (i,j) 配对出现的概率; $d_{ij}^{s_k}$ 为高度层 s_k 上飞机对 (i,j) 过参考点的最低间隔。

考虑所用导航设备的精度、管制员因素、通信延时这些因素对航路容量产生的影响,将飞行间隔增加一定数量的裕度 ΔS。交叉点处航路段容量为

$$C_{\text{交叉点}} = \frac{L_1 - x^{s_1}}{d_{av}^{s_1} + \Delta S} + \frac{L_2 - x^{s_2}}{d_{av}^{s_2} + \Delta S} + \frac{L_3 - x^{s_3}}{d_{av}^{s_3} + \Delta S} + \frac{L_4 - x^{s_4}}{d_{av}^{s_4} + \Delta S} + 4 \tag{6.9}$$

但是在实际运行中,在同一高度层的飞机是不可能都按同一速度匀速行驶的。

2. 容量影响因素分析

(1) $v_i > v_j$, 前机速度大于后机速度时,飞机之间的最小间隔标准在参考位置入口 A 内达到,概率为 $(p_{ij}^{s_k})_1$, 如图 6.4 所示。

$$d_{ij}^{s_k} = d_{ij}^{s_k}{}_{\min} \tag{6.10}$$

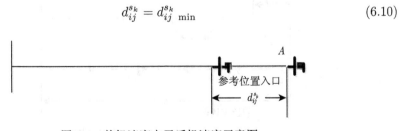

图 6.4 前机速度大于后机速度示意图

(2) $v_i < v_j$，前机速度小于后机速度时，两机的间隔越来越小，在航路末端 D 处达到最小间隔，概率为 $(p_{ij}^{s_k})_2$，如图 6.5 所示。

$$\frac{L - d_{ij\ \min}^{s_k}}{v_j^{s_k}} = \frac{L - d_{ij}^{s_k}}{v_i^{s_k}} \tag{6.11}$$

故

$$d_{ij}^{s_k} = L - \frac{(L - (d_{ij}^{s_k})_{\min})v_i^{s_k}}{v_j^{s_k}} \tag{6.12}$$

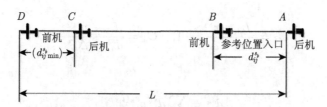

图 6.5　前机速度小于后机速度示意图

将式 (6.10)、式 (6.12) 代入式 (6.8) 可得出

$$d_{av}^{s_k} = (d_{ij}^{s_k})_{\min}(p_{ij}^{s_k})_1 + \left\{ L - \frac{(L - (d_{ij}^{s_k})_{\min})v_i^{s_k}}{v_j^{s_k}} \right\}(p_{ij}^{s_k})_2 \tag{6.13}$$

将式 (6.13) 中得到的 $d_{av}^{s_k}$ 代入式 (6.9)，可得出交叉点容量新的公式。

3. 有穿越情况的航路容量模型

在分析航路容量时，取一段航路，如图 6.6 所示，假设航路长度为 L，航路有三个高度层，假定是 S_1, S_2, S_3。在巡航阶段，同一高度层上同向运行的航空器之间

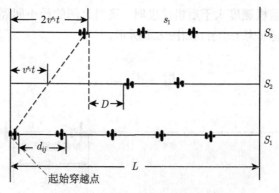

图 6.6　有穿越情况的航路示意图

的纵向间隔为 d_{ij}，航空器的速度都为 v^{sk}，有穿越时，对头飞行的航空器的纵向间隔是 D。飞机按 β 爬升角爬升。

S_1 高度层航路容量为 C_1

$$C_1 = \frac{L}{d_{ij}} + 1 \tag{6.14}$$

S_2 高度层航路容量为 C_2

$$C_2 = \frac{L - 2v^{s1}\cos\beta t - D}{d_{ij}} + 1 \tag{6.15}$$

S_3 高度层航路容量为 C_3

$$C_3 = \frac{L - 2v^{s1}\cos\beta t}{d_{ij}} + 1 \tag{6.16}$$

其中，

$$t = \frac{300}{v^{s1}\sin\beta} \tag{6.17}$$

$$C_{\text{航路段}} = C_1 + C_2 + C_3 = \frac{L}{d_{ij}} + \frac{L - 2v^{s1}\cos\beta t - D}{d_{ij}} + \frac{(L - 2v^{s1}\cos\beta t)}{d_{ij}} + 3 \tag{6.18}$$

考虑所用导航设备的精度、管制员因素、通信延时这些因素对航路容量产生的影响，将飞行间隔增加一定数量的裕度 ΔS。从而得出

$$C_{\text{航路段 (双)}} = C_1 + C_2 + C_3 = \frac{L}{d_{ij} + \Delta S} + \frac{L - 2v^{s1}\cos\beta t - D}{d_{ij} + \Delta S}$$
$$+ \frac{L - 2v^{s1}\cos\beta t}{d_{ij} + \Delta S} + 3 \tag{6.19}$$

4. 算例分析

由《中国民用航空空中交通管理规则》可知，航空器对头穿越的最小安全间隔至少为 50km，所以取 $D_1=50$km，咨询了管制员，取侧向间隔 $D_2=25$km，巡航时航空器速度一般为 900km/h，穿越高度层时，飞机的爬升角为 10°。取 H139 与 H142 两条航路的交叉点进行仿真。在交叉点附近取几个航路，为简化计算取 L_1、L_2、L_3、L_4 都为 100km，用 Matlab 对已建立的航路交叉点模型进行计算，求出航路交叉点总体容量为 12.25 架。

当有穿越情况时，航路容量的仿真计算如下：取长为 150km 的一段航路对已建立的有穿越情况的航路容量模型进行仿真。令航空器的速度为 900km/h，穿越高度层时航空器的爬升角度为 10°。经过计算，航路容量为 12.95 架。而如果没有穿越情况，此航路容量为 14.25 架。说明有穿越高度层的情况的航路容量会比没有穿越高度层的情况的容量降低 9.1%。

6.1.3 基于跟驰稳定的终端区容量评估方法

1. 飞机跟驰飞行模型

飞机在终端区的跟驰飞行是飞机队飞行过程中的一种重要现象,当某架飞机改变其飞行状态时,后继的飞机由于飞行员的反应能力的影响,不能立刻采取措施,需有一定的反应时间。飞机跟驰飞行模型是对管制员和飞行员反应特性分析得到的,首先对管制员和跟驰飞机飞行员的反应进行分析,可将反应过程归结为以下四个阶段 [4]。

感知阶段:管制员或飞行员通过感知搜集相关信息,包括前机的速度和相对速度、飞机间距离等;

认知阶段:对感觉信息的性质、意义进行解释和对所获信息进行分析;

决策阶段:管制员或飞行员根据已知信息和经验,决定飞行策略;

执行阶段:管制员或飞行员根据自己的决策和前机的交通状况,对飞机进行操纵控制。

管制员或飞行员在上述四个阶段耗费的时间总和称为反应时间。在对飞行跟驰建模前,我们首先作如下假设。

(1) 飞机分为大型、中型和小型三类,分别用 1, 2, 3 表示,操纵性能只与飞机类型有关。

(2) 飞行规则分为目视飞行规则 (VFR) 和仪表飞行规则 (IFR) 两类,在目视飞行条件下,完全由飞行员感知、认知、决策和执行;在仪表飞行条件下,由管制员感知、认知和决策,飞行员执行。

(3) 在反应时间内飞机速度不变。

(4) 不考虑管制员或飞行员反应之间的差异,反应能力一样。

目视飞行规则下,反应时间 T 为飞行员感知、认知、决策和控制的时间之和;在仪表飞行规则下,反应时间 T 为管制员感知、认知、决策的时间和飞行员控制的时间之和。由于管制员在作出决策之后须经过通信将决策方案发送给飞行员,有一定的通信时间,一般来说目视条件下的反应时间要比仪表条件下的短。分别用 V, I 表示目视飞行和仪表飞行,V_T 和 V_I 分别表示在目视和仪表飞行规则下的反应时间。

跟驰模型是一种 "刺激–反应" 关系式,其实质就是由本飞机和前方飞机的距离、速度等关系推出本飞机的反应,进而决定本飞机相应的飞行状态。图 6.7 为飞机跟驰模型示意图。

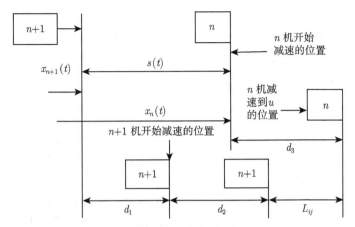

图 6.7 飞机跟驰模型示意图

图 6.7 中 $s(t) = x_n(t) - x_{n+1}(t)$ 为 t 时刻飞机间的机头间距；$x_n(t)$ 为 t 时刻 n 飞机的位置；$x_{n+1}(t)$ 为 t 时刻 $n+1$ 飞机的位置；$d_1 = T_k u_{n+1}(t)$ 为反应时间 T_k 内 $n+1$ 飞机飞行的距离；T_k 为反应时间 $k \in \{V, I\}$；d_2 为 $n+1$ 飞机减速到 u 的减速距离；d_3 为 n 飞机减速到 u 的减速距离；L_{ij} 为 i 类和 j 类飞机的最小安全间隔，i、j 分别为 n 和 $n+1$ 飞机的类型，i 和 j 的取值是 1、2 和 3。从图 6.7 中可以得到如下公式：

$$s(t) = x_n(t) - x_{n+1}(t) = d_1 + d_2 + L_{ij} - d_3 \tag{6.20}$$

$$d_1 = u_{n+1}(t + T_k)T_k = x'_{n+1}(t + T_k)T_k \tag{6.21}$$

$$d_2 = (u_{n+1}^2(t) - u^2)/2a_i \tag{6.22}$$

$$d_3 = (u_n^2(t) - u^2)/2a_j \tag{6.23}$$

a_i 和 a_j 分别为 i 类和 j 类飞机的加速性能，然后两边对 t 求导得

$$u_n(t) - u_{n+1}(t) = u'_{n+1}(t + T_k)T_k + d'_2 - d'_3 \tag{6.24}$$

$$d'_2 - d'_3 = u_{n+1}(t)u'_{n+1}(t)/a_i - u_n(t)u'_n(t)/a_j \tag{6.25}$$

$u'_n(t)$ 和 $u'_{n+1}(t)$ 分别为飞机 n 和 $n+1$ 的加速度，它与飞机的加速性能成正比，设比例系数为 η，由式 (6.24) 和式 (6.25) 可得

$$(\eta + 1)[u_n(t) - u_{n+1}(t)] = u'_{n+1}(t + T_k)T_k \tag{6.26}$$

令 $\lambda_k = (\eta + 1)/T_k$ 得

$$u'_{n+1}(t + T_k) = \lambda_k[u_n(t) - u_{n+1}(t)] \tag{6.27}$$

式中，λ_k 是与管制员负荷和飞行员动作强度相关的量，称为反应强度系数，量纲为 S^{-1}。由于速度大并且飞机性能相差较大，而且减速距离是速度平方级，近似认为它们相等会造成较大的误差。这里对适合空中交通的跟驰模型进行了推导，得出了既适合道路交通又适合空中交通的跟驰模型。

2. 算例分析

航空器的尾流强度随航空器的重量增大而增大，按航空器的最大起飞重量可分为三类：MTOW ≥ 13600kg 为重型航空器 (H)；7000kg < MTOW < 136000kg 为中型航空器 (M)；MTOW < 7000kg 为轻型航空器 (L)。

三类飞机通过终端区进近着陆，平均进近速度和平均失速速度见表 6.1，管制员和飞行员的反应时间一般为 $T = 2s$，设它们通过此终端区进近着陆所占的比例分别为 40%、40%、20%，则根据表 6.1 和表 6.2 给出的数据，计算得到的飞机头距和时距矩阵见表 6.3。

表 6.1   机型参数

机型	H	M	L
平均机长/m	65	40	20
平均进近速度/(km/h)	270	237	177
平均失速速度/(km/h)	208	185	136

表 6.2   ICAO 尾流间隔标准   (单位：nm/km)

		后机		
		H	M	L
前机	H	4/8	5/10	6/12
	M	3/6	3/6	5/10
	L	3/6	3/6	3/6

表 6.3   飞机头距与时距比值矩阵   (单位：km/h)

		后机		
		H	M	L
前机	H	8.15863/0.03021	10.14353/0.04280	12.12692/0.06851
	M	6.13363/0.02271	6.118528/0.02581	10.10192/0.05707
	L	6.11363/0.02264	6.098528/0.02573	6.081916/0.03436

$\overline{T} = \sum_{i,j} p_{ij} T_{ij} = 0.034739h$，由此得出终端区的稳定极限容量 $C_{sl} = 1/\overline{T} = 28.78568$ 架/h，若不考虑反应时间，终端区的容量完全由尾流间隔决定，终端区的最大容量 $C^* = 1/(\overline{T})_m = 29.07122$ 架/h。

本节所得出的稳定极限容量由于考虑了管制员和飞行员的人为因素，稳定极限容量应比最大容量小。虽然不考虑反应时间的最大容量比考虑反应时间的稳定极限容量略大，但是稳定极限容量由于考虑了管制员和飞行员的反应时间，管制员和飞行员在此反应时间内可以很好地保证终端区系统的容量的稳定和交通的安全。而且如果规定的反应时间比实际的反应时间大，管制员和飞行员有一定的冗余反应时间，可以为终端区交通提供安全裕度，保证终端区系统的安全稳定。

6.1.4 基于管制员工作负荷的扇区容量评估

基于管制员工作负荷的扇区容量评估是一种主观容量评估方法，适用于理论容量和运行容量的评估，该方法在基于雷达模拟机的空域仿真环境下，通过量化管制员工作负荷预测扇区容量。本节对目前常用的管制员工作方负荷法进行简单的介绍。在此过程中，管制员工作负荷的量化过程是关键，主要方法如下所示。

1. "DORA" 方法

"DORA" 方法是由英国运筹与分析理事会提出的评估雷达管制员工作负荷的方法，在该方法中，管制员的工作主要分成三类：①看得见的工作负荷，即日常工作时间和解决冲突的工作时间的总和；②看不见的工作负荷，即用于思考计划的工作时间；③恢复时间，这部分时间虽然相对最短，但对扇区的安全极为重要。具体分类如图 6.8 所示。

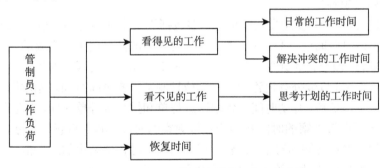

图 6.8 "DORA" 方法管制员工作负荷分类

看得见的工作是评估人员容易计时和记录的工作，包括无线电通话、填写进程单、电话协调通话等。在任一扇区内即使只有一架航空器，管制员都需要对这一航空器进行例行工作，即根据航空器通过该扇区所经的航路及其始发点与目的地，例行地为该航空器发送指示顺序，例如，对航空器进行识别、接收、例行通告、移交等。因此，例行工作负荷是根据指定航空器通过该评估扇区的标准航迹予以评估的，与其相对应的是固定的工作顺序，即该项工作的执行时间。

看不见的工作是与管制员看得见的工作并行的，这些工作通常是连续进行的，而评估人员又无法进行直接的记录或计算的。尤其在飞行流量较大、管制工作繁忙的情况下，评估人员的计时工作更加难以进行。看不见的工作主要包括监控航空器时间、计算航空器的航行诸元、发现冲突并制定冲突解脱策略等，这些工作对于扇区管制工作都是非常关键的。该方法是根据记录进程单的数量与操作情况来计算看不见的工作负荷，需要记录扇区管制员管制每架航空器需要填写进程单的次数，以及进程单的检查次数与时间等数据，最终计算得出看不见的工作负荷。

看不见的工作负荷会随着交通量的增加呈现显著上升的趋势，这项工作需要更详尽的研究。

恢复时间是在管制员的工作过程中显现的，占据整个工作时间的很小一部分，但是为保证扇区在达到一定容量后能够安全持续地运行，恢复时间的意义就很重要。

对一给定的扇区和交通样本，管制员的工作负荷就是看得见的工作、看不见的工作和恢复时间这三部分时间的总和。该方法对管制员的工作进行了分类，但并不具体，工作负荷测量的准确性不够。

2. "MBB" 方法

"MBB" 是由德国梅塞施密特、特尔科和布卢姆研究得出的，首先将所有观察到的工作进行分类，然后测量并计算所有工作类别的时间，最后考虑扇区结构和交通特点计算空域容量。

"MBB" 方法中，管制员工作负荷主要包括无线电通话时间长度、行动时间及登记和处理信息时间这三类。这三类工作中可观察的部分属于可观察的工作，可以直接记录得到，而登记和处理信息中的另外一部分属于不可观察的工作，不能直接记录得到，需要通过额外登记管制员不实施管制工作的时间得到。这两类时间的总和即管制员工作负荷。行动时间包含填写进程单和排列进程单时间。登记和处理信息时间包含可直接观察的时间和不能直接观察的时间，其中可直接观察的包含执行管制员和协调员之间的对话、在思考和做出决定过程中利用的所有信息、通过进程单和雷达屏幕接收信息等。具体分类如图 6.9 所示。

该方法对管制员的工作负荷分类非常详细，将无线电通话时间单独分类，大大提高了测量数据的工作效率，使得测量评估结果更加准确。

3. "MMBB" 方法

"MMBB" 方法集中了 "DORA" 和 "MBB" 两种方法的优点，并加以改进。该方法采取 "MBB" 方法中对工作负荷的分类，将雷达模拟机下的管制员工作负荷分成通话、思考、手工操作三类，同时利用 "DORA" 方法划分不同扇区、不同操作过程的难度等级,具体情况具体分析。这种方法能够更准确地得到不可观察的工作负荷,提高了评估结果的精确性。

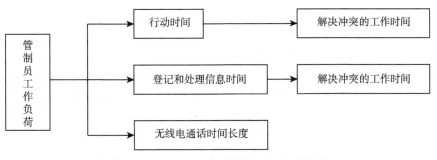

图 6.9 "MBB" 方法管制员工作负荷分类

4. 基于管制员工作负荷的雷达模拟机评估方法

基于管制员工作负荷的模拟机评估方法主要在雷达模拟机上实现。该方法将管制员的工作负荷分为冲突解决负荷、协调移交负荷、监视负荷等,首先通过模拟机对实际空域结构、航路航线进行模拟,随后编排航班计划,选择成熟管制员进行管制指挥,模拟实际管制场景。模拟开始后,航空器按照航班计划在评估区域飞行训练,随着航班量的不断增加,管制员的工作负荷也会不断增加直至饱和,此时该扇区容量就等于航空器架次与时间的比值。这种方法中,存在模拟机的模拟环境无法与实际环境达到完全一致的情况,尤其在实时流量较大的时候,管制员的生理与心理压力与实际管制存在差别,这对评估结果产生了一定的影响。

5. "NASA-TLX" 方法

"NASA-TLX" 量表方法是由美国 NASA 的 AMES 研究中心提出的,经常用于进行管制员工作负荷的自我评估。该方法在管制员的工作难度和空中交通运行状况的基础上提出了 "TLX" 等级分类,是管制员的自身条件与认知相互作用的结果。"TLX" 等级主要包含精神需求、身体需求、时间需求、努力程度、压力承受能力、能力体现这六个方面,包含类别非常细致,但是在实际测试过程中,由于管制员对测试程序的不熟悉而导致选择时出现偏差,会影响容量结果精度。

上面所介绍的几种评估方法均采用管制员工作等级分类,将每一类工作转换成对时间的测量,最终确定扇区容量。但是对于不同的评估扇区,空域结构、航路航线、运行方式等客观因素差异较大,管制员的个体情况也不尽相同,因此这些方法都存在一定的局限性。

基于管制员工作负荷的扇区容量评估方法适用于一些具有典型航行环境以及其他航行环境和条件并不完善的非典型空域扇区,通过描述管制员工作负荷和航空器数量之间的关系,求出扇区的容量值。

6.2 空域保障能力评估

6.2.1 空域保障能力评估概述

中国民航近十五年一直保持着高速发展的态势，航空运输总周转量年均增长13.6%。2012年，国务院下发了《关于促进民航业发展的若干意见》，其中明确提出发展目标为：到2020年我国民航服务领域明显扩大，服务质量明显提高，国际竞争力和影响力明显提升，可持续发展能力明显增强，初步形成安全、便捷、高效、绿色的现代化民用航空体系。航空运输规模不断扩大，年运输总周转量达到1700亿吨·公里，年均增长12.2%，全国人均乘机次数达到0.5次。航班正常率提高到80%以上。

航空运输呈现出的持续高速发展，必将对空域资源的开发利用、飞行流量的管理和空管服务保障能力提出更高要求，同时也凸显了目前空中交通服务保障能力的瓶颈效应。我国民航的空域保障能力，定义为在现行的空域条件下，民航空中交通管理系统能够保障的安全运输能力。在民航运输不断增长的客观需求下，既要保障航空运输安全，又要提高运输效率，这是一个重要的挑战。我国民航目前正在积极探索提高民航运输系统保障效率的方式，如大力加强新技术应用，调整空域、航路结构，推进低空改革，加大改扩建机场的力度等，但是目前对民航真正的空域系统保障能力与什么因素密切相关，新技术的使用会给未来带来怎样的影响，未来空域系统保障能力会是一个怎样的变化趋势，这些问题都没有一个明确的回答，而这些问题却是制定未来民航发展战略的重要参考因素。

因此，本章进行了我国民航空域系统保障能力的问题研究，目标是寻找空管系统保障能力的影响因素，解决存在的系统隐患，提高安全管理水平。而我们首先要完成的工作就是建立一套完整的空域保障评估指标体系。

6.2.2 空域保障能力评估指标体系

建立我国民航空域保障能力的指标体系是对影响空域保障能力的因素进行量化评估和对未来政策技术的发展趋势进行科学预测的前提。该研究将为未来民航制定发展战略提供建议。在设计指标时，遵循了科学性、系统性、适用性、通用性的指标建立原则。

1. 指标体系的设计方法

构建我国空域保障能力的指标必须在明确影响空域运行安全和效率的关键因素上，通过分解、提炼、合并和综合后得到。因此，首先应根据空域保障任务所需达到的要求或标准出发，从各空管保障单位和部门了解所需监测指标应该达到的目标和监测的形式, 从而初步确定评估指标。其次, 根据指标设计的指导思想与原则, 对所设计的评估指标进行定义和论证, 使其具有一定的科学依据; 最终, 确立的指标在广泛征求空域保障部门 (如管制部门、通导部门、气象部门) 的一线工作人员和管理人员的意见后, 把那些不易操作和衡量的指标删除, 把彼此有重叠和交叉的指标进一步分解, 把同一个问题、不同维度的指标适度综合, 最终形成一套科学的、合理的、精炼的指标体系。此外, 为了使确定好的指标更趋合理, 还应对其进行修订, 将所确定的指标提交领导、权威、专家进行审议, 征求意见, 修改、补充和完善以至最终确定指标体系。本指标体系构建的流程如图 6.10 所示。

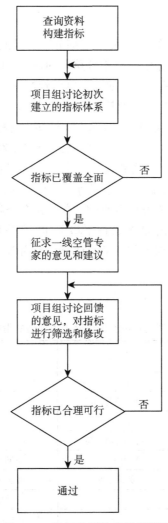

图 6.10 指标体系构建的流程图

(1) 查询我国空域运行现状、空管发展现状和指标评估方法等相关资料，分析和概括出能反映空域保障能力的一级指标和二级指标，然后依次归纳出三级指标，最后拓展四级基础指标，明确指标的属性。

(2) 检查指标体系是否已经涵盖了评估空域保障能力的几个主要方面。

(3) 深入走访我国七大地区空中交通管理局，将指标体系交给资深专家、量化专家、有关数据采集单位，征求意见和建议。

(4) 开会研讨并采纳回馈的意见和建议，筛选出可行性指标，将一些定性指标定量化，提出改进方式直至例会通过。

2. 指标体系的构成

空中交通管理是空域保障的重要组成部分，是保证空中运输通畅安全的指挥中枢，在确保民航安全的工作中占有十分重要的地位。目前，民航空管面临的形势虽然总体看好，但仍存在很多问题，如部分单位管制人员紧缺，管制运行中的"错、忘、漏"问题还没有根本解决；空管基础设施建设滞后，设备运行监控和维修维护亟待加强；空域结构划设不够合理，动态空域利用率偏低；运行管理制度不健全，军民航组织协调难度大、时间长等。因此，建立空域保障能力的指标时应考虑如何安全、高效地使用现有空域、机场资源和空中交通管制服务，为航空器营运者提供及时、精确的信息，尽可能准确地预报飞行情况以减少延误，加快并保持空中交通持续有序畅通，促使空域和机场资源合理、有效和充分利用。基于上述原因，指标体系以空中交通管理局管制中心为数据采集主体，在兼顾通导、气象、飞服情报等部门的基础上，将我国空域保障能力的一级指标划分为人员、设备、空域、运行和管理五个方面。

整个指标体系构成如表 6.4 所示。

表 6.4　我国民航空域保障能力评估的指标体系

一级指标	二级指标	三级指标	四级指标	度量要素	性质
人员	管制人员	扇区平均管制员数量	持照管制员数量	持照管制员人数/管制扇区数量	定量
			见习管制员数量	见习管制员人数/管制扇区数量	定量
		培训	人均培训时长	人均参加培训的时间	定量
			人均培训设备	培训设备数量/管制员人数	定量
		技术水平	管制员工龄	不同工龄管制员数量比例	定量
			英语水平	通过 ICAO4 管制员的数量	定量
		应激水平		反应灵敏度及抗压力	定性
		工作满意度		工资、福利、个人职业规划、工作环境、个人尊重等	定性

续表

一级指标	二级指标	三级指标	四级指标	度量要素	性质
人员	通导人员	持照人数		持照人员的数量	定量
		人均培训时长		人均参加培训的时间	定量
		工龄		通导人员的从业时间	定量
		工作满意度		工资、福利、个人职业规划、工作环境、个人尊重等	定性
	气象人员	持照人数		持照人员的数量	定量
		人均培训时长		人均参加培训的时间	定量
		工龄		气象人员的从业时间	定性
		工作满意度		工资、福利、个人职业规划、工作环境、个人尊重等	定性
	飞服情报人员	持照人数		持照人员的数量	定量
		人均培训时长		人均参加培训的时间	定量
		工龄		飞服情报人员的从业时间	定量
		工作满意度		工资、福利、个人职业规划、工作环境、个人尊重等	定性
设备	通信设备	通信设备可用性	通信设备的故障次数	通信设备的故障次数	定量
			通信设备保障率	通信设备保障率	定量
			通信设备完好率	通信设备完好率	定量
			通信设备冗余度	备用通信设备或备件数量	定量
		通信设备先进性	甚高频（VHF）地空通信系统的覆盖率	实现可靠 VHF 的通信空域范围	定量
			数据链通信空域覆盖率	数据链通信空域覆盖率	定量
			卫星通信地面站覆盖率	卫星通信地面站覆盖比率	定量
			通信信号的多重覆盖率	通信信号的双重或双重以上的覆盖率	定量
	导航设备	导航设备可用性	导航设备的故障次数	导航设备的故障次数	定量
			导航设备保障率	导航设备保障率	定量
			导航设备完好率	导航设备完好率	定量
			导航设备冗余度	备用导航设备或备件数量	定量
		航路导航先进性	甚高频全向新标系统（VOR）的航路覆盖率	VOR 覆盖空域面积/管制空域面积	定量
			测距系统（DME）的航路覆盖率	DME 覆盖空域面积/管制空域面积	定量
			PBN 航路数量及所占比例	PBN 航路数量及所占比例	定量
		终端导航先进性	Ⅰ类仪表着陆系统的跑道配备率	装备Ⅰ类仪表着陆系统的跑道/管制区内的跑道总数	定量
			Ⅱ类仪表着陆系统的跑道配备率	装备Ⅱ类仪表着陆系统的跑道/管制区内的跑道总数	定量
			有 PBN 飞行程序机场的数量及所占比例	有 PBN 飞行程序机场的数量/管制区内的机场数量	定量
	监视设备	监视设备可用性	监视设备的故障次数	监视设备的故障次数	定量

续表

一级指标	二级指标	三级指标	四级指标	度量要素	性质
设备	监视设备	监视设备可用性	监视设备保障率	监视设备保障率	定量
			监视设备完好率	监视设备完好率	定量
			监视设备冗余度	备用监视设备或备件数量	定量
		航路监视先进性	一次雷达信号空域覆盖率	一次雷达信号覆盖空域面积/管制空域面积	定量
			二次雷达信号空域覆盖率	二次雷达信号覆盖空域面积/管制空域面积	定量
			雷达信号的多重覆盖率	雷达信号双重或多重以上的空域覆盖率	定量
			应用ADS技术的航路所占比例	应用ADS技术航路/管制区内的航路总数	定量
		终端监视先进性	场面监视雷达设备机场配备率	装备场监雷达的机场/管制区内的机场数量	定量
			ADS地面站数量	ADS地面站数量	定量
	气象设备	气象探测能力	装备气象雷达设备的机场比例	装备气象雷达的机场数量/管制区内机场数量	定量
			装备气象自动观测系统设备的机场比例	装备气象自观系统的机场数量/管制区内机场数量	定量
		气象信息处理和交换能力	风廓线雷达	风廓线雷达数量	定量
			气象数据库系统	气象数据库系统数量	定量
		气象预报和服务能力	数值预报系统	数值预报系统数量	定量
			气象信息综合服务网	气象信息综合服务网数量	定量
空域	空域结构条件	航路冲突点		管制区域内航路冲突点的数量	定量
		进离场分离		进离场分流的机场数量/管制区内的机场总数	定量
		恶劣天气影响		恶劣天气影响的飞行架次	定量
	空域可使用性	可用航路航线		可用航路航线数量	定量
		交通密度		保障架次/常态可使用航路航线体积	定量
		军方活动		军方活动天数	定量
		通航活动		通航活动天数	定量
	空域动态利用性	动态航线的利用时间		军方释放临时航线的时间	定量
		动态利用的空域比例		军方可释放空域面积/民航常态下可使用空域面积	定量
		临时航线数量		临时航线数量	定量
运行	运行安全	飞行事故数量		事故万次率（次/万架次）	定量
		飞行事故征候数量		事故征候万次率（次/万架次）	定量
		管制人员差错		管制员的工作差错次数	定量

续表

一级指标	二级指标	三级指标	四级指标	度量要素	性质
运行	运行效率	区域运行效率	人均区域保障架次	区域保障运行总架次/区域管制员数量	定量
			区域管制间隔	雷达管制的距离间隔	定量
		进近运行效率	人均进近保障架次	进近保障运行总架次/进近管制员数量	定量
			进近管制间隔	雷达管制的距离间隔	定量
		机场运行效率	人均塔台保障架次	塔台保障运行总架次/塔台管制员数量	定量
			典型机场跑道平均滑行时间	典型机场跑道滑行时间	定量
			典型机场平均高峰小时架次	管制区内典型机场每日运行航空器的最高小时架次的年均值	定量
			平均跑道数	管制区机场跑道数量/机场数量	定量
			正常放行率	正常放行飞机架次/计划放行总架次	定量
	运行方式	管制方式合理性		采用程序管制或雷达管制的扇区比例	定量
		扇区划分合理性		扇区流量对比或扇区容量	定量
		辅助决策能力		CDM等技术的应用状况	定性
管理	制度管理	制度健全性		制定的制度的完整程度	定性
		制度细化程度		各部门制度细化程度	定性
		制度的修改		规章制度的修改次数和频率	定量
	组织管理	管制人员流失率		管制人员离职人数的比例	定量
		管制人员流动性		塔台、进近、区调之间流动人数	定量
		组织文化		有无定期工会活动、企业文化	定性
		班组资源管理		班组资源管理合理性和高效性	定性
	协调管理	与相关保障单位的协调		管制部门与气象、通导等保障部门协调协议的健全性	定性
		与军航的协调		管制部门与军方管制部门的协调协议的健全性	定性
		与相邻管制单位的协调		管制部门与相邻区域管制部门协调协议的健全性	定性
		与机场、航空公司的协调		协调机制的健全性	定性
		地方政府支持度		地方政府的支持力度	定性
	过程管理	运行记录	工作记录	运行记录的完整性和及时性	定性
			讲评分析	讲评分析功效	定性
		运行检查方式		现场检查、录音录像检查	定性
		运行检查频率		运行检查次数	定量
	创新能力管理	人均R&D投入		纵向横向项目经费/管制员数量	定量
		新技术重视度		领导层对新技术应用或研发的重视程度	定性
		创新成果		应用创新或技术创新成果数量	定量

3. 指标体系的第一次改进过程

上述指标的建立并非一蹴而就，而是反复求证，螺旋式上升的过程。在指标建立过程中，征求了华北、华东、中南、西南、西北、东北、新疆 7 个地区空管局的空管部和管制中心若干领导和专家的意见和建议，不断进行调整和修改，最终确立了上述的指标体系。

1) 建立指标分级的逻辑结构，保证指标的独立性

指标体系构建的基本原则之一就是要保证同级指标之间相互独立，不同级指标之间逻辑结构清晰，否则会影响后续的权重分配和评估计算。因此，对于度量要素模糊不清的指标和相关性较强的指标要加以剔除和修改。

例如：

(1) 在指标体系建立初期，我们将 "人员" 一级指标划分为 "管制人员" 和 "其他空域保障人员" 两个二级指标，其他人员包括了通导人员、气象人员等。但在后续的调研中，多数管制单位认为应该将 "通导人员" "气象人员" "飞服情报人员" 列在与 "管制人员" 同级的指标体系里，因为在空中交通管理过程中，这些保障人员发挥了与管制员同样重要的作用，安全高效的空中交通服务是由所有保障人员共同保证的。该意见被采纳。

(2) 项目组曾在 "人员" 因素的三级指标里，列举了 "平均工作时长" 指标，目的是利用该指标反映不同管制部门管制员的工作时间。但在后续的调研中发现，民航局空管局对各管制单位管制员规定的在岗工作时间 (话筒指挥时间) 均为 125 小时。然而，管制员实际在管制单位除了要完成一线指挥外，还要参与很多培训项目，如理论培训、心理辅导、扇区资质培训、模拟机培训等。因此，我们将 "平均工作时长" 修改为 "人均培训时长"，并将此指标定义为定性指标，后期采用问卷调查的方式获取数据。

2) 广泛征集各地区空管局的意见，求同存异

目前，多数地区空管局在运行管理中按照总局空管局的要求都有统一的部署和执行，但各地区的空域环境差异明显，人为因素、运行方式又各有特点，因此要求我们建立的指标既具有普遍性，符合空管部门整体的运行规律，又具有特殊性，能够反映出不同地区的差异特点。

例如：

(1) 在反映 "航路监视的先进性" 的四级指标里，有 "应用 ADS 技术的航路所占比例"，其度量方法是：应用 ADS 技术航路数/管制区内的航路总数。调研中发现，在实际运行中，目前只有新疆、西南和中南的部分航路采用了 ADS 的监视技术。项目组考虑该技术的技术优势，认为在未来的几年内，全国地区均会使用 ADS 监视技术来作为雷达监视的补充保障手段，因此仍然将该指标保留。

(2) 在反映 "运行安全" 的三级指标中，有 "管制人员差错" 这一指标。不同地区空管局对此指标的反馈意见差异较大。有的地区认为该指标很重要，在管制过程中，管制员的工作失误是影响航空安全的重要因素之一，管制员的指挥失误或口令失误都会在班组工作日志中加以总结和记录，最终反映到 "QSMS"(质量安全管理系统) 中；有的单位在运行中若发现管制员出现差错，带班主任则及时制止和更正，对屡犯严重差错的管制员以再培训和再考核的方式进行处理，但不会记录具体的差错次数，并认为该数据没有必要对外公开。因此，项目组先将该指标保留下来，若在后续的数据搜集中遇到困难，再将此指标剔除。

3) 指标的度量要素力求准确可行

度量要素是整个指标体系最基础的根基部分。本指标体系的建立运用层次分析法从上至下进行分析，由五个一级关键评估指标逐步延伸出来大量的三、四级指标和相应的度量要素。这些度量要素直接面向数据采集，是量化的基础。合理的度量指标既能反映上级指标的特征，又能直接获得可观可信的数据支持。空有指标体系没有数据就不能量化，有数据却不能反映指标特征等于无效。

例如：

(1) 在反映 "管制人员技术水平" 的下级指标里，我们最初列举了 "不同级别管制员数量" 这一指标，但在后来的调研中发现，该指标并不能真实反映管制员的技术水平。多数管制单位目前采用管制员等级考核的方式来反映管制员的技术水平，而在实际运行中，管制员的主力军多数是四、五级的年轻管制员，而比例占少数的二、三级管制员多数晋升到了管理和培训岗位。考虑到管制工作是一项技术与经验并重的工作，随着管制员工作年限的增长，管制经验不断积累，管制水平也会不断增强，因此我们用 "不同工龄管制员数量" 代替了 "不同级别管制员数量"，并且增加了 "管制员的英语水平" 来反映 "管制员的技术水平"。

(2) 在最初的指标体系中，反映 "区域运行效率" 的下级指标里，我们列举了 "延误率" 和 "延误时间" 两个四级指标。但是在实际调研中发现，该指标是反映机场和航空公司运行效率的关键指标，而空管系统尤其是区调和进近部门是不关注飞机的延误时间的。由于搜集管制区内所有机场的飞机延误率和延误时间数据比较困难，在最终的指标体系中，我们采用 "典型机场的正常放行率" 来反映机场的运行效率。

4) 定性和定量指标择取适当，尽量保留定量指标

从量化结果出发，数据越客观越有利于结果的客观。在层次分析法中，定性指标一般应不超过 20%。因此，在选择和确定度量要素的时候，应该尽可能地选择和确定定量性质的指标。但是一些指标只能是定性指标，因为没有途径取得可信的数据，只能通过专家打分或问卷调查的方式进行模糊评估；有一些定量指标也不能根据实际情况进行数据统计，只能根据行业规定值进行基础数据采集。

例如：

(1) 在 "运行方式" 指标中，最初列举了 "管制方式的合理性" 和 "扇区划分的合理性" 两个定性指标，采用问卷调查的方式，使一线管制员作评价。但是，考虑到 "运行方式" 是反映 "运行" 的重要二级指标，采用问卷的形式进行数据采集较为模糊和片面。因此，最终修改为 "采用程序管制或雷达管制的扇区比例" 和 "扇区流量对比或扇区容量" 两个定量指标来反映。

(2) 在建立 "协调管理" 的指标初期，我们想使用几个定量的下级指标来表示，如 "军民航协调事件的沟通次数" "军民航协调成功率" "民航内部协调成功率" 等。但在调研中发现，协调是管制过程中经常发生的事件，尤其是军民航的协调在空军活动时经常出现，管制单位不会记录具体的协调次数，"成功率" 数据也无法获取。因此，项目组将该指标修改为 "协调协议或协调机制的健全性" 这一定性指标，采用问卷的形式获取数据。

4. 指标体系的第二次改进过程

在本阶段对七大空管局的二次调研中，我们发现尽管指标体系进行了上一周期的讨论和完善，但仍然存在有部分指标的数据由于某种原因而无法搜集或指标的度量要素需要修改的情况。因此，根据本次的调研结果，在整合各地区的数据后，项目组将部分指标或指标的度量要素进行了二次修改。更改或删除的指标包括如下方面。

1) 由于各地区数据相同而没有区分度的指标

A. 人员指标中的人均培训时长

各空管局对新入职人员的培训安排都按照总局空管局统一的时间周期规定而进行，例如，管制员一般经过两年的基础培训、模拟机培训和上岗培训后才能独立进行指挥和发送管制指令；通导人员的单资质培训为 40 小时/年，多资质培训为 60 小时/年；气象人员中的观测人员培训时长为 40 小时/年，预报人员培训时长为 80 小时/年；飞服情报人员的岗位复训时长为 50 小时/年。

B. 设备的冗余度

各地区的通信与监视设备均为 "一主二备三应急"，对于每一套主用设备都会至少有一套设备进行备份，而备份或备件的总量无法统计。因此，各地区通信设备与监视设备的冗余度均为 100%。对于导航设备，目前多数飞机在航路飞行中若遇到导航台失效或故障的情况，均可以使用 GPS 进行定位和导航，因此导航设备冗余度指标在实际运行中没有意义，我们将其删除。

C. 气象信息综合服务网

各地区的气象信息综合服务网均接入全国统一的一套系统，只是进行分地区的维护和管理，因此将该指标删除。

D. 飞行事故数量

飞行事故数量指标很重要，但是该指标历史数据都很小，目前都低于可接受的安全风险水平。2012 年全国各地区均无飞行事故，因此本次评估计算将该指标删除。

E. 运行检查频率

各地区的运行检查次数均根据民航局空管局安全管理部门的要求而统一进行，该指标没有区分度，由此删除。

2) 由于数据无法统计而更改或删除的指标

(1) 数据链通信的空域覆盖率更改为甚高频数据链远端地面站 (RGS) 设备的使用年限。

(2) 卫星通信地面站覆盖率更改为卫星通信地面站 (包括 C 波段和 Ku 波段) 的数量。

(3) 甚高频全向信标系统 (VOR) 的航路覆盖率更改为甚高频全向信标系统 (VOR) 站台设备的使用年限。

(4) 测距系统 (DME) 的航路覆盖率更改为 DME 设备的使用年限。

(1)、(2)、(3)、(4) 个指标，原来都是覆盖率，但在调研过程中发现，航空器运行空域的范围内，都是保证全覆盖的。为使该四项指标具有可比性，故根据情况，改成使用年限或数量。

(5) 动态利用的空域比例。

该指标中涉及军方可释放的空域面积，由于涉密而无法统计，因此将此指标删除。

(6) 制度的修改。

对于规章制度的修改次数和频率，各地区均根据管制现状和相关协议随时更改，修改次数和频率根据需求而定，不做特别的统计，因此将此指标删除。

(7) 班组资源管理。

对于班组资源管理指标，由于西南、西北、东北地区的调研数据缺失，故该指标也被迫删除。

3) 更改度量要素的指标

A. 扇区平均管制员数量

由于我国各地区的管制空域面积、空域复杂度、航班流量、管制方式均存在差异，所以各地区的管制扇区数量的差异较大，若以扇区平均管制员数量进行度量无法体现各地区的人员配置和人员储备的现状。因此，将该指标下的两个三级指标分别修改为"持照管制员数量"和"见习管制员数量"。

B. 人均培训设备指标

各地区空管局的培训包括初始培训和岗位复训，初始培训安排在各地的培训中心，岗位复训一般安排在各管制中心或区域管制中心进行。每个地区的培训设备主要为雷达和程序管制的模拟机，少则十几台，多则二十几台，相对于管制员的数量较少。因此，在数据处理中，将"人均培训设备"用"管制培训设备"来替代。

C. 管制人员技术水平中的英语水平指标

目前，各地区对管制员的英语水平都比较重视，针对尚未通过 ICAO4 考试的管制员提出了不同的激励策略，例如，华北和中南地区对于没有通过该项测试的管制员提出了不允许放单和扣发月工资的管理制度。由于各地区的通过人数不同，整体的管制员数量也不同，因此在数据处理中，以"通过 ICAO4 的管制员比例"来替代"通过 ICAO4 的管制员数量"。

D. 设备的故障次数

通信、导航、监视设备的故障次数修改为"通信、导航、监视设备的故障比率"。原因为各地区管制设备的基数存在明显差异，仅以设备出现故障的次数不能完全说明某地区的设备保障情况，因此将该指标的度量要素修改为"各地区某类设备出现故障的次数/各地区某类设备的数量"。

E. 应用 ADS 技术的航路所占比例

由于各地区航路数量差异较大，将该指标修改为"应用 ADS 技术的航路数量"。

F. ADS 地面站数量

由于该指标与"场面监视雷达设备的机场配备率"同属"终端监视先进性"的四级指标，因此为统一标准，将该指标修改为"ADS 地面站的配备率"，其度量要素为 ADS 地面站数量/管制区内的机场数量。

G. 风廓线雷达数量

由于该指标与"气象雷达设备的机场配备率"同属"气象探测能力"的四级指标，因此为统一标准，将该指标修改为"风廓线雷达的配备率"，其度量要素为风廓线雷达数量/管制区内的机场数量。

H. 航路冲突点

由于各地区管辖空域航路航线数量差异明显，不能仅以各地区空域的冲突点数量来评价空域的复杂程度，因此将该指标的度量要素修改为"管制区域内航路冲突点的数量/各区域内航路航线的数量"。

I. 恶劣天气影响

原体系中将此指标的度量要素定义为"由于恶劣天气而影响的飞行架次"。在实际运行中，由于各地区保障的飞行架次差异巨大，单以数量无法衡量该指标的准确性，因此将其更改为"恶劣天气影响的飞行架次占该地区保障总架次的比例"。

J. 交通密度

原指标的度量要素定义为 "保障架次/常态可使用的航路航线体积"。在实际调研中发现，各地区的高度层只要在安全高度以上的均为可用，只是在相关协议中规定了各扇区应使用的特定高度层，而该数据由于太烦琐而没有进行统计。因此，我们将交通密度指标的度量要素更改为 "保障架次/常态可使用的航路航线里程"。

K. 军航与通航的活动天数

各地区军航与通航的活动时间由于涉密无法公布，因此将该指标更改为 "军航或通航活动占全年的比例"。

L. 管制方式的合理性

原体系中将该指标定义为 "采用程序管制或雷达管制的扇区数量比例"。在实际运行中，我国现有的大多数管制扇区均采用雷达管制的手段和相关规定，只有中西部的少量扇区采用程序管制。因此，我们将该指标的度量要素定义为 "采取程序管制的扇区数量"。

M. 人均 R&D 投入将该指标的度量要素修改为 "各地区科研项目经费总数"。最终的指标体系见表 6.4。

6.2.3 评估数据的处理

根据建立的指标体系和评估目的，评价指标分为定性指标和定量指标两种类型。定性指标采取问卷调查的形式获取；定量指标通过各部门的实际调研和查找民航数据统计获取。指标体系涉及的方面较多，此次调研中走访的部门包括各个空管局的区域管制中心 (区域管制室)、终端管制室 (进近管制室)、管制中心技术室、通导部、气象部、飞行服务中心、人劳部、安全管理部、战略发展部等。其中，问卷调查以各地区空管局管制中心的一线管制员为主，共收到了有效问卷 203 份，包括：华北空管局 28 份 (管制中心 20 份，其他部门 8 份)，华东空管局 27 份 (管制中心 20 份，其他部门 7 份)，中南空管局 30 份 (管制中心 26 份，其他部门 4 份)，西南空管局 29 份 (管制中心 22 份，其他部门 7 份)，西北空管局 30 份 (管制中心 12 份，其他部门 18 份)，东北空管局 29 份 (管制中心 25 份，其他部门 4 份)，新疆空管局 30 份 (管制中心 20 份，其他部门 10 份)。根据收到的样本，可以得出所有定性指标的数据。

1. 评估方法的确定

层次分析法 (the analytic hierarchy process，AHP) 是美国运筹学家、匹兹堡大学 T. L. Saaty 教授于 20 世纪 70 年代初期提出的一种定性分析与定量分析相结合的决策方法，可以将决策者对复杂问题的决策思维过程系统化、模型化、数量化。该方法以其定性与定量相结合来处理各种决策因素的特点，以及其系统灵活简洁的优点迅速得到了广泛的重视和应用。

层次分析法的基本原理是将待评价或识别的复杂问题分解成若干层次，由专家或决策者对所列指标通过重要程度的两两比较逐层进行判断评分，利用计算判断矩阵的特征向量确定下层指标对上层指标的贡献程度或权重，从而得到最基层指标对于总体目标的重要性权重排序。层次分析以其系统性、灵活性、实用性等特点特别适合于多目标、多层次、多因素和多方案的复杂系统的分析决策。

AHP 虽然应用一些简单的数学工具，但从数学原理上有其深刻的内容，从本质上讲是一种思维方式。它把复杂问题分解成各个组成因素，又将这些因素按支配关系分组形成逐阶层次结构。它通过两两比较的方式确定层次中各因素的相对重要性，然后综合决策者的判断，确定决策方案相对重要性的总的排序。整个过程体现了人的决策思维的基本特征，即分解、判断综合。经探讨分析，本节评估数据的流程如图 6.11 所示。

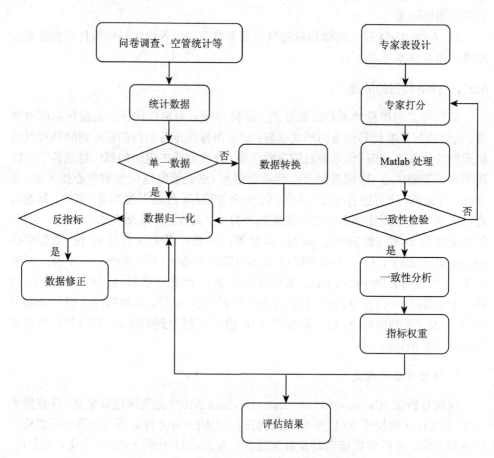

图 6.11　我国空域保障能力综合评估流程图

2. 定性指标数据的量化处理

对于本指标体系中所涉及的 17 项定性指标数据，需要将其转换成定量的数据。例如，单位制度健全性数据，调研所得到的评价结果见表 6.5。

表 6.5　单位制度健全性的统计数据

指标	度量要素	地区	很差	差	一般	好	很好
单位制度的健全性	制度的完整性和全面性	华北	1	3	13	10	1
		华东	1	3	9	12	2
		中南	0	0	10	16	4
		西南	0	0	7	15	7
		西北	0	0	16	11	3
		东北	1	2	9	12	5
		新疆	0	1	9	15	5
		合计	3	9	73	91	27

该指标是一个正指标，即单位指标健全性越好，该指标的计算分值越高。因此，在定性转定量时，可以设定 "很好" "好" "一般" "差" "很差" 的权重分别为 5，4，3，2，1。各个地区的量化值分别为

华北: $(1×1+3×2+13×3+10×4+1×5)/(1+3+13+10+1)=3.25$

华东: $(1×1+3×2+9×3+12×4+2×5)/(1+3+9+12+2)=3.41$

中南: $(0×1+0×2+10×3+16×4+4×5)/(0+0+10+16+4)=3.80$

西南: $(0×1+0×2+7×3+15×4+7×5)/(0+0+7+15+7)=4.00$

西北: $(0×1+0×2+16×3+11×4+3×5)/(0+0+16+11+3)=3.57$

东北: $(1×1+2×2+9×3+12×4+5×5)/(1+2+9+12+5)=3.62$

新疆: $(0×1+1×2+9×3+15×4+5×5)/(0+1+9+15+5)=3.80$

全国: $(3×1+9×2+73×3+91×4+27×5)/(3+9+73+91+27)=3.64$

1) 消除组内差距

组内差距是指评价者所在地区的平均水平系数，即该评价者在所在地区中的相对平均水平，说明评价者在所在地区平均水平中的表现 (或说该评价者对所在地区评估的贡献程度)。为消除组内差距，考虑到负数问题，采用均方差法，以衡量整组数据的变异情况。消除组内差距的步骤如下。

(1) 计算组内差距系数：

$$s_{ij} = \sqrt{\frac{\sum_{j}^{n_i}(x_{ij} - \bar{x}_i)^2}{n_i - 1}} \quad \text{(均方差法)} \tag{6.28}$$

式中，s_{ij} 为第 i 个地区某评价者 j 在本区中的组内差距系数；x_{ij} 为第 i 个地区某评价者 j 的打分值；$\bar{x}_i$ 表示第 i 个地区的平均打分值；n_i 为第 i 个地区的评价者人数。

(2) 消除每个评价者的组内差距：

$$A_{ij} = x_{ij}/s_{ij} \tag{6.29}$$

式中，A_{ij} 为第 i 个地区某评价者 j 在本区中的相对打分值。

2) 消除组间差距

组间差距是各地区之间的水平平均系数，消除组间差距是指消除各区打分值差别后的水平系数，即将不同地区间的差别消除后该评价者的表现情况。消除地区间差距 (组间差距) 的步骤如下。

(1) 计算组间差距系数 (把每个组的平均打分值与总平均打分值比较)：

$$\delta_i = \overline{x}_i/\bar{X} \tag{6.30}$$

(2) 组间差距系数归一化。如果 $\sum \delta \neq n$(组间系数之和不等于地区数 7)，就需要对其归一化：

$$\delta_i' = \delta_i \times \frac{n}{\sum \delta_i} \tag{6.31}$$

(3) 消除每个地区的打分值的组间差距：

$$B_{ij} = x_{ij}/\delta_i' \tag{6.32}$$

式中，B_{ij} 为第 i 个地区某评价者 j 的消除了组间差距的打分值，δ_i' 为归一化的组间差距系数 (本次不需要归一化，直接得到 $B_{ij} = \overline{x_i}/\overline{X}$)。

综合考虑以上两个因素对地区的重要程度，给出相应权重，评价模型为

$$y_{ij} = (\alpha_1 A_{ij} + \alpha_2 B_{ij})/2 \tag{6.33}$$

其中，α_1, α_2 为权重系数；y_{ij} 为相对打分值。

经上述方法计算处理后，得到七个地区的定性指标量化结果，如表 6.6 所示。

3. **定量指标数据的量化处理**

对于定量数据，有一部分是区间数据，比如表 6.6 所示的管制员岗龄结构的数据，是将管制员的数量按照参加工作年限统计的，体现了一个地区管制员年龄结构的合理性，需要将多区间数据转换成单一值数据。根据管制员的经验、能力等因素，将工作年限 0~5 年、5~10 年、11~15 年、16~20 年、20 年以上的权重分别定为 3、4、5、2、1。因此，各地区转换后的数值为

表 6.6 空域保障能力体系定性指标量化结果

项目	华北	华东	中南	西南	西北	东北	新疆
您认为贵单位空中交通管制员的应激水平为多少	1.020	0.966	1.113	1.001	0.927	1.012	0.961
您了解到的贵单位空中交通管制员的工作满意度	0.821	1.037	1.016	0.943	0.996	1.060	1.127
您了解到的贵单位通导、气象、飞服情报运行人员的工作满意度	0.953	1.044	0.983	0.974	1.055	0.906	1.085
您所负责管制扇区的合理性	0.956	1.041	0.940	0.967	0.903	1.069	1.124
贵单位 CDM 技术的应用状况	0.890	0.915	0.867	1.007	0.975	1.111	1.235
贵单位制度的健全性	0.996	1.063	0.946	0.998	0.888	1.076	1.034
贵单位制度细化程度	1.033	0.942	0.955	1.106	0.897	0.984	1.084
贵单位的组织文化建设	0.969	0.942	1.101	0.957	0.999	1.064	0.968
贵单位与相关保障单位协调情况	0.904	1.017	1.059	0.942	0.968	1.117	0.993
贵单位与军航的协调情况	0.873	1.000	0.963	0.926	0.962	1.086	1.192
贵单位与相邻管制单位协调情况	0.960	1.067	0.909	0.912	1.100	1.047	1.005
贵单位与机场、航空公司的协调情况	0.953	0.881	0.976	0.948	0.918	1.186	1.138
地方政府对贵单位的支持度	0.893	1.002	0.887	1.052	1.029	1.037	1.099
贵单位的运行工作记录情况	1.081	1.045	0.971	0.981	0.987	0.948	0.987
贵单位的工作讲评分析情况	1.022	0.986	0.953	0.905	1.023	1.114	0.998
贵单位运行检查方式的合理性	1.058	1.065	0.913	1.003	0.931	0.973	1.056
贵单位对应用新技术的重视度	0.918	1.002	0.931	0.997	0.986	1.160	1.006

华北: $(294\times3+189\times4+52\times5+30\times2+7\times1)/(294+189+52+30+7)=3.44$

华东: $(700\times3+433\times4+200\times5+179\times2+91\times1)/(700+433+200+179+91)=3.29$

中南: $(143\times3+181\times4+63\times5+103\times2+43\times1)/(143+181+63+103+43)=3.22$

西南: $(202\times3+92\times4+42\times5+7\times2+1\times1)/(202+92+42+7+1)=3.49$

西北: $(131\times3+87\times4+27\times5+29\times2+39\times1)/(131+87+27+29+39)=3.11$

东北: $(151\times3+89\times4+45\times5+50\times2+33\times1)/(151+89+45+50+33)=3.17$

新疆: $(88\times3+40\times4+9\times5+17\times2+5\times1)/(88+40+9+17+5)=3.19$

经过上面的处理,把所有要素的值都转换成单一的数值,就可以进行归一化处理,也即将有量纲的值经过转换,化成无量纲的值,成为纯量。归一化的方法有多种,如平均值法、几何平均法、均方差值法等。我们将每个地区的分值除以整体的分值总和进行归一,可以得到

华北:$3.44/22.91=0.1502$

华东:$3.29/22.91=0.1436$

中南:$3.22/22.91=0.1405$

西南:$3.49/22.91=0.1523$

西北:3.11/22.91=0.1357

东北:3.17/22.91=0.1384

新疆:3.19/22.91=0.1392

4. 逆指标的修正

正指标是指因素指标值越大,方案越优的因素指标;逆指标是指因素指标值越小,方案越优的因素指标。在指标体系中,空管原因飞行事故率、保障设备故障次数等指标都是逆指标。因此,需要对逆指标修正,转换成正指标。例如,恶劣天气影响的飞行架次率的原始数据如表 6.7 所示。

表 6.7　恶劣天气影响原始数据

指标	度量要素	地区	原始分值
		华北	0.0074
		华东	0.0041
		中南	0.0031
恶劣天气影响	恶劣天气影响的飞行架次/ 保障飞行的总架次	西南	0.0009
		西北	0.0046
		东北	0.0023
		新疆	0.0038

该指标是一个反指标,在处理的时候,通过 $1 - a_i$ 来计算修正,再将修正后的每个地区的分值除以整体的分值总和进行归一,即得到各地区在该指标的分值结果:

华北: $(1 - 0.0074)/(7 - 0.0074 - 0.0041 - 0.0031 - 0.0009 - 0.0046 - 0.0023 - 0.0038) = 0.1423$;

华东: $(1 - 0.0041)/(7 - 0.0074 - 0.0041 - 0.0031 - 0.0009 - 0.0046 - 0.0023 - 0.0038) = 0.1428$;

中南: $(1 - 0.0031)/(7 - 0.0074 - 0.0041 - 0.0031 - 0.0009 - 0.0046 - 0.0023 - 0.0038) = 0.1429$;

西南: $(1 - 0.0009)/(7 - 0.0074 - 0.0041 - 0.0031 - 0.0009 - 0.0046 - 0.0023 - 0.0038) = 0.1433$;

西北: $(1 - 0.0046)/(7 - 0.0074 - 0.0041 - 0.0031 - 0.0009 - 0.0046 - 0.0023 - 0.0038) = 0.1427$;

东北: $(1 - 0.0023)/(7 - 0.0074 - 0.0041 - 0.0031 - 0.0009 - 0.0046 - 0.0023 - 0.0038) = 0.1431$;

新疆: $(1 - 0.0038)/(7 - 0.0074 - 0.0041 - 0.0031 - 0.0009 - 0.0046 - 0.0023 - 0.0038) = 0.1428$。

5. 评估参数和权重的确定

1) 确定权重采用的方法

由于本项目评估是一个多指标综合评价问题,所以我们选用了定量与定性相结合的层次分析法来决定权重。在多指标综合评价过程中,由于不同的指标所包含的评价含义或者评价信息量不尽相同,所以需要根据评价目标与指标特点给每一指标确定其权值。一般来说,越是重要的评价指标 (即与评价目标关系越密切),就越应该赋予更大的权数。因此,权数是衡量单个评价指标在整个评价体系中相对重要程度的一个测度。

同一般评估方法相比,层次分析法是一种更有新意的专门方法,在评估技术中有着特殊的地位。尽管计量分析方法已经引起了人们的重视,并且其应用范围也在不断拓展,但在评价实践中,特别是微观评价中,基于专家知识的同行评议方法仍然是最主要的评价方法。在评价过程中,如何充分发挥专家的经验和智慧,同时又避免专家判断的主观性和随意性,便成为一个非常重要的问题。层次分析法及其所提出的两两比较构建判断矩阵的思想正是一种既能适应各种对象评价又能充分利用专家经验和智慧的有效方法,它的应用可以使评价系统从无结构向结构化和有序状态转化,因而有着重要的应用价值。以评估我国空域保障能力的五个一级指标为例,层次分析的结构模型如图 6.12 所示。

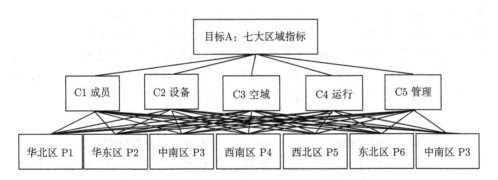

图 6.12　层次结构模型

权重是一个相对的概念,是针对某一指标而言的。某一指标的权重是指该指标在整体评价中的相对重要程度。权重表示在评价过程中,被评价对象的不同侧面重要程度的定量分配。根据指标体系的特点,采用德尔菲法和层次分析法,向业内资深专家发放专家意见调查表,分析各指标的权重系数。

2) 专家意见调查表的设计

在应用层次分析法时,设计一个科学合理的专家意见调查表是十分关键的,遗憾的是关于层次分析法研究中很少有文献涉及这部分内容。为了解决问题,使专家尽可能地将时间放在问题的思考而不是对表格的理解上，课题组对调查表格进行了改进。表 6.8 为设计的问卷调查中关于一级指标权重的表格。

表 6.8   评价我国空域保障能力的五个一级指标的两两比较

两个需要比较的指标 等级	同等重要	较重要		重要		很重要		非常重要	
	1	2	3	4	5	6	7	8	9
(A) 人员 (B) 设备	AB								
(A) 人员 (B) 空域		A							
(A) 人员 (B) 运行			A						
(A) 人员 (B) 管理	AB								
(A) 设备 (B) 空域	AB								
(A) 设备 (B) 运行		A							
(A) 设备 (B) 管理		A							
(A) 空域 (B) 运行			A						
(A) 空域 (B) 管理		A							
(A) 运行 (B) 管理	AB								

调研表格的设计借鉴了模糊标度方法，表格右边的空白处从左到右重要性依次递增，专家对表中的指标两两比较其相对重要性，并将认为重要的指标代码 (A 或 B) 填在相应的位置。从左到右共区分出了 9 个列，根据专家将指标代码填在了哪一列就可以将列数转化成判断矩阵中的数值 (A 取原值，B 取倒数)。如果专家认为 A、B 两个指标同等重要，就在 "同等重要" 下面的相应位置填入 "AB"。问卷回收后的分析表明，该表格易于理解和操作，区分度清晰，取得了满意的效果。表中内容是某专家对 "空域保障能力" 五个一级指标的相对重要性的比较结果。

3) 专家权重打分数据的处理

本次研究共收回各地区 208 份有效问卷，由于专家问卷答案差异较大，构建群组决策的综合判断矩阵很困难，因此，本项目直接对满足一致性要求的专家判断结果进行合成，采用一致性分析方法，对每项指标的专家评分进行中位数处理，得出一组满足检验的专家判断矩阵。例如，根据表 6.8 所示的相对重要性比较结果，可以得到一级指标的判断矩阵为

$$A = \begin{bmatrix} 1 & 1 & 2 & 3 & 1 \\ 1 & 1 & 1 & 2 & 2 \\ 1/2 & 1 & 1 & 3 & 2 \\ 1/3 & 1/2 & 1/2 & 1 & 1 \\ 1 & 1/2 & 1/2 & 1 & 1 \end{bmatrix}$$

利用 Matlab 软件求出矩阵 A 的最大特征根及相应的特征向量为

$$\lambda_{\max} = 5.2099 \tag{6.34}$$

随即进行一致性检验：

$$\text{CI} = \frac{\lambda_{\max} - n}{n - 1} = \frac{5.2099 - 5}{5 - 1} = 0.0525 \tag{6.35}$$

当 $n = 5$ 时，RI= 1.1200，故 CR=CI/RI=0.0469<0.1。由于 CR< 0.1，通过一致性检验。对特征向量进行归一化处理，得到各因素的权重向量为

$$W = [0.2765, 0.2400, 0.2333, 0.1037, 0.1465]^{\text{T}}$$

以此类推，可以计算出所有指标的权重，如表 6.9 所示。

得到上述每项指标的权重系数后，再将之与各定性或定量指标的量化分值相乘，就可以得出每项指标的评估分值。

表 6.9　我国空域保障能力指标体系指标权重系数表

一级指标	1 级权重	二级指标	2 级权重	三级指标	3 级权重	四级指标	4 级权重	总权重
人员	0.2765	管制人员	0.4336	管制员数量	0.3228	持照管制员数量	0.5000	0.0194
						见习管制员数量	0.5000	0.0194
				管制培训设备	0.2447			0.0293
				技术水平	0.1854	管制员工龄	0.5000	0.0111
						英语水平	0.5000	0.0111
				应激水平	0.1405			0.0168
				工作满意度	0.1066			0.0128
		通导人员	0.1948	持照人数	0.4126			0.0222
				工龄	0.3275			0.0176
				工作满意度	0.2599			0.0140
		气象人员	0.1768	持照人数	0.4126			0.0202
				工龄	0.3275			0.0160
				工作满意度	0.2599			0.0127
		飞服情报人员	0.1948	持照人数	0.4126			0.0222
				工龄	0.3275			0.0176
				工作满意度	0.2599			0.0140

续表

一级指标	1 级权重	二级指标	2 级权重	三级指标	3 级权重	四级指标	4 级权重	总权重
设备	0.2400	通信设备	0.2974	通信设备可用性	0.3000	通信设备的故障比率	0.4934	0.0106
						通信设备保障率	0.3108	0.0067
						通信设备完好率	0.1958	0.0042
				通信设备先进性	0.7000	甚高频（VHF）地空通信系统的覆盖率	0.4336	0.0217
						数据链通信空域覆盖率甚高频数据链远端地面站（RGS）设备已使用年限	0.1768	0.0088
						卫星通信地面站的数量	0.1948	0.0097
						通信信号的多重覆盖率	0.1948	0.0097
		导航设备	0.2864	导航设备可用性	0.4126	导航设备的故障比率	0.4934	0.0140
						导航设备保障率	0.3108	0.0088
						导航设备完好率	0.1958	0.0056
				航路导航先进性	0.3275	甚高频全向新标系统（VOR）的站台使用年限	0.4126	0.0093
						测距系统（DME）的站台使用年限	0.3275	0.0074
						PBN 航路数量	0.2599	0.0059
				终端导航先进性	0.2599	Ⅰ类仪表着陆系统的跑道配备率	0.4934	0.0088
						Ⅱ类仪表着陆系统的跑道配备率	0.3108	0.0056
						有 PBN 飞行程序机场的比例	0.1958	0.0035

续表

一级指标	1级权重	二级指标	2级权重	三级指标	3级权重	四级指标	4级权重	总权重
设备	0.2400	监视设备	0.2863	监视设备可用性	0.5499	监视设备的故障比率	0.4934	0.0186
						监视设备保障率	0.3108	0.0117
						监视设备完好率	0.1958	0.0074
				航路监视先进性	0.2098	一次雷达信号空域覆盖率	0.3397	0.0049
						二次雷达信号空域覆盖率	0.2809	0.0040
						雷达信号的多重覆盖率	0.239	0.0034
						应用ADS技术的航路数量	0.1404	0.0020
				终端监视先进性	0.2403	场面监视雷达设备机场配备率	0.7000	0.0116
						ADS地面站配备率	0.3000	0.0050
		气象设备	0.1299	气象探测能力	0.4126	装备气象雷达设备的机场比例	0.7000	0.0090
						装备气象自动观测系统设备的机场比例	0.3000	0.0039
				气象信息处理和交换能力	0.2599	风廓线雷达配备率	0.3000	0.0024
						气象数据库系统	0.7000	0.0057
				气象预报和服务能力	0.3275			0.0102
空域	0.2333	空域结构条件	0.4126	航路冲突点	0.3874			0.0373
				进离场分离	0.4434			0.0427
				恶劣天气影响	0.1692			0.0163
		空域可使用性	0.3275	可用航路航线	0.4195			0.0321
				交通密度	0.2966			0.0227
				军方活动	0.2097			0.0160
				通航活动	0.0742			0.0057
		空域动态利用性	0.2599	动态航线的利用时间	0.3000			0.0182
				临时航线数量	0.7000			0.0424

一级指标	1 级权重	二级指标	2 级权重	三级指标	3 级权重	四级指标	4 级权重	总权重
运行	0.1037	运行安全	0.7285	事故征候数量	0.7000			0.0529
				管制人员差错	0.3000			0.0227
		运行效率	0.1626	区域运行效率	0.4126	人均区域保障架次	0.5000	0.0035
						区域管制间隔	0.5000	0.0035
				进近运行效率	0.3275	人均进近保障架次	0.5000	0.0028
						进近管制间隔	0.5000	0.0028
				机场运行效率	0.2599	人均塔台保障架次	0.3437	0.0015
						典型机场跑道平均滑行时间	0.2397	0.0011
						典型机场平均高峰小时架次	0.1817	0.0008
						平均跑道数	0.1284	0.0006
						正常放行率	0.1065	0.0005
		运行方式	0.1089	管制方式合理性	0.5359			0.0061
				扇区划分合理性	0.3269			0.0037
				辅助决策能力	0.1372			0.0015
管理	0.1465	制度管理	0.3228	制度健全性	0.5000			0.0236
				制度细化程度	0.5000			0.0236
		组织管理	0.2446	管制人员流失率	0.5279			0.0189
				管制人员流动性	0.3325			0.0119
				组织文化	0.1396			0.0050
		协调管理	0.1854	与相关保障单位的协调	0.2308			0.0063
				与军航的协调	0.3489			0.0095
				与相邻管制单位的协调	0.2332			0.0063
				与机场、航空公司的协调	0.1066			0.0029
				地方政府支持度	0.0805			0.0022

续表

一级指标	1级权重	二级指标	2级权重	三级指标	3级权重	四级指标	4级权重	总权重
管理	0.1465	过程管理	0.1405	运行记录	0.6000	工作记录	0.4000	0.0049
						讲评分析	0.6000	0.0074
				运行检查方式	0.4000			0.0082
		创新能力管理	0.1065	R&D 投入	0.4934			0.0077
				新技术重视度	0.3108			0.0048
				创新成果	0.1958			0.0031

6.2.4 评估结果

综合以上分析,各地区的得分和综合排名如表 6.10 所示。

表 6.10 空域保障能力一级指标及总体分值排名

一级指标	项目	华北	华东	中南	西南	西北	东北	新疆
人员	评价值	0.039990	0.060127	0.040972	0.041280	0.032716	0.032704	0.028697
	排序	4	1	3	2	5	6	7
设备	评价值	0.042513	0.040593	0.036451	0.034604	0.036350	0.025124	0.024365
	排序	1	2	3	5	4	6	7
空域	评价值	0.047138	0.055088	0.041453	0.038678	0.021039	0.013029	0.016875
	排序	2	1	3	4	5	7	6
运行	评价值	0.015587	0.014963	0.015100	0.014869	0.014677	0.014144	0.014360
	排序	1	3	2	4	5	7	6
管理	评价值	0.020829	0.021910	0.020301	0.022057	0.018876	0.021462	0.021035
	排序	5	2	6	1	7	3	4
总分	评价值	0.1661	0.1927	0.1543	0.1515	0.1237	0.1065	0.1053
	排序	2	1	3	4	5	6	7

从排名结果和过程分析上,可以看出七大地区各有各的特点。华北地区的设备资源配备、运行效率方面都很好,但由于是首都所在地,部门之间的限制条件较多,在人员和管理方面上有待提高。华东地区一是基础设施和人员配备上具备得天独厚的优势,二是管理和运行上有一定灵活性,三是各项指标比较均衡,故在综合排名中最高。中南地区排名第三,其在人员、设备空域和运行方面的得分都比较高,但是在管理指标方面的得分较低,从数据上分析,中南地区的管制和行政人员对运行记录和检查方式的主观评价不高。西南地区各方面比较均衡,尤其是人员和管理指标上的得分较高,证明在其管理体系上有着可以借鉴的特点。东北、新疆、西北

地区因为覆盖区域广,地形条件复杂,气候条件恶劣等因素不好,基础设施前期投入少,近几年空管才开始逐步发展,所以总体上分值落后于前几个地区,需要今后根据流量的增长,逐步加强基础设施的建设和人员的配备。

为了更加全面地分析评估我国空域保障能力,课题组采用国内先进水平值建立评估标杆,进行量化评估,即从整个评估指标体系中取每一个指标第四级指标中得分最高项的值作为基础数据,认为这是目前在我国空管体制现状和空域现状等环境要素基础上,空管系统所能达到的最好值,各个地区从理论上都是可以达到该水平的。以该值为标杆,对基础数据用综合评价方法计算出人员、设备、空域、运行、管理以及总分的最大值,把这个最大值作为国内先进水平值,然后计算出我国目前的空域保障系统的国内先进水平值,如表 6.11 所示。表中数值实际体现的是一个在该项指标上,各地区距离最好指标之间的差异程度。差异程度越大,最后的评估得分越小。各地区在该项指标上发展水平越接近,该评估值就越高。所以,以目前达到最好的现状作为标杆值,实际得到的就是各地区空管系统发展水平的差异程度。

表 6.11　各区域空管发展的国内水平值

区域	人员		设备		空域		运行		管理		总分	
	评估值	国内水平值	评估值	国内水平值	评估值	国内水平值	评估值	国内水平值	评估值	国内水平值	评估值	国内水平值
华北	0.04	62.74%	0.0425	64.01%	0.0471	61.61%	0.0156	92.69%	0.0208	86.90%	0.1661	67.12%
华东	0.0601	94.33%	0.0406	61.12%	0.0551	72.01%	0.015	88.98%	0.0219	91.41%	0.1927	77.87%
中南	0.041	64.28%	0.0365	54.88%	0.0415	54.18%	0.0151	89.79%	0.0203	84.70%	0.1543	62.36%
西南	0.0413	64.76%	0.0346	52.10%	0.0387	50.56%	0.0149	88.42%	0.0221	92.03%	0.1515	61.22%
西北	0.0327	51.32%	0.0364	54.73%	0.021	27.50%	0.0147	87.28%	0.0189	78.75%	0.1237	49.99%
东北	0.0327	51.31%	0.0251	37.83%	0.013	17.03%	0.0141	84.11%	0.0215	89.54%	0.1065	43.04%
新疆	0.0287	45.02%	0.0244	36.68%	0.0169	22.06%	0.0144	85.39%	0.021	87.76%	0.1053	42.55%
标杆值	0.0637		0.0664		0.0765		0.0168		0.024		0.2475	

如表中数据所示,例如,人员指标,国内先进水平的标杆值是 0.0637,各地区与标杆值相比,以一百分为满分,得到华北、华东、中南、西南、西北、东北、新疆七个地区的运行指挥体系国内先进水平值分别为 62.74、94.33、64.28、64.76、51.32、51.31 和 45.02,说明华东地区在人员指标上已接近全国的最佳水平,并相比其他地区有着较明显的优势。按此分析,以总分的标杆值 0.2475 为百分标准,各地区的得分分别为 67.12、77.87、62.36、61.22、49.99、43.04、42.55。

表 6.10 和表 6.11 中的数据体现了 2012 年各地区的空域保障的水平和能力,在一定程度上,可作为分地区比较和相互借鉴的参考。

6.3 航路交叉点的复杂度评估

6.3.1 航路交叉点复杂度模型构建

空中交通复杂性是在某一时间点或时间段内，对一给定的空域、扇区或航路系统，综合其结构特征及交通流特征形成的对该系统空中交通内在秩序的客观描述。经过广泛的文献阅读和整理，以及多次与空域中心专家进行讨论，结合空域实际运行特征，建立了交叉点复杂度计算模型。

影响空中交叉点复杂度的因素中，对管制员的指挥影响最大的就是交叉点的每一条航段的每小时流量。因此，空中交叉点复杂度主要是通过交叉点处每个航段的小时流量来体现的。本节分别对交叉点的东向与西向复杂度进行建模。如图 6.13 所示，n 条航路向东方向汇聚在交叉点 q，如图 6.14 所示，m 条航路向西方向汇聚在交叉点 q，建立模型如下。

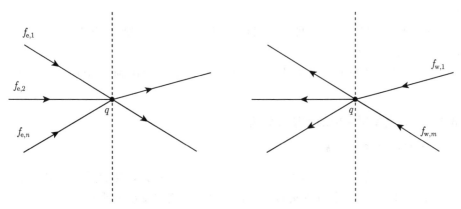

图 6.13　交叉点向东航行示意图　　　　图 6.14　交叉点向西航行示意图

$$\text{Comp}_{e,q,t} = \sum_{j=i+1}^{n} \sum_{i=1}^{m-1} \sum_{l=1}^{9} (f_{ei,q,t,l} \cdot f_{ej,q,t,l}) l \tag{6.36}$$

$$\text{Comp}_{w,q,t} = \sum_{j=i+1}^{m} \sum_{i=1}^{m-1} \sum_{l=1}^{9} (f_{wi,q,t,l} \cdot f_{wj,q,t,l}) \tag{6.37}$$

$$\text{Comp}_{q,t} = \text{Comp}_{e,q,t} + \text{Comp}_{w,q,t} \tag{6.38}$$

$$\text{Comp}_q = \sum_{t=00:00}^{t=23:00} (k_t \cdot \text{Comp}_{q,t}) \tag{6.39}$$

参数释义：

$f_{ei,q,t,l}$, $f_{ej,q,t,l}$ 分别表示在单位时间 t, 交叉点 q 的第 i 条航路在高度层 l 向东方向的流量和在单位时间 t, 交叉点 q 的第 j 条航路在高度层 l 向东方向的流量 $(i, j = 1, \cdots, n)$。

$f_{wi,q,t,l}$, $f_{wj,q,t,l}$ 分别表示在单位时间 t, 交叉点 q 的第 i 条航路在高度层 l 向西方向的流量和在单位时间 t, 交叉点 q 的第 j 条航路在高度层 l 向西方向的流量 $(i, j = 1, \cdots, m)$。

$\text{Comp}_{e,q,t}$ 表示 t 时间内, 向东方向汇聚在第 q 个交叉点的复杂度值。

$\text{Comp}_{w,q,t}$ 表示 t 时间内, 向西方向汇聚在第 q 个交叉点的复杂度值。

$\text{Comp}_{q,t}$ 表示 t 时间内, 第 q 个交叉点整体的复杂度值。

k_t 表示 t 时间内, 根据流量情况所赋予的复杂性权重。

Comp_q 表示第 q 个交叉点的总体复杂度值。

原则说明:

i, j 的确定准则为当两条航路间交角小于 $30°$ 时, 算作同一条航路 (流量计算到一条);

l 即取值范围为 $1 \sim 9$, 即向西可用高度层为 9 层 (7200m 含以上), 向东可用高度层为 9 层 (7500m 含以上);

t 的选取为最繁忙一天中从世界协调时 00:00～01:00 到 23:00～00:00 的单位小时。

6.3.2 复杂度模型参数的敏感性分析

1. 航段流量平均增加

为验证交叉点每一个航段流量平均分配且平均增加对复杂度的影响, 使用交叉点结构如图 6.14 所示进行实验仿真。因为东西复杂度模型相同, 以下仿真过程只考虑向东方向的复杂度。仿真数据如表 6.12 所示, 表中每列表示每次仿真时三段航段的每小时流量, 每条航段流量从 0 开始平均增加, 进而去研究流量增加对复杂度的影响。

表 6.12　三条航段的每小时流量

	某 1 小时流量取值								
$f_{e,1}$	0	1	2	3	$\cdots$	27	28	29	30
$f_{e,2}$	0	1	2	3	$\cdots$	27	28	29	30
$f_{e,3}$	0	1	2	3	$\cdots$	27	28	29	30

经过使用 Matlab 进行软件计算分析, 当航路交叉点结构一定时, 每一条航段的每小时流量平均增加时, 流量越大, 每小时的复杂度越大。仿真结果见图 6.15。

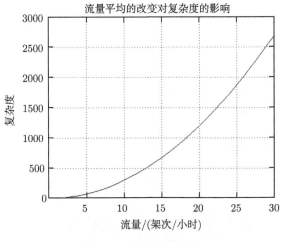

图 6.15 流量平均增加

2. 航段流量不均衡分布

为验证当交叉点小时流量为固定值时，交叉点航段小时流量不均衡分布时复杂度的性质，此次仿真使用交叉点结构如图 6.16 所示。仿真条件为两条航段每小时流量总数为定值 N 架次/小时，N 取值范围为 0~100，两条航段的小时流量和为 N，一条航段的小时流量从 $0 \sim N$ 取值，另一条航段小时流量为余值。进而去研究交叉点每小时流量为定值时，两条航段小时流量分布情况对复杂度的影响。

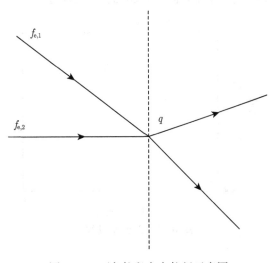

图 6.16 两条航段向东航行示意图

Matlab 仿真结果如图 6.17 所示。结果表明，当空中交叉点结构一定，小时流量总数一定时，各航段流量分布越均匀，复杂度越大。

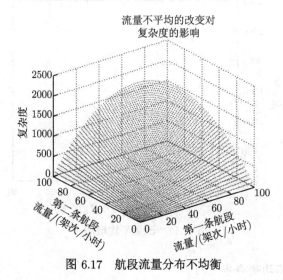

图 6.17 航段流量分布不均衡

3. 交叉点航段数改变

为验证当交叉点小，流量相同时，交叉点分支航段不相等时复杂度的性质，设定仿真条件为：空中交叉点小时流量总数为 100 架次/小时，向东航行的航段数从 2 到 5 增加。仿真结果如图 6.18 所示。结论表明，当交叉点总流量为定值时，随着航段数的增加，复杂度也在增加，但是增加的幅度在减小。

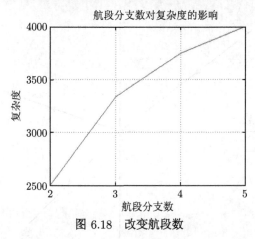

图 6.18 改变航段数

4. 交叉点每小时流量随机分布

为验证当交叉点结构相同以及小时流量相同时，交叉点分支航段小时流量随机分布时复杂度的性质，此次仿真使用交叉点结构如图 6.16 所示。仿真条件为，交叉点日流量 400 架次，研究时间为 8 点至 24 点 (16 个小时)，当 400 架次在每小时分布不均衡时对复杂度的影响，仿真结果如图 6.19 所示。结果表示，当全天航班流量为定值时，交叉点每小时流量分布得越不均衡，复杂度越大。

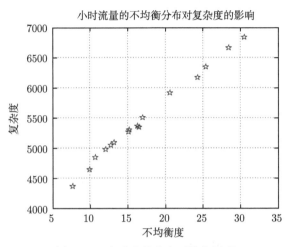

图 6.19 小时流量分布不均衡因素

6.3.3 航路典型交叉点复杂度的评估结果

航路典型交叉点复杂度的评估结果见表 6.13。

表 6.13 评估结果

	航路点名称	日流量	总复杂度
魏县	WXI	1025	9991
天河	WHA	1321	9580
商县	SHX	893	5804
PAVTU	PAVTU	1195	7006
龙口	LKO	1218	4764
MAMSI	MAMSI	1042	5891
老粮仓	LLC	740	3366
向塘	KHN	452	2420
溧水	OLRIS	455	2028
合流水	DS	572	3378
恩施	ENH	929	1560
桐庐	TOL	470	1988
骆岗	HFE	622	1254
大王庄	VYK	456	1389
张家界	DYG	475	1799

	航路点名称	日流量	总复杂度
薛家岛	XDX	374	814
蟠龙	PLT	449	449
五凤溪	WFX	329	859
周口	ZHO	540	1196
太原	TYN	367	990
P215	P215	442	1545
怀柔	HUR	382	1170
芷江	ZHJ	331	781
烟庄	ZS	496	1373
长武	HO	334	402
宁陕	NSH	537	447
黄城	HCH	450	737
富家场	FJG	138	280
KAKMI	KAKMI	194	209
AGULU	AGULU	226	231
宜宾	YBN	174	393
库车	XKC	130	106
叙永	XYO	410	146
ANSAR	ANSAR	235	235
PANKO	PANKO	180	179
阜康	FKG	90	37

6.4 航路交叉点的安全风险评估

6.4.1 航路交叉点碰撞风险模型建立

在对几种经典碰撞风险模型及评估近距平行跑道运行安全模型的建模思想、建模步骤进行详细的研究后, 最终采用基于位置误差概率碰撞风险模型的思想, 建立航路交叉点碰撞风险模型。

1. 碰撞风险模型基本思想

飞机在空中飞行过程中, 关于飞机位置的确定, 对于飞行员和管制员来说是不相同的。对于飞行员来说, 通常是通过飞机自带的仪表来确定其位置的, 而对于管制员来说, 主要是通过雷达或者是与飞行员通话来确定飞机的位置。而每架飞机都存在位置误差, 那么在相邻两架飞机之间的间隔也就存在着差异, 这种间隔的大小直接影响到飞机之间实际的位置距离, 也就体现在两机的碰撞风险大小。因而, 研究两机的碰撞风险就可以从两机之间的实际距离入手建立碰撞风险模型。

设 $D(t)$ 表示两架飞机的显示距离, 则在时间 t 时, 两架飞机之间的距离关系

为

$$D(t) = D'(t) - \varepsilon(t) \tag{6.40}$$

其中，$D'(t)$ 表示在 t 时刻两架飞机的实际位置之间的距离；$\varepsilon(t)$ 表示两架飞机实际位置距离和通过仪表显示而得出的位置距离之间的误差。当误差服从正态分布时，上式可以使用概率密度函数来求解。由概率论的基本原理，确定实际距离 $D'(t)$ 的概率密度函数为 $f_D(x)$，对这个概率密度函数进行积分，就能得出此时飞机之间发生冲突的概率：

$$P(t) = \int_{-d}^{d} f_D(x)\mathrm{d}x \tag{6.41}$$

其中，$P(t)$ 代表在 t 时刻两机之间的碰撞风险概率；d 代表两机之间的碰撞距离，即当两机之间距离在 $-d$ 到 d 之间时，则代表两机发生碰撞。

2. 碰撞风险区

两架飞机在同一高度层过航路交叉点时，有两种可能，一种是交叉飞行，一种是汇聚飞行，如图 6.20 所示。

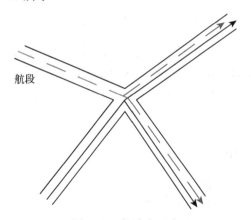

图 6.20 航路交叉点

两架飞机在同一高度层交叉飞行时，在交叉点周围定义一个碰撞风险区，如图 6.21 所示，称四边形 $ABCD$ 为该交叉点的碰撞风险区。S 为航路上规定的最小侧向间隔，碰撞风险区的大小由 S 确定。坐标轴的方向是相对方向，不代表磁航向。

图 6.21 中，在 $\triangle AOB$ 中，因为 $\angle AOB < 90°$，此时认为 OA、OB 的长就是 OA_1、OB_1，$OA_1 = OB_1 = \dfrac{S}{\sin(\pi - \alpha_1 - \alpha_2)}$，在 $\triangle BOC$ 中，此时认为 OB、OC 的长就是 OB_2、OC_1，因为 $\angle BOC \geqslant 90°$，所以，$OB_2 = OC_1 = S$，同理得 $OC_2 = OD_1 =$

$S, OD_2 = OA_2 = \dfrac{S}{\sin(\alpha_1 + \alpha_4)}$。$OA = \max\{OA_1, OA_2\}$, $OB = \max\{OB_1, OB_2\}$, $OC = \max\{OC_1, OC_2\}$, $OD = \max\{OD_1, OD_2\}$。

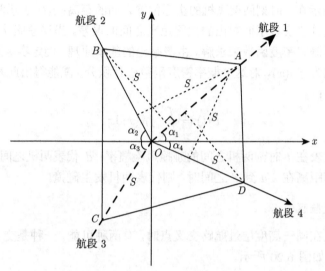

图 6.21　交叉飞行碰撞风险区

两架飞机在同一高度层汇聚飞行时，在汇聚点周围定义一个碰撞风险区，如图 6.22 所示，称三角形 ABC 为该交叉点的碰撞风险区。S 为航路上规定的最小侧向间隔，碰撞风险区的大小由 S 确定。

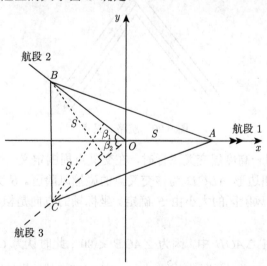

图 6.22　汇聚飞行碰撞风险区

图 6.22 中, $OA = S$, 若 $\angle BOC \geqslant 90°$, 则 $OB = OC = S$; 若 $\angle BOC < 90°$, 则 $OB = OC = \dfrac{S}{\sin(\beta_1 + \beta_2)}$。

3. 基本假设和参数定义

基本假设:

(1) 假设两架飞机同时进入碰撞风险区;

(2) 假设两架飞机长宽高相同;

(3) 假设运行中没有管制参与;

(4) 假设两机匀速飞行。

参数定义:

λ_x: 飞机机身长;

λ_y: 飞机翼展长;

V_1: 飞机 1 的速度;

V_2: 飞机 2 的速度;

σ_x^2: 飞机在航路上的纵向位置误差;

σ_y^2: 飞机在航路上的侧向位置误差;

N_{ij}: 每飞行小时由航段 i 到航段 j 的流量;

q: 交叉点所占高度层数;

S: 最小侧向间隔标准;

ϕ_i: 航段 i 磁航向。

4. 飞机交叉飞行相关理论位置研究

1) 第一种形式交叉飞行相关理论位置研究

根据最小侧向间隔和各个航段的磁航向,确定出碰撞风险区,如图 6.23 所示,其中 $L_1, \cdots, L_4$ 分别表示原点到碰撞风险区各个顶点的距离。t 表示两架飞机进入碰撞风险区后的时刻,$t \in \left[0, \min\left\{\dfrac{L_1 + L_3}{V_1}, \dfrac{L_2 + L_4}{V_2}\right\}\right]$。$L_x(t)$ 表示在 t 时刻,两架飞机的纵向距离,$L_y(t)$ 表示在 t 时刻,两架飞机的侧向距离。

(1) 若 $\dfrac{L_1 + L_3}{V_1} \leqslant \dfrac{L_2}{V_2}$,则 $t \in \left[0, \dfrac{L_1 + L_3}{V_1}\right]$,两机相对位置关系为

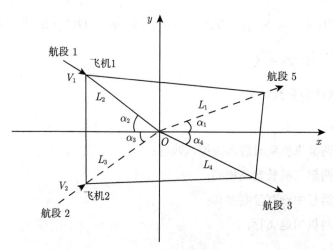

图 6.23 交叉飞行示意图

$$L_x(t) = \begin{cases} (L_3 - V_1 t)\cos\alpha_3 - (L_2 - V_2 t)\cos\alpha_2, & 0 \leqslant t \leqslant \dfrac{L_3}{V_1} \\ V_1\left(t - \dfrac{L_3}{V_1}\right)\cos\alpha_1 + (L_2 - V_2 t)\cos\alpha_2, & \dfrac{L_3}{V_1} < t \leqslant \dfrac{L_1 + L_3}{V_1} \end{cases} \tag{6.42}$$

$$L_y(t) = \begin{cases} (L_3 - V_1 t)\sin\alpha_3 + (L_2 - V_2 t)\sin\alpha_2, & 0 \leqslant t \leqslant \dfrac{L_3}{V_1} \\ V_1\left(t - \dfrac{L_3}{V_1}\right)\sin\alpha_1 - (L_2 - V_2 t)\sin\alpha_2, & \dfrac{L_3}{V_1} < t \leqslant \dfrac{L_1 + L_3}{V_1} \end{cases} \tag{6.43}$$

(2) 若 $\dfrac{L_3}{V_1} \leqslant \dfrac{L_2}{V_2} \leqslant \dfrac{L_1 + L_3}{V_1} \leqslant \dfrac{L_2 + L_4}{V_2}$，则 $t \in \left[0, \dfrac{L_1 + L_3}{V_1}\right]$，两机相对位置关系为

$$L_x(t) = \begin{cases} (L_3 - V_1 t)\cos\alpha_3 - (L_2 - V_2 t)\cos\alpha_2, & 0 \leqslant t \leqslant \dfrac{L_3}{V_1} \\ V_1\left(t - \dfrac{L_3}{V_1}\right)\cos\alpha_1 + (L_2 - V_2 t)\cos\alpha_2, & \dfrac{L_3}{V_1} < t \leqslant \dfrac{L_2}{V_2} \\ V_1\left(t - \dfrac{L_3}{V_1}\right)\cos\alpha_1 - V_2\left(t - \dfrac{L_2}{V_2}\right)\cos\alpha_4, & \dfrac{L_2}{V_2} < t \leqslant \dfrac{L_1 + L_3}{V_1} \end{cases} \tag{6.44}$$

$$L_y(t) = \begin{cases} (L_3 - V_1 t)\sin\alpha_3 + (L_2 - V_2 t)\sin\alpha_2, & 0 \leqslant t \leqslant \dfrac{L_3}{V_1} \\ V_1\left(t - \dfrac{L_3}{V_1}\right)\sin\alpha_1 - (L_2 - V_2 t)\sin\alpha_2, & \dfrac{L_3}{V_1} < t \leqslant \dfrac{L_2}{V_2} \\ V_1\left(t - \dfrac{L_3}{V_1}\right)\sin\alpha_1 + V_2\left(t - \dfrac{L_2}{V_2}\right)\sin\alpha_4, & \dfrac{L_2}{V_2} < t \leqslant \dfrac{L_1 + L_3}{V_1} \end{cases} \tag{6.45}$$

(3) 若 $\dfrac{L_2}{V_2} \leqslant \dfrac{L_3}{V_1} \leqslant \dfrac{L_1+L_3}{V_1} \leqslant \dfrac{L_2+L_4}{V_2}$，则 $t \in \left[0, \dfrac{L_1+L_3}{V_1}\right]$，两机相对位置关系为

$$L_x(t) = \begin{cases} (L_3 - V_1 t)\cos\alpha_3 - (L_2 - V_2 t)\cos\alpha_2, & 0 \leqslant t \leqslant \dfrac{L_2}{V_2} \\[2mm] (L_3 - V_1 t)\cos\alpha_3 + V_2\left(t - \dfrac{L_2}{V_2}\right)\cos\alpha_4, & \dfrac{L_2}{V_2} < t \leqslant \dfrac{L_3}{V_1} \\[2mm] V_1\left(t - \dfrac{L_3}{V_1}\right)\cos\alpha_1 - V_2\left(t - \dfrac{L_2}{V_2}\right)\cos\alpha_4, & \dfrac{L_3}{V_1} < t \leqslant \dfrac{L_1+L_3}{V_1} \end{cases} \tag{6.46}$$

$$L_y(t) = \begin{cases} (L_3 - V_1 t)\sin\alpha_3 + (L_2 - V_2 t)\sin\alpha_2, & 0 \leqslant t \leqslant \dfrac{L_2}{V_2} \\[2mm] (L_3 - V_1 t)\sin\alpha_3 - V_2\left(t - \dfrac{L_2}{V_2}\right)\sin\alpha_4, & \dfrac{L_2}{V_2} < t \leqslant \dfrac{L_3}{V_1} \\[2mm] V_1\left(t - \dfrac{L_3}{V_1}\right)\sin\alpha_1 + V_2\left(t - \dfrac{L_2}{V_2}\right)\sin\alpha_4, & \dfrac{L_3}{V_1} < t \leqslant \dfrac{L_1+L_3}{V_1} \end{cases} \tag{6.47}$$

(4) 若 $\dfrac{L_2}{V_2} \leqslant \dfrac{L_3}{V_1} \leqslant \dfrac{L_2+L_4}{V_2} \leqslant \dfrac{L_1+L_3}{V_1}$，则 $t \in \left[0, \dfrac{L_2+L_4}{V_2}\right]$，两机相对位置关系为

$$L_x(t) = \begin{cases} (L_3 - V_1 t)\cos\alpha_3 - (L_2 - V_2 t)\cos\alpha_2, & 0 \leqslant t \leqslant \dfrac{L_2}{V_2} \\[2mm] (L_3 - V_1 t)\cos\alpha_3 + V_2\left(t - \dfrac{L_2}{V_2}\right)\cos\alpha_4, & \dfrac{L_2}{V_2} < t \leqslant \dfrac{L_3}{V_1} \\[2mm] V_1\left(t - \dfrac{L_3}{V_1}\right)\cos\alpha_1 - V_2\left(t - \dfrac{L_2}{V_2}\right)\cos\alpha_4, & \dfrac{L_3}{V_1} < t \leqslant \dfrac{L_2+L_4}{V_2} \end{cases} \tag{6.48}$$

$$L_y(t) = \begin{cases} (L_3 - V_1 t)\sin\alpha_3 + (L_2 - V_2 t)\sin\alpha_2, & 0 \leqslant t \leqslant \dfrac{L_2}{V_2} \\[2mm] (L_3 - V_1 t)\sin\alpha_3 - V_2\left(t - \dfrac{L_2}{V_2}\right)\sin\alpha_4, & \dfrac{L_2}{V_2} < t \leqslant \dfrac{L_3}{V_1} \\[2mm] V_1\left(t - \dfrac{L_3}{V_1}\right)\sin\alpha_1 + V_2\left(t - \dfrac{L_2}{V_2}\right)\sin\alpha_4, & \dfrac{L_3}{V_1} < t \leqslant \dfrac{L_2+L_4}{V_2} \end{cases} \tag{6.49}$$

(5) 若 $\dfrac{L_3}{V_1} \leqslant \dfrac{L_2}{V_2} \leqslant \dfrac{L_2+L_4}{V_2} \leqslant \dfrac{L_1+L_3}{V_1}$，则 $t \in \left[0, \dfrac{L_2+L_4}{V_2}\right]$，两机相对位置关系为

$$L_x(t) = \begin{cases} (L_3 - V_1 t)\cos\alpha_3 - (L_2 - V_2 t)\cos\alpha_2, & 0 \leqslant t \leqslant \dfrac{L_3}{V_1} \\[2mm] V_1\left(t - \dfrac{L_3}{V_1}\right)\cos\alpha_1 + (L_2 - V_2 t)\cos\alpha_2, & \dfrac{L_3}{V_1} < t \leqslant \dfrac{L_2}{V_2} \\[2mm] V_1\left(t - \dfrac{L_3}{V_1}\right)\cos\alpha_1 - V_2\left(t - \dfrac{L_2}{V_2}\right)\cos\alpha_4, & \dfrac{L_2}{V_2} < t \leqslant \dfrac{L_2+L_4}{V_2} \end{cases} \tag{6.50}$$

$$
L_y(t) = \begin{cases} (L_3 - V_1 t)\sin\alpha_3 + (L_2 - V_2 t)\sin\alpha_2, & 0 \leqslant t \leqslant \dfrac{L_3}{V_1} \\[2mm] V_1\left(t - \dfrac{L_3}{V_1}\right)\sin\alpha_1 - (L_2 - V_2 t)\sin\alpha_2, & \dfrac{L_3}{V_1} < t \leqslant \dfrac{L_2}{V_2} \\[2mm] V_1\left(t - \dfrac{L_3}{V_1}\right)\sin\alpha_1 + V_2\left(t - \dfrac{L_2}{V_2}\right)\sin\alpha_4, & \dfrac{L_2}{V_2} < t \leqslant \dfrac{L_2 + L_4}{V_2} \end{cases} \tag{6.51}
$$

(6) 若 $\dfrac{L_2 + L_4}{V_2} \leqslant \dfrac{L_3}{V_1}$，则 $t \in \left[0, \dfrac{L_2 + L_4}{V_2}\right]$，两机相对位置关系为

$$
L_x(t) = \begin{cases} (L_3 - V_1 t)\cos\alpha_3 - (L_2 - V_2 t)\cos\alpha_2, & 0 \leqslant t \leqslant \dfrac{L_2}{V_2} \\[2mm] (L_3 - V_1 t)\cos\alpha_3 + V_2\left(t - \dfrac{L_2}{V_2}\right)\cos\alpha_4, & \dfrac{L_2}{V_2} < t \leqslant \dfrac{L_2 + L_4}{V_2} \end{cases} \tag{6.52}
$$

$$
L_y(t) = \begin{cases} (L_3 - V_1 t)\sin\alpha_3 + (L_2 - V_2 t)\sin\alpha_2, & 0 \leqslant t \leqslant \dfrac{L_2}{V_2} \\[2mm] (L_3 - V_1 t)\sin\alpha_3 - V_2\left(t - \dfrac{L_2}{V_2}\right)\sin\alpha_4, & \dfrac{L_2}{V_2} < t \leqslant \dfrac{L_2 + L_4}{V_2} \end{cases} \tag{6.53}
$$

2) 第二种形式交叉飞行相关理论位置研究

根据最小侧向间隔和各个航段的磁航向，确定出碰撞风险区，如图 6.24 所示，

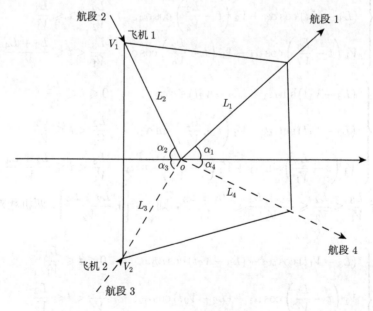

图 6.24 交叉飞行示意图

其中 $L_1, \cdots, L_4$ 分别表示原点到碰撞风险区各个顶点的距离。t 表示两架飞机进入碰撞风险区后的时刻，$t \in \left[0, \min\left\{\dfrac{L_1 + L_2}{V_1}, \dfrac{L_3 + L_4}{V_2}\right\}\right]$。$L_x(t)$ 表示在 t 时刻，两架飞机的纵向距离，$L_y(t)$ 表示在 t 时刻，两架飞机的侧向距离。

(1) 若 $\dfrac{L_1 + L_2}{V_1} \leqslant \dfrac{L_3}{V_2}$，则 $t \in \left[0, \dfrac{L_1 + L_2}{V_1}\right]$，两机相对位置关系为

$$
L_x(t) = \begin{cases}
(L_2 - V_1 t)\cos\alpha_2 - (L_3 - V_2 t)\cos\alpha_3, & 0 \leqslant t \leqslant \dfrac{L_2}{V_1} \\
V_1\left(t - \dfrac{L_2}{V_1}\right)\cos\alpha_1 + (L_3 - V_2 t)\cos\alpha_3, & \dfrac{L_2}{V_1} < t \leqslant \dfrac{L_1 + L_2}{V_1}
\end{cases}
\tag{6.54}
$$

$$
L_y(t) = \begin{cases}
(L_2 - V_1 t)\sin\alpha_2 + (L_3 - V_2 t)\sin\alpha_3, & 0 \leqslant t \leqslant \dfrac{L_2}{V_1} \\
V_1\left(t - \dfrac{L_2}{V_1}\right)\sin\alpha_1 + (L_3 - V_2 t)\sin\alpha_3, & \dfrac{L_2}{V_1} < t \leqslant \dfrac{L_1 + L_2}{V_1}
\end{cases}
\tag{6.55}
$$

(2) 若 $\dfrac{L_2}{V_1} \leqslant \dfrac{L_3}{V_2} \leqslant \dfrac{L_1 + L_2}{V_1} \leqslant \dfrac{L_3 + L_4}{V_2}$，则 $t \in \left[0, \dfrac{L_1 + L_2}{V_1}\right]$，两机相对位置关系为

$$
L_x(t) = \begin{cases}
(L_2 - V_1 t)\cos\alpha_2 - (L_3 - V_2 t)\cos\alpha_3, & 0 \leqslant t \leqslant \dfrac{L_2}{V_1} \\
V_1\left(t - \dfrac{L_2}{V_1}\right)\cos\alpha_1 + (L_3 - V_2 t)\cos\alpha_3, & \dfrac{L_2}{V_1} < t \leqslant \dfrac{L_3}{V_2} \\
V_1\left(t - \dfrac{L_2}{V_1}\right)\cos\alpha_1 - V_2\left(t - \dfrac{L_3}{V_2}\right)\cos\alpha_4, & \dfrac{L_3}{V_2} < t \leqslant \dfrac{L_1 + L_2}{V_1}
\end{cases}
\tag{6.56}
$$

$$
L_y(t) = \begin{cases}
(L_2 - V_1 t)\sin\alpha_2 + (L_3 - V_2 t)\sin\alpha_3, & 0 \leqslant t \leqslant \dfrac{L_2}{V_1} \\
V_1\left(t - \dfrac{L_2}{V_1}\right)\sin\alpha_1 + (L_3 - V_2 t)\sin\alpha_3, & \dfrac{L_2}{V_1} < t \leqslant \dfrac{L_3}{V_2} \\
V_1\left(t - \dfrac{L_2}{V_1}\right)\sin\alpha_1 + V_2\left(t - \dfrac{L_3}{V_2}\right)\sin\alpha_4, & \dfrac{L_3}{V_2} < t \leqslant \dfrac{L_1 + L_2}{V_1}
\end{cases}
\tag{6.57}
$$

(3) 若 $\dfrac{L_3}{V_2} \leqslant \dfrac{L_2}{V_1} \leqslant \dfrac{L_1 + L_2}{V_1} \leqslant \dfrac{L_3 + L_4}{V_2}$，则 $t \in \left[0, \dfrac{L_1 + L_2}{V_1}\right]$，两机相对位置关系为

$$
L_x(t) = \begin{cases}
(L_2 - V_1 t)\cos\alpha_2 - (L_3 - V_2 t)\cos\alpha_3, & 0 \leqslant t \leqslant \dfrac{L_3}{V_2} \\
(L_2 - V_1 t)\cos\alpha_2 + V_2\left(t - \dfrac{L_3}{V_2}\right)\cos\alpha_4, & \dfrac{L_3}{V_2} < t \leqslant \dfrac{L_2}{V_1} \\
V_1\left(t - \dfrac{L_2}{V_1}\right)\cos\alpha_1 - V_2\left(t - \dfrac{L_3}{V_2}\right)\cos\alpha_4, & \dfrac{L_2}{V_1} < t \leqslant \dfrac{L_1 + L_2}{V_1}
\end{cases}
\tag{6.58}
$$

$$L_y(t) = \begin{cases} (L_2 - V_1 t)\sin\alpha_2 + (L_3 - V_2 t)\sin\alpha_3, & 0 \leqslant t \leqslant \dfrac{L_3}{V_2} \\[3mm] (L_2 - V_1 t)\sin\alpha_2 + V_2\left(t - \dfrac{L_3}{V_2}\right)\sin\alpha_4, & \dfrac{L_3}{V_2} < t \leqslant \dfrac{L_2}{V_1} \\[3mm] V_1\left(t - \dfrac{L_2}{V_1}\right)\sin\alpha_1 + V_2\left(t - \dfrac{L_3}{V_2}\right)\sin\alpha_4, & \dfrac{L_2}{V_1} < t \leqslant \dfrac{L_1 + L_2}{V_1} \end{cases} \tag{6.59}$$

(4) 若 $\dfrac{L_3}{V_2} \leqslant \dfrac{L_2}{V_1} \leqslant \dfrac{L_3 + L_4}{V_2} \leqslant \dfrac{L_1 + L_2}{V_1}$，则 $t \in \left[0, \dfrac{L_3 + L_4}{V_2}\right]$，两机相对位置关系为

$$L_x(t) = \begin{cases} (L_2 - V_1 t)\cos\alpha_2 - (L_3 - V_2 t)\cos\alpha_3, & 0 \leqslant t \leqslant \dfrac{L_3}{V_2} \\[3mm] (L_2 - V_1 t)\cos\alpha_2 + V_2\left(t - \dfrac{L_3}{V_2}\right)\cos\alpha_4, & \dfrac{L_3}{V_2} < t \leqslant \dfrac{L_2}{V_1} \\[3mm] V_1\left(t - \dfrac{L_2}{V_1}\right)\cos\alpha_1 - V_2\left(t - \dfrac{L_3}{V_2}\right)\cos\alpha_4, & \dfrac{L_2}{V_1} < t \leqslant \dfrac{L_3 + L_4}{V_2} \end{cases} \tag{6.60}$$

$$L_y(t) = \begin{cases} (L_2 - V_1 t)\sin\alpha_2 + (L_3 - V_2 t)\sin\alpha_3, & 0 \leqslant t \leqslant \dfrac{L_3}{V_2} \\[3mm] (L_2 - V_1 t)\sin\alpha_2 + V_2\left(t - \dfrac{L_3}{V_2}\right)\sin\alpha_4, & \dfrac{L_3}{V_2} < t \leqslant \dfrac{L_2}{V_1} \\[3mm] V_1\left(t - \dfrac{L_2}{V_1}\right)\sin\alpha_1 + V_2\left(t - \dfrac{L_3}{V_2}\right)\sin\alpha_4, & \dfrac{L_2}{V_1} < t \leqslant \dfrac{L_3 + L_4}{V_2} \end{cases} \tag{6.61}$$

(5) 若 $\dfrac{L_2}{V_1} \leqslant \dfrac{L_3}{V_2} \leqslant \dfrac{L_3 + L_4}{V_2} \leqslant \dfrac{L_1 + L_2}{V_1}$，则 $t \in \left[0, \dfrac{L_3 + L_4}{V_2}\right]$，两机相对位置关系为

$$L_x(t) = \begin{cases} (L_2 - V_1 t)\cos\alpha_2 - (L_3 - V_2 t)\cos\alpha_3, & 0 \leqslant t \leqslant \dfrac{L_2}{V_1} \\[3mm] V_1\left(t - \dfrac{L_2}{V_1}\right)\cos\alpha_1 + (L_3 - V_2 t)\cos\alpha_3, & \dfrac{L_2}{V_1} < t \leqslant \dfrac{L_3}{V_2} \\[3mm] V_1\left(t - \dfrac{L_2}{V_1}\right)\cos\alpha_1 - V_2\left(t - \dfrac{L_3}{V_2}\right)\cos\alpha_4, & \dfrac{L_3}{V_2} < t \leqslant \dfrac{L_3 + L_4}{V_2} \end{cases} \tag{6.62}$$

$$L_y(t) = \begin{cases} (L_2 - V_1 t)\sin\alpha_2 + (L_3 - V_2 t)\sin\alpha_3, & 0 \leqslant t \leqslant \dfrac{L_2}{V_1} \\[3mm] V_1\left(t - \dfrac{L_2}{V_1}\right)\sin\alpha_1 + (L_3 - V_2 t)\sin\alpha_3, & \dfrac{L_2}{V_1} < t \leqslant \dfrac{L_3}{V_2} \\[3mm] V_1\left(t - \dfrac{L_2}{V_1}\right)\sin\alpha_1 + V_2\left(t - \dfrac{L_3}{V_2}\right)\sin\alpha_4, & \dfrac{L_3}{V_2} < t \leqslant \dfrac{L_3 + L_4}{V_2} \end{cases} \tag{6.63}$$

(6) 若 $\dfrac{L_3+L_4}{V_2} \leqslant \dfrac{L_2}{V_1}$, 则 $t \in \left[0, \dfrac{L_3+L_4}{V_2}\right]$, 两机相对位置关系为

$$
L_x(t) = \begin{cases} (L_2 - V_1 t)\cos\alpha_2 - (L_3 - V_2 t)\cos\alpha_3, & 0 \leqslant t \leqslant \dfrac{L_3}{V_2} \\[3mm] (L_2 - V_1 t)\cos\alpha_2 + V_2\left(t - \dfrac{L_3}{V_2}\right)\cos\alpha_4, & \dfrac{L_3}{V_2} < t \leqslant \dfrac{L_3+L_4}{V_2} \end{cases} \tag{6.64}
$$

$$
L_y(t) = \begin{cases} (L_2 - V_1 t)\sin\alpha_2 + (L_3 - V_2 t)\sin\alpha_3, & 0 \leqslant t \leqslant \dfrac{L_3}{V_2} \\[3mm] (L_2 - V_1 t)\sin\alpha_2 + V_2\left(t - \dfrac{L_3}{V_2}\right)\sin\alpha_4, & \dfrac{L_3}{V_2} < t \leqslant \dfrac{L_3+L_4}{V_2} \end{cases} \tag{6.65}
$$

5. 飞机汇聚飞行相关理论位置研究

根据最小侧向间隔和各个航段的磁航向, 确定出碰撞风险区, 如图 6.25 所示, 其中 L_1, L_2, L_3 分别表示原点到碰撞风险区各个顶点的距离. t 表示两架飞机进入碰撞风险区后的时刻, $t \in \left[0, \min\left\{\dfrac{L_1+L_3}{V_1}, \dfrac{L_1+L_2}{V_2}\right\}\right]$. $L_x(t)$ 表示在 t 时刻, 两架飞机的纵向距离, $L_y(t)$ 表示在 t 时刻, 两架飞机的侧向距离.

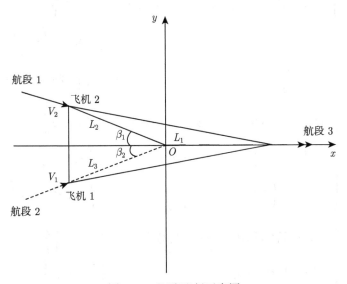

图 6.25 汇聚飞行示意图

(1) 若 $\dfrac{L_2}{V_2} \leqslant \dfrac{L_1 + L_3}{V_1} \leqslant \dfrac{L_1 + L_2}{V_2}$, 则 $t \in \left[0, \dfrac{L_1 + L_3}{V_1}\right]$, 两机相对位置关系为

$$
L_x(t) = \begin{cases}
(L_3 - V_1 t)\cos\beta_2 - (L_2 - V_2 t)\cos\beta_1, & 0 \leqslant t \leqslant \dfrac{L_3}{V_1} \\[2mm]
V_1\left(t - \dfrac{L_3}{V_1}\right) + (L_2 - V_2 t)\cos\beta_1, & \dfrac{L_3}{V_1} < t \leqslant \dfrac{L_2}{V_2} \\[2mm]
V_1\left(t - \dfrac{L_3}{V_1}\right) - V_2\left(t - \dfrac{L_2}{V_2}\right), & \dfrac{L_2}{V_2} < t \leqslant \dfrac{L_1 + L_3}{V_1}
\end{cases}
\tag{6.66}
$$

$$
L_y(t) = \begin{cases}
(L_3 - V_1 t)\sin\beta_2 + (L_2 - V_2 t)\sin\beta_1, & 0 \leqslant t \leqslant \dfrac{L_3}{V_1} \\[2mm]
(L_2 - V_2 t)\sin\beta_1, & \dfrac{L_3}{V_1} < t \leqslant \dfrac{L_2}{V_2} \\[2mm]
0, & \dfrac{L_2}{V_2} < t \leqslant \dfrac{L_1 + L_3}{V_1}
\end{cases}
\tag{6.67}
$$

(2) 若 $\dfrac{L_1 + L_3}{V_1} \leqslant \dfrac{L_2}{V_2}$, 则 $t \in \left[0, \dfrac{L_1 + L_3}{V_1}\right]$, 两机相对位置关系为

$$
L_x(t) = \begin{cases}
(L_3 - V_1 t)\cos\beta_2 - (L_2 - V_2 t)\cos\beta_1, & 0 \leqslant t \leqslant \dfrac{L_3}{V_1} \\[2mm]
V_1\left(t - \dfrac{L_3}{V_1}\right) + (L_2 - V_2 t)\cos\beta_1, & \dfrac{L_3}{V_1} < t \leqslant \dfrac{L_1 + L_3}{V_1}
\end{cases}
\tag{6.68}
$$

$$
L_y(t) = \begin{cases}
(L_3 - V_1 t)\sin\beta_2 + (L_2 - V_2 t)\sin\beta_1, & 0 \leqslant t \leqslant \dfrac{L_3}{V_1} \\[2mm]
(L_2 - V_2 t)\sin\beta_1, & \dfrac{L_3}{V_1} < t \leqslant \dfrac{L_1 + L_3}{V_1}
\end{cases}
\tag{6.69}
$$

(3) 若 $\dfrac{L_3}{V_1} \leqslant \dfrac{L_1 + L_2}{V_2} \leqslant \dfrac{L_1 + L_3}{V_1}$, 则 $t \in \left[0, \dfrac{L_1 + L_2}{V_2}\right]$, 两机相对位置关系为

$$
L_x(t) = \begin{cases}
(L_3 - V_1 t)\cos\beta_2 - (L_2 - V_2 t)\cos\beta_1, & 0 \leqslant t \leqslant \dfrac{L_2}{V_2} \\[2mm]
V_2\left(t - \dfrac{L_2}{V_2}\right) + (L_3 - V_1 t)\cos\beta_2, & \dfrac{L_2}{V_2} < t \leqslant \dfrac{L_3}{V_1} \\[2mm]
V_2\left(t - \dfrac{L_2}{V_2}\right) - V_1\left(t - \dfrac{L_3}{V_1}\right), & \dfrac{L_3}{V_1} < t \leqslant \dfrac{L_1 + L_2}{V_2}
\end{cases}
\tag{6.70}
$$

$$
L_y(t) = \begin{cases}
(L_3 - V_1 t)\sin\beta_2 + (L_2 - V_2 t)\sin\beta_1, & 0 \leqslant t \leqslant \dfrac{L_2}{V_2} \\[2mm]
(L_3 - V_1 t)\sin\beta_2, & \dfrac{L_2}{V_2} < t \leqslant \dfrac{L_3}{V_1} \\[2mm]
0, & \dfrac{L_3}{V_1} < t \leqslant \dfrac{L_1 + L_2}{V_2}
\end{cases}
\tag{6.71}
$$

(4) 若 $\dfrac{L_1 + L_2}{V_2} \leqslant \dfrac{L_3}{V_1}$，则 $t \in \left[0, \dfrac{L_1 + L_2}{V_2}\right]$，两机相对位置关系为

$$
L_x(t) = \begin{cases} (L_3 - V_1 t)\cos\beta_2 - (L_2 - V_2 t)\cos\beta_1, & 0 \leqslant t \leqslant \dfrac{L_2}{V_2} \\[3mm] V_2\left(t - \dfrac{L_2}{V_2}\right) + (L_3 - V_1 t)\cos\beta_2, & \dfrac{L_2}{V_2} < t \leqslant \dfrac{L_1 + L_2}{V_2} \end{cases} \tag{6.72}
$$

$$
L_y(t) = \begin{cases} (L_3 - V_1 t)\sin\beta_2 + (L_2 - V_2 t)\sin\beta_1, & 0 \leqslant t \leqslant \dfrac{L_2}{V_2} \\[3mm] (L_3 - V_1 t)\sin\beta_2, & \dfrac{L_2}{V_2} < t \leqslant \dfrac{L_1 + L_2}{V_2} \end{cases} \tag{6.73}
$$

6. 两机纵向碰撞风险

对于纵向碰撞风险，纵向位置误差服从

$$
f(x) \sim N(\mu_x, \sigma_x^2) \tag{6.74}
$$

其中，μ_x 为飞机纵向偏离实际位置的平均距离；σ_x^2 为飞机纵向偏离实际位置的平均距离的方差。

$$
\sigma_x^2 = \sum_{a=1}^{n} k_a \sigma_a^2 \tag{6.75}
$$

$$
\sum_{a=1}^{n} k_a = 1 \tag{6.76}
$$

其中，k_1，k_2，$\cdots$，k_n 是各个影响因素影响碰撞风险的权重值，σ_1^2，σ_2^2，$\cdots$，σ_n^2 为各个影响因素导致飞机纵向位置误差的方差。

飞机 i 在 t 时刻纵向误差为 $\varepsilon_{ix}(t) \sim N(\mu_{ix}, \sigma_{ix}^2)$，$i = 1, 2$。$i = 1$ 表示第 1 架飞机，$i = 2$ 表示第 2 架飞机，x 表示纵向。其中 ε_{ix} 为飞机 i 的纵向位置误差，μ_{ix} 是飞机 i 纵向位置误差的平均距离，σ_{ix}^2 是飞机 i 纵向位置误差的方差。在 t 时刻，$d_{ix}(t)$ 为飞机 i 距离某一参考点的纵向距离，则在 t 时刻，飞机 i 在纵向的实际位置 $X_i(t) = d_{ix}(t) + \varepsilon_{ix}(t)$，则这两架飞机的实际纵向间隔为

$$
\begin{aligned}
X_1(t) - X_2(t) &= (d_{1x}(t) + \varepsilon_{1x}(t)) - (d_{2x}(t) + \varepsilon_{2x}(t)) \\
&= (d_{1x}(t) - d_{2x}(t)) + (\varepsilon_{1x}(t) - \varepsilon_{2x}(t))
\end{aligned} \tag{6.77}
$$

由于 d_{1x}, d_{2x} 为两架飞机在各自航线到同一参考点的纵向距离，则 $d_{1x} - d_{2x}$ 就是两飞机在 t 时刻的纵向距离 $L_x(t)$；由于 $\varepsilon_{1x}(t) \sim N(\mu_{1x}, \sigma_{1x}^2)$ 和 $\varepsilon_{2x}(t) \sim N(\mu_{2x}, \sigma_{2x}^2)$，那么 $\varepsilon_{1x}(t) - \varepsilon_{2x}(t) \sim N(\mu_{1x} - \mu_{2x}, \sigma_{1x}^2 + \sigma_{2x}^2)$，则在 t 时刻，两架飞机纵向实际距离又可以表示为

$$
X_1(t) - X_2(t) = L_x(t) + (\varepsilon_{1x}(t) - \varepsilon_{2x}(t))
$$

$$\sim N(L_x(t) + (\mu_{1x} - \mu_{2x}), \sigma_{1x}^2 + \sigma_{2x}^2) \tag{6.78}$$

则两机 t 时刻纵向碰撞风险为

$$P_X(t) = \frac{1}{\sqrt{2\pi(\sigma_{1x}^2 + \sigma_{2x}^2)}} \int_{-\lambda_x}^{\lambda_x} \exp\left(-\frac{(x - (L_x(t) + \mu_{1x} - \mu_{2x}))^2}{2(\sigma_{1x}^2 + \sigma_{2x}^2)}\right) \mathrm{d}x \tag{6.79}$$

7. 两机侧向碰撞风险

对于侧向碰撞风险，侧向位置误差服从

$$f(y) \sim N(\mu_y, \sigma_y^2) \tag{6.80}$$

其中，μ_y 为飞机侧向偏离航线中心线的平均距离；σ_y^2 为飞机侧向偏离者航线中心线距离的方差。其中

$$\sigma_y^2 = \sum_{a=1}^{n} k_a \sigma_a^2 \tag{6.81}$$

$$\sum_{a=1}^{n} k_a = 1 \tag{6.82}$$

其中，k_1, k_2, $\cdots$, k_n 是各个影响因素影响碰撞风险的权重值；σ_1^2, σ_2^2, $\cdots$, σ_n^2 为各个影响因素导致飞机侧向位置误差的方差。

假设飞机 i 在飞行时，t 时刻它的侧向误差为 $\varepsilon_{iy}(t) \sim N(\mu_{iy}, \sigma_{iy}^2), i = 1,2, i = 1$ 表示第 1 架飞机，$i = 2$ 表示第 2 架飞机，y 表示侧向。其中 ε_{iy} 为飞机 i 的位置误差，μ_{iy} 是飞机 i 偏离航路中心线的平均距离，σ_{iy}^2 是飞机 i 偏离航线中心线的方差。在 t 时刻，$d_{iy}(t)$ 为飞机 i 距离某一参考点的侧向距离，则在 t 时刻，飞机 i 在侧向的实际位置 $Y_i(t) = d_{iy}(t) + \varepsilon_{iy}(t)$，则这两架飞机的实际侧向间隔为

$$\begin{aligned} Y_1(t) - Y_2(t) &= (d_{1y}(t) + \varepsilon_{1y}(t)) - (d_{2y}(t) + \varepsilon_{2y}(t)) \\ &= (d_{1y}(t) - d_{2y}(t)) + (\varepsilon_{1y}(t) - \varepsilon_{2y}(t)) \end{aligned} \tag{6.83}$$

由于 d_{1y}, d_{2y} 为两架飞机在各自航线到同一参考点的侧向距离，则 $d_{1y} - d_{2y}$ 就是两飞机的侧向距离 $L_y(t)$；由于 $\varepsilon_{1y}(t) \sim N(\mu_{1y}, \sigma_{1y}^2)$ 和 $\varepsilon_{2y}(t) \sim N(\mu_{2y}, \sigma_{2y}^2)$，那么 $\varepsilon_{1y}(t) - \varepsilon_{2y}(t) \sim N(\mu_{1y} - \mu_{2y}, \sigma_{1y}^2 + \sigma_{2y}^2)$，则在 t 时刻，两架飞机侧向实际距离又可以表示为

$$Y_1(t) - Y_2(t) = L_y(t) + (\varepsilon_{1y}(t) - \varepsilon_{2y}(t)) \sim N(L_y(t) + (\mu_{1y} - \mu_{2y}), \sigma_{1y}^2 + \sigma_{2y}^2) \tag{6.84}$$

则两机 t 时刻侧向碰撞风险为

$$P_Y(t) = \frac{1}{\sqrt{2\pi(\sigma_{1y}^2 + \sigma_{2y}^2)}} \int_{-\lambda_y}^{\lambda_y} \exp\left(-\frac{(y - (L_y(t) + \mu_{1y} - \mu_{2y}))^2}{2(\sigma_{1y}^2 + \sigma_{2y}^2)}\right) \mathrm{d}y \tag{6.85}$$

8. 碰撞风险模型

1) 两机之间的碰撞风险概率

如果两架飞机存在碰撞风险，那么它们一定是在侧向、纵向和垂直方向同时发生重叠，所以，两飞机碰撞风险的大小由侧向、纵向和垂直方向的碰撞风险决定，且侧向、纵向和垂直方向的碰撞风险相互独立。在交叉点时，假设同一高度层上的飞机垂直方向碰撞风险为 1，在不同高度层上的飞机垂直方向碰撞风险为 0，则在 t 时刻两机的碰撞风险为

$$P(t) = P_X(t) \times P_Y(t) \tag{6.86}$$

取两机碰撞风险概率的最大值 $P_{\mathrm{MAX}} = \max\{P(t)\}$。

2) 一种交叉或汇聚飞行的碰撞风险 (次数/小时)

单种交叉 (图 6.26) 或汇聚飞行形成的飞机对数表示为

$$N = N_K N_L \tag{6.87}$$

其中，N_K 为碰撞风险区内航段 K 上每小时的流量。N_L 为碰撞风险区内航段 L 上每小时的流量。一种交叉或汇聚飞行的碰撞风险 (次数/小时) 可表示为

$$P_1 = 2N P_{\mathrm{MAX}} \tag{6.88}$$

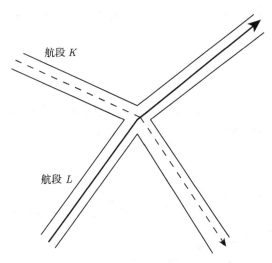

图 6.26 单种交叉飞行

3) 单个高度层的碰撞风险 (次数/小时)

如图 6.27 所示，交叉点同一高度层上可形成多种形式的交叉或汇聚 (假设有 m 种)。

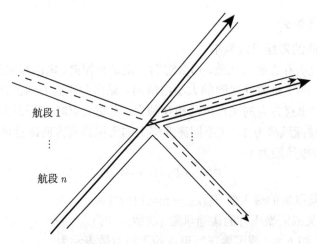

图 6.27　单个高度层运行情况图

根据概率论原理, $P(A \cup B) = P(A) + P(B) - P(AB)$, 若两个事件发生的概率很小, 即 $P(AB)$ 的数量级远小于 $P(A)$ 或 $P(B)$, 则可得出

$$P(A \cup B) = P(A) + P(B)$$

即单个高度层的碰撞风险可由该高度层上多种不同形式的汇聚或交叉飞行的碰撞风险求和得到。单个高度层的碰撞风险 (次数/小时) 可表示为

$$P_2 = \sum_{i=1}^{m} 2N_i P_{i\mathrm{MAX}} \tag{6.89}$$

4) 交叉点总碰撞风险 (次数/小时)

如图 6.28 所示, 交叉点可能占用多个高度层 (假设有 q 个)。根据概率论原理, 交叉点的碰撞风险可由各个高度层碰撞风险求和得到。

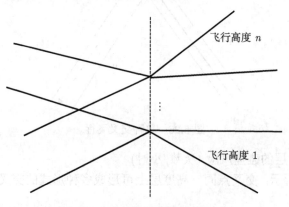

图 6.28　多个高度层航路交叉点

交叉点总的碰撞风险 (次数/小时) 可表示为

$$P = \sum_{j=1}^{q} \sum_{i=1}^{m} 2N_i P_{i\text{MAX}} \tag{6.90}$$

6.4.2　航路典型交叉点安全风险的评估结果

航路典型交叉点安全风险的评估结果见表 6.14。

表 6.14　评估结果

	航路点名称	日流量	全天风险		航路点名称	日流量	全天风险
魏县	WXI	1025	2316.02	周口	ZHO	540	243.66
天河	WHA	1321	2227.29	太原	TYN	367	259.98
商县	SHX	893	2638.48	P215	P215	442	87.32
PAVTU	PAVTU	1195	1199.76	怀柔	HUR	382	153.64
龙口	LKO	1218	1657.96	芷江	ZHJ	331	180.6
MAMSI	MAMSI	1042	1328.08	烟庄	ZS	496	25.3
老粮仓	LLC	740	1166.92	长武	HO	334	120.98
向塘	KHN	452	871.51	宁陕	NSH	537	86.15
溧水	OLRIS	455	810.26	黄城	HCH	450	12.22
合流水	DS	572	284.23	富家场	FJG	138	82.34
恩施	ENH	929	652.96	KAKMI	KAKMI	194	89.66
桐庐	TOL	470	544.67	AGULU	AGULU	226	77.58
骆岗	HFE	622	575.92	宜宾	YBN	174	0
大王庄	VYK	456	519.14	库车	XKC	130	57.49
张家界	DYG	475	305.9	叙永	XYO	410	23.46
薛家岛	XDX	374	457.7	ANSAR	ANSAR	235	0
蟠龙	PLT	449	510.68	PANKO	PANKO	180	0
五凤溪	WFX	329	350.7	阜康	FKG	90	22.02

限于篇幅，与本章研究内容相关的更多的理论成果未一一列出，感兴趣的读者可自行阅读文献 [6]~[15]。

参 考 文 献

[1] 张兆宁, 王莉莉. 空中交通流量管理理论与方法 [M]. 北京: 科学出版社, 2009.

[2] 王莉莉, 张潇潇. 基于容量损失的交叉航路高度层分配 [J]. 安全与环境学报, 2017, 17(1): 86-89.

[3] 张潇潇. 航路交叉点容量优化和排序模型研究 [D]. 天津: 中国民航大学, 2016.

[4] 黎新华, 张兆宁, 王莉莉. 基于跟驰稳定的终端区容量评估方法 [J]. 系统工程理论与实践, 2009, 29(02): 173-179.

[5] 张璋. 基于仿真和工作负荷的容量评估及扇区优化 [D]. 天津: 中国民航大学, 2017.

[6] 张兆宁, 王霞, 胡亚磊. 一种改进的航路容量评估模型 [J]. 交通信息与安全, 2013, 31(02): 10-13.

[7] 王莉莉, 曹玉, 黎新华. 航路单双向运行理论容量对比研究 [J]. 中国民航大学学报, 2015, 33(06): 1-4.

[8] 徐肖豪, 王平. 程序管制条件下航路容量仿真评估算法 [J]. 中国民航大学学报, 2007, (S1): 14-16.

[9] 魏中慧. 危险天气下的终端区动态容量评估与改航方法研究 [D]. 天津: 中国民航大学, 2016.

[10] 张兆宁, 魏中慧. 危险天气下的终端区动态容量评估 [J]. 科学技术与工程, 2015, 15(21): 53-59.

[11] 张兆宁, 王霞. 考虑危险天气的终端区动态容量评估 [J]. 中国民航大学学报, 2013, 31(06): 5-11.

[12] 洪飞, 张兆宁. 跑道及终端区走廊口容量协调优化 [J]. 中国民航大学学报, 2007, (S1): 8-10.

[13] 曹玉. 空域效能评估方法研究 [D]. 天津: 中国民航大学, 2015.

[14] 王莉莉, 贾铧霏, 位放. 飞行受限区对扇区动态容量的影响 [J]. 河南科技大学学报 (自然科学版), 2017, 38(04): 35-38.

[15] 叶志坚, 王莉莉, 孟令航. 分阶段调整增加扇区通行能力策略 [J]. 系统工程, 2014, 32(06): 51-57.

第7章 动态扇区

7.1 基本概念

为了保证飞行安全,提高飞行效率和空域利用率,空管部门会将空域划分为若干扇区。每个扇区根据飞行流量、航线结构、工作负荷等因素划定一定范围的空域,由扇区值班人员负责空中交通的指挥和协调工作。如何确保扇区划分的均衡、有效和合理,保证空管运行的安全、高效正成为民航空中交通管制领域的一个重要课题。

在4.3节中,我们给出了扇区设计时需要考虑的规定、因素等一些原则性的内容,主要针对静态扇区,这一章主要讲述扇区划分方法和扇区的动态开合问题,着眼于动态扇区。

动态扇区规划是一种根据流量、管制员工作负荷等因素的变化,对扇区结构进行动态调整的方法,要求既要保证管制员在其工作负荷可接受的范围内进行工作,又要防止个别扇区管制员工作负荷太低。该规划方法具有提高空域资源和管制资源利用效率的优势。

动态扇区的种类分为两种,一种是限制性动态划分扇区,属于预战术性规划,多以每天或每周的航班流量为依据,确定天或周的扇区规划;另一种是非限制性动态划分扇区,属于战略性规划,以 5~10 年为规划周期。

非限制性扇区划分,就是根据区域交通状况的改变,如导航设施、机场跑道、区域边界等发生较大改变,在重新对空域进行统计、预测交通流量,终端航路网络规划的基础上,进行扇区的规划。而限制性动态扇区划分就是在不改变现有的导航、扇区范围和管制系统的条件下,根据天或周的最繁忙时段的交通流,考虑管制员工作负荷,最终给出不同时段扇区的开合方案。也就是说,对于一天中的非繁忙时段,是在繁忙时段的扇区划分结果的基础上,进行部分扇区的合并,也可以根据日常飞行计划和近期空军对于空域的使用状况,来灵活安排空域扇区的合并和分开,确保各个扇区的工作负荷在合理范围,有利于保证空域安全运行,并且可以有效利用和规划管制人力资源的合理配置。这两种方案的扇区规划需要根据区域发展状况交替进行。

划分管制扇区的目的是充分合理地使用空域资源,有效地减轻管制人员的工作负荷,降低地空无线电通话密度,提高空中交通服务能力。

1. 影响扇区划分的因素

1) 管制员的工作负荷

在管制过程中，管制员发出每一条指令与接听飞行员复述每一条指令都会产生一定的时间消耗。管制员的个人能力是有限的，工作负荷过重通常会导致管制员顾此失彼，无法给出正确的指令，严重危及空中交通的安全；管制员工作负荷不足，一般是扇区划分不合理导致的管制员分配不均引起的，这样会导致资源的浪费，且增加其他扇区管制员的工作负荷，因此，管制工作负荷是扇区划分的主要因素。

2) 空中交通流量的分布

管制扇区内航空器数量越多，即扇区内流量越大，管制区内工作量越大，安全性就越低；并且，在某些特殊情况下 (如天气恶劣、通信导航雷达设施故障等)，航空器就会采取改变航线等措施，这样就会导致某些区域或机场出现飞行流量超过限制，严重增加扇区内的工作负荷，危及飞行安全，影响航班正常。所以，管制区内的静态流量和动态流量都是影响扇区划分的重要因素。

3) 空域结构

影响管制扇区划分的另一大因素即为管制区内的空域结构，在正常航行管制扇区内，航空器沿着各自规定的航线高度飞行，管制相对容易，但对于管制扇区内包括进离场任务或交叉航线时，管制任务就会相对复杂，如包括进离场任务时，就会产生区域管制扇区和进近管制扇区的汇聚，对于汇聚点处的管制员，工作负荷就会很大，同样对于有交叉航线的扇区，航空器需要有序地通过汇聚点，则增加了管制的难度。因此，管制区域内的空域结构也在很大程度上制约了扇区的划分。

此外，空域扇区划分还与空中交通管制设备的保障能力、机场及跑道情况、飞行剖面、空中交通服务方式、与相关单位之间的协调、管制扇区之间的移交条件以及航空器转换扇区飞行的航路及高度等方面密切相关。

2. 进行扇区划分的原则

(1) 扇区的划分应当保证管制扇区范围内达到通信覆盖和雷达信号覆盖，并根据雷达信号覆盖状况确定管制扇区的最低雷达引导高度，根据通信信号覆盖状况确定最低航路通信覆盖高度。同时还要确保雷达和通信设备可以最大限度地覆盖管制移交地段。

(2) 扇区的划分应控制单位时间和高峰小时内航空器的类型和数量。过多的航空器可能会导致空域的频率拥挤，也会增大人脑分析冲突的遗忘程度，所以在划分扇区时一定要避免扇区在某个集中的时间段发布较多的管制指令和收到较多的飞行员报告信息。

(3) 扇区的划分应当有利于管制员将注意力集中在雷达屏幕上，避免由于管制员视觉的问题，影响管制工作的正常进行，确保管制员能够监视扇区内的所有航路。这就要求扇区结构应当相对集中,且扇区内航路分布合理。

(4) 扇区的划分应避免航路的冲突点距离扇区边界过近。两者距离过近会使管制员不得不在管制马上要转移和移交之前执行管制操作,出现差错的概率较高,因而为了给管制员留有足够解决飞行冲突的时间,扇区边界距离航路交叉点应大于一个固定的最小安全距离。

(5) 扇区的划分应避免对于同一架飞机管制员重复地交接工作,并且为方便管制员交接,扇区边界与主要航线的斜交角度应尽量接近于直角。

(6) 扇区的划分应尽量简化管制员的工作难度,如集中地将航空器同类型的管制划设在同一个扇区,这样管制员的工作指令就尽可能地单一,即在同一时间内管制员只处理一种冲突或者执行一类紧密相关的管制动作,这样大大简化了管制员的工作难度,增加了管制的效率和安全性。

(7) 扇区的划分应当考虑管制扇区内航空器的飞行性能和运行类型。适用于高速航空器活动的管制扇区,其范围应当适当扩大,便于大的转弯半径;适用于慢速航空器活动的管制扇区,应当尽可能在本管制扇区内解决所有交叉冲突。

7.2 基于管制员工作负荷的扇区规划模型

本节主要从评估管制员工作负荷角度对扇区规划进行了研究。关于管制员工作负荷的评估方法,在本书 6.1.4 节中进行了详细介绍,本节只讲基于管制员工作负荷进行扇区规划的过程和模型 [1]。

7.2.1 管制员工作负荷模型

在管制过程中,管制员发出的每一条管制指令和接听飞行员的指令复述都需要耗费一定的时间。对于每一个管制员来说,个人的能力是有限的,工作负荷过重或不足,都不利于人的能力发挥。工作负荷不足是对资源的浪费,而过重的管制工作负荷通常会让管制员顾此失彼,无法正确给出指令并严重危及空中交通安全。因此,管制工作负荷是扇区划分的主要因素。通常飞机在空域中航线上的不同位置面临的任务相对固定,收到的管制指令也是相对固定的。英国运筹与分析理事会提出的用于扇区容量评估的 DORATASK 方法认为,管制员的总工作负荷包括两大部分:一部分是在正常情况和有飞行冲突出现状态时 "看得见的"、可以测量的管制工作时间,如发管制指令、听机长复诵、协调移交和填写进程单等所用的时间;另一部分是 "看不见的"、不可以测量的管制工作时间,如观察空情、思考管制方案等所用的时间。下面借鉴 DORATASK 方法的思想,对管制员工作负荷给出具体量化方法。

首先统计 "看得见的" 工作负荷。通过统计雷达、语音记录仪记录的历史数据或对实际管制工作进行计时和统计，可以确定出相应通话种类的经验工作负荷指数的期望值 (以时间长短衡量)。先对《中国民用航空无线电通话手册》中的常用管制用语进行分类，然后通过对进近管制、塔台管制和区域管制的管制过程进行统计，得到各管制指令的期望用时。表 7.1 是部分常用无线电管制用语统计的结果。

表 7.1　部分常用管制用语的工作负荷统计表

管制类别	管制种类	管制用语	工作负荷/s
一般用语	高度指令	上升/下降	1.6
一般用语	移交改频	在 (单位呼号)(频率) 上等待	4.2
一般用语	位置报告	下一次在 (重要点) 报告	5.1
机场管制	目视识别	打开着陆灯	3.1
机场管制	开车程序	同意开车	2.6
机场管制	推出程序	推出时间自己掌握	3.7
机场管制	着陆	可以着陆	2.4
进近管制	离场指令	起飞后，左转/右转，航向 (三位数)	7.4
进近管制	进近指令	可以延 (航线代号) 飞行	5.2
区域管制	管制许可	ATC 许可 (航空器呼号)	6.5
区域管制	高度保持	保持 (高度) 直到飞越 (重要点)	7.2
区域管制	巡航高度规定	飞越 (某点) 高度 (高度)/以下/以上	7.9
区域管制	间隔指令	在 (某时) 飞越 (某点)	7.1

考虑 "看不见的" 工作负荷通常是伴随 "看得见的" 工作负荷出现的，一个扇区管制员的 "看不见的" 工作负荷应该是在所有 "看得见的" 工作负荷的基础上再乘以一个伴随系数。根据管制员的经验、受教育程度、训练情况和身体状况等因素，对于每个管制员来说这个系数是不同的。该系数需要对每个管制员进行综合分析后确定。

7.2.2　扇区优化模型

为了达到扇区优化的目的，将空域根据各种原则划分成小的空域单元，根据各空域单元里管制员的工作情况，就可以得到每个空域单元的管制员工作负荷。依据各单元内的管制工作负荷进行组合优化。在指定扇区数量 N 的前提下，优化的目标是使扇区之间的工作负荷尽量均衡。这样，可以得到扇区优化数学模型的目标函数如下式所示：

$$J = \min\left\{ \sum_{i,j=1,i>j}^{N} |z_i - z_j| \right\} \tag{7.1}$$

其中，z_i 表示第 i 个扇区的工作负荷，性能指标 j 表示尽量让各个扇区的工作负荷差的总和达到最小。

约束条件: ①确保优化划分的扇区之间方便协调移交; ②保证随机搜索得到的扇区具有连续性。

7.3 基于进离场航路分离管制下的终端空域扇区优化模型

进离场分离的扇区规划和运行模式具有管制指挥高效和便捷的特点。该方法按照进场和离场功能实现了扇区划分和管制,不仅减少了各个席位管制协调,而且降低了管制员工作负荷,提高了管制工作的效率,优化了管制工作的程序。本节介绍的进离场分离管制的功能性扇区规划方法应由定量初步规划和定性的专家修正规划两个阶段结合完成。该规划一般是在终端空域航路规划调整结束后进行。

7.3.1 功能性扇区规划的规划步骤

在借鉴相关扇区定量规划模型的基础上,定量初步规划方法步骤如下[2]:

(1) 根据规划年的空域交通流预测状况,并在目标终端空域的工作负荷历史数据采集的基础上,通过管制员工作负荷模型推算出规划年的终端空域管制员工作负荷的分布状况,映射到终端三维空域航路网络上,确定工作负荷在航路网络的分布。

(2) 按照管制规定和管制实际,必须设立的五边低空扇,按照仪表进近的空域占用情况进行单独扇区规划;对于目前不具备条件进行进离场航线分离的区域,通过设置一个混合功能扇区进行单独规划。

(3) 除 (2) 中规划空域之外的终端空域,采用终端区域航路网络的各个航段为单元体,构成单元体在终端空域的分布,各个单元体包络不同的管制员工作负荷,形成具有工作负荷的单元体。

(4) 借鉴图论中树的思想,根据各个单元体的拓扑关联性,以管制员工作负荷确定的扇区容量作为搜索约束条件,根据航线的进离场属性对各个单元体设置优先级,采用随机优化搜索算法确定初步规划扇区边界。

7.3.2 功能性扇区规划的优化模型

若利用计算机进行终端空域的扇区优化划分,应完成航段上发生的管制员工作负荷统计与终端空域结构的数学描述,建立起航段单元间的拓扑关系矩阵。可以利用导航台、机场、位置报告点将连接这些航路节点的航路分成有限的航段,以航段作为扇区优化搜索基本单元,同时,要建立起航段单元间的拓扑关系矩阵。将终端空域内的航路、航线的直线航段用矩阵 $\boldsymbol{R} = [r_1, r_2, \cdots, r_n]^{\mathrm{T}}$ 表示,空域中航段间的拓扑矩阵可以表述为如下形式：

$$\begin{bmatrix} g_{11} & g_{12} & \cdots & g_{1N} \\ g_{21} & g_{22} & \cdots & g_{2N} \\ \vdots & \vdots & & \vdots \\ g_{N1} & g_{N2} & \cdots & g_{NN} \end{bmatrix} \tag{7.2}$$

式中，矩阵 $\boldsymbol{G}$ 的元素 $g_{ij} \in \{0,1\}$，$g_{ij} = 1$ 表示航段 i 与航段 j 相关；$g_{ij} = 0$ 表示航段 i 与航段 j 不相关；n 为终端空域中作为扇区优化搜索基本单元的航段数目。

在航段的优化搜索中，若航段 i 为入住单元，则读入拓扑矩阵，找到满足以下条件的航段 j：$g_{ij} = 1$ 且航段 j 为非入住单元。

将所有满足条件的航段找出，通过优化计算，选择其中一个航段单元作为入住单元。

根据 DORATASK 方法，统计时间为一小时 (3600s) 的时间段内，管制员的实际工作负荷不应超过 2880s，如果超过该扇区容量值，则必须进行扇区划分。在估算扇区最小数量的前提下建立扇区的双层优化模型，优化的目标是使终端空域在总负荷最小的前提下，尽量使得各扇区负荷均衡。

建立如下扇区优化目标函数：

$$J = \min \left\{ \sum_i^s w_{ci} + \sum_j^{N_s} w_{vj} \right\} \tag{7.3}$$

$$J = \min \left\{ \sum_{i=1}^{N_s} \sum_{j=1}^{N_s} |Z_i - Z_j| \right\} \tag{7.4}$$

其中，w_{ci} 为持续负荷，是航段 i 上固定不可变更的负荷，包括监视负荷和协调负荷；N_s 为最小扇区数；ω_{vj} 为扇区移交负荷；s 为空域内分割的有限单元数；Z_i 表示优化的第 i 个扇区的工作负荷；Z_j 表示优化的第 j 个扇区的工作负荷。

确定进离场功能性扇区规划约束条件如下：

1) 扇区容量约束

根据英国运筹与分析理事会所提出的评估 ATC 扇区容量的 DORATASK 方法，在给定的时间段 s 内，各扇区的管制员工作负荷 W_i 必须满足 $W_i \leqslant s \times 80\%$，从而确定扇区容量约束。

2) 扇区功能性约束

为了使扇区获得的单元按照进离场在管制功能性上具有同一性，必须加上扇区的功能性约束，这些约束通过在单元内冲突的性质和管制动作的性质来确定，通常确保同一扇区执行相同的进场管制或者离场管制，以最大限度地降低可变负荷的产生。

存在一个航段 R_{pk}^{i}，其中 i 表示终端空域航段，$i \in \{1, 2, \cdots, n\}$，$p$ 为航段的进离场属性，$p \in \{0, 1\}$，$p = 1$ 表示航段为进场航段，$p = 0$ 表示航段为离场航段；k 为航段的机场属性，$k \in \{1, 2, \cdots, a\}$，终端区空域存在 a 个机场。在进行航段单元的搜索时，在满足扇区容量条件下，若航段 R_{pk}^{i} 和航段 $R_{p'k'}^{i}$ 属于扇区 S_i，则满足两个搜索优先级：第一，确保相同机场的相同航路属性划分到一个扇区，即 $k = k'$，并且 $p = p'$；第二，不同进离场相同航路属性划分到一个扇区，即 $p = p'$，并将前面所述的最小扇区穿越时间约束和扇区边界汇聚点和交叉点最小距离约束考虑在内。

建立上述模型后，可以采用蚁群算法等智能算法确定进离场功能性扇区规划初步结果。

7.4 基于整数规划的终端区动态扇区划分

本节以实际交通流为基础提出将整数规划应用于终端区扇区划分，首先对整数规划模型进行阐述，其中包括指定终端区空域范围、整数规划模型、扇区划分三个方面，然后以某个终端区为算例进行分析验证[3]。

7.4.1 指定终端区空域范围

空域本质上是一个三维的空间，在进行扇区划分时需要考虑这个问题。为了简化问题，将终端区扇区划分问题从三维转换为二维。首先指定考虑的终端区空域的范围。通常终端区空域定义是围绕一个或几个机场的空域，在其中提供进近管制服务、空中交通间隔服务和其他机场交通管制服务，一般覆盖的面积是机场周围 40~50n mile 内，实际情况中根据各地区的空中交通管制设备不同而有所变化。为了不影响一般性，将考虑的终端空域规定为终端区雷达进近管制的管辖范围空域，水平方向上以机场为圆心的半径为 5n mile 的圆的外围以及半径为 40~50n mile 的圆内部。

7.4.2 整数规划模型

确定了终端区空域范围后，本节将整数规划应用于终端区空域扇区划分问题，从整数规划的五个基本方面来讨论。

1. 输入

第一个输入是要划分的终端区空域。第二个输入是规定的航路：终端区空域中要求所有仪表飞行规则下飞行按提前设定的航路飞行，因为它很大程度代表了主要的交通流。最后输入的是实际交通数据,其目的是设计的扇区能更好地覆盖实际交通流,能够容纳实际交通流中的变化。

2. 参数

(1) 网格分辨率参数。由于本节中考虑的终端区空域是一个二维的环形区域,因此,考虑使用一系列相交的径向和角方向上的线段来将它分解为一个网格单元平面。定义两个分辨率参数 m 和 n 分别为径向和角方向分辨率参数,决定环形终端空域在径向和角方向上将会被分解为多少段,这会直接影响生成的扇区的边界,如图 7.1 所示。

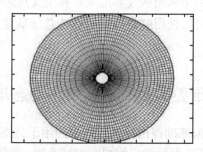

图 7.1   网格单元平面

(2) 指定了每个单元类型的参数 y。使用不同的整数值来表示单元是否用于进场或离场,参数 y 表示实际交通分布和实际交通流的变化,可以在比较了飞机位置与多边形网格单元后给 y 参数分配不同的值,参数 y 的数学定义为

$$y(i,j) = \begin{cases} 1, & \text{若单元}(i,j)\text{用于进场} \\ -1, & \text{若单元}(i,j)\text{用于离场} \\ 0, & \text{其他} \end{cases} \tag{7.5}$$

其中,$i=1,2,\cdots,m$;$j=1,2,\cdots,n$。

3. 决策变量

由于目标是将每个网格单元分配为进场或离场扇区的,因此,提出一个可以被分配不同整数值的决策变量集合 x 来指定每个单元的设计类型,定义为

$$x(i,j) = \begin{cases} 1, & \text{若单元}(i,j)\text{指定为进场} \\ -1, & \text{若单元}(i,j)\text{指定为离场} \end{cases} \tag{7.6}$$

其中,$i=1,2,\cdots,m$;$j=1,2,\cdots,n$。不像指定单元类型的参数 y 代表每个单元的实际使用那样能够选取三种可能值中的一个,考虑飞机间的间隔限制和空域分配,决策变量 x 仅能选取两个可能的值。

4. 目标

考虑到终端区的安全规定和扇区划分中的特性，主要目标如下：

(1) 降低复杂性并确保安全，将进场和离场的交通流放在分开的扇区，避免下降和爬升之间存在的潜在冲突。因此，生成的进离场扇区应该互相分离以满足间隔需求。

(2) 考虑到日渐增长的空中交通需求和各方面受限的终端区，想要最大限度地使用终端区可用的资源，生成的扇区应该尽可能地覆盖整个终端区空域。

由于生成的进离场扇区相互分离，并尽可能地覆盖整个终端区空域，所以仅需决定进场扇区，然后通过找到进场扇区互补的空域就可获得离场扇区。这里目标函数是使进场扇区的面积最小化，数学定义为

$$Z = \sum_{j=1}^{n} \sum_{i=1}^{m} x(i,j) \tag{7.7}$$

其中，决策变量 x 能够简化为二进制变量：

$$x(i,j) = \begin{cases} 1, & \text{若单元}(i,j)\text{指定为进场} \\ 0, & \text{其他} \end{cases} \tag{7.8}$$

其中，$i=1, 2, \cdots, m$；$j=1, 2, \cdots, n$。

相似地，指定单元类型的参数 y 也能被简化为

$$y(i,j) = \begin{cases} 1, & \text{若单元}(i,j)\text{用于进场} \\ 0, & \text{其他} \end{cases} \tag{7.9}$$

其中，$i=1, 2, \cdots, m$；$j=1, 2, \cdots, n$。

5. 约束条件

为使获得的结果更符合实际，能够很好地覆盖实际交通流，在约束条件中考虑了运行规则、飞行路径需求和机场跑道结构的几何约束等。由于机场间的这些约束条件可能有很大不同，因此，这里只提出了考虑约束的基本思路和原则。

(1) 某些单元的类型由规定的空中航路决定。由于在仪表飞行规则下进离场飞机被要求按规定的航路飞行，这些航路能够很大地捕获主要的交通流模式。因此，规定的空中进离场航路通过的单元应该分配为相应的进离场类型。

(2) 尽管飞机要求按照规定的空中航路飞行，但由于导航误差和测量噪声，实际飞行中有相当多的轨迹偏航。扇区划分就是为了保护空中航路，生成的扇区应该很好地覆盖实际交通流，容纳实际交通流中的变化。

(3) 连续性约束。如果一个给定的单元的所有相邻单元被分配为进场或离场，这个单元应该与他们匹配而不考虑它的原始指定类型。若没有连续性约束，整数规

划的最优解中可能会存在相关的小的离场扇区被一个大的进场扇区包含。从最优性角度看这种结果可能是合理的，但是对于实际运行没有意义。为了排除这些可能的解，需要为进离场单元提出连续性约束解集来限定最优解。

基于上面的讨论，提出的终端区进场空域的整数规划模型能表示为

$$\min Z = \sum_{j=1}^{n} \sum_{i=1}^{m} x(i,j) \tag{7.10}$$

受限于

$$x(i,j) = 1, \quad \forall (i,j) \in S_{\text{ar}} \tag{7.11}$$

$$x(i,j) = 0, \quad \forall (i,j) \in S_{\text{dp}} \tag{7.12}$$

$$\sum_{j=1}^{n} \sum_{i=1}^{m} |x(i,j) - y(i,j)| < N \tag{7.13}$$

$$x(i,j) = 1, 若 x(i_1,j) = x(i_2,j) = 1, \quad \forall i_1 < i < i_2, \forall 0 < j < n, \tag{7.14}$$

$$x(i,j) = 1, 若 x(i,j_1) = x(i,j_2) = 1, \quad \forall j_1 < j < j_2, \forall 0 < j < m, \tag{7.15}$$

其中，公式 (7.11) 和 (7.12) 是进离场航路限制，S_{ar} 和 S_{dp} 分别是进离场航路通过的单元集合。不等式 (7.13) 是为了将设计的进场扇区与实际轨迹的偏航限制在一个可接受的范围，由用户定义的参数 N 指定，这样生成的扇区能够覆盖实际交通流的变化。式 (7.14) 和 (7.15) 分别是角方向和径向上的连续性限制。

为了能在数值求解上面构建的整数规划得到最优解，首先指定涉及的参数，设置网格分辨率参数 n 和 m，将考虑的终端区分解。为了决定单元类型参数 y，将实际进场交通流覆盖分解的终端区空域，通过将飞机在实际航迹中的位置与网格单元进行对比，再根据公式 (7.9) 的定义，为每个网格单元决定参数 y。让参数 y 作为输入来解这个整数规划，获得整数规划的最优解。

7.4.3 扇区划分

在得到整数规划最优解后，最后就是生成进场扇区。在这个过程中还需要三步来为最优解中得到的进场扇区生成光滑的扇区边界。

1. 融合相邻单元

根据相应的最优解的决策变量值，任意选择一个进场单元，检测它相邻单元的决策变量，然后融合有相同决策变量值的相邻网格单元，生成一个新的更大的进场单元。这一步骤一直重复到没有相邻单元有相同的决策变量值。

2. 添加几何约束

由于考虑的终端区是没有覆盖机场的半径为 5n mile 的圆内的空域,而在这块空域内跑道结构是影响实际航迹的重要因素,并且通常进场航迹汇集于跑道的延长线,部分生成的扇区边界应该平行于跑道。因此,在这片空域内增加一条通过跑道的方向线段,然后将 5n mile 圆上的扇区边界投影到新增加的扇区边界的部分。

3. 使扇区边界光滑

在获得了扇区初步边界后,将一个边界光滑技术应用于初始的锯齿形扇区边界来获得光滑的扇区边界。在很多适合的方法中,选择了迭代结束点拟合算法结合道格拉斯普克线性拟合算法。

最后通过以上方法即可获得光滑的终端区进场扇区,然后找到进场扇区互补的空域就可获得离场扇区,从而实现终端区的动态扇区划分。

7.4.4 算例验证

以某机场的终端区为例。设终端区范围的平面是以机场为中心的 45n mile 的圆面,使用该终端区某一天 06:00 到 23:59 的实际交通数据,从中获取进场交通流,然后设置网格分辨率参数 $m = 50$ 和 $n = 20$,将终端区空域分解成网格单元平面,再将获得的进场交通流覆盖分解的终端区,如图 7.2 所示。

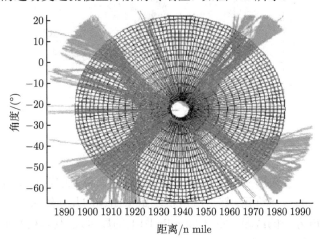

图 7.2 实际进场交通覆盖分解的终端区

通过比较实际交通流与网格单元,根据公式 (7.9) 为每个网格单元决定参数 y,如图 7.3 所示,其中灰色的单元用于进场,无色单元用于离场或不被使用。让参数 y 作为输入解整数规划得到最优解,如图 7.4 所示,其中灰色单元代表算法设计的进场单元。

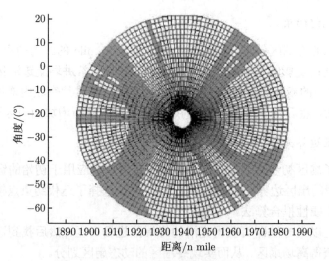

图 7.3　网格单元的参数 y

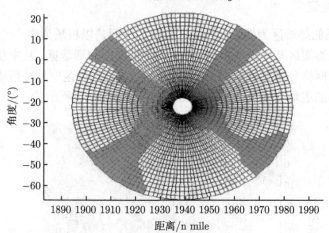

图 7.4　整数规划的最优解

　　在图 7.2 中任意选择一个进场单元, 检测它相邻单元的决策变量, 融合那些有相同决策变量值的相邻单元, 然后应用机场跑道结构的几何约束, 在中心空域内增加一条通过跑道方向的线段, 并将 5n mile 圆上的扇区边界投影到新增加的扇区边界的部分上, 如图 7.5 所示。

　　最后在获得了初始的锯齿形扇区初步边界后, 应用边界光滑技术获得光滑的扇区边界, 即获得进场扇区, 如图 7.6 所示。然后, 让生成的进场扇区覆盖实际进场交通流, 如图 7.7 所示。从结果能看到, 根据实际交通流生成了四个方向的进场扇区, 能很好地覆盖主要的实际交通流, 容纳实际交通流中的变化。然后找到进场扇区互补的空域即离场扇区, 最后就将终端区划分为 8 块扇区。

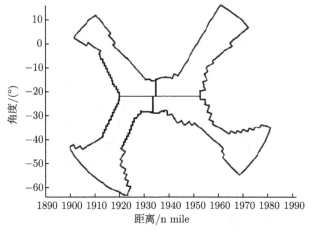

图 7.5 融合并添加几何约束后的初始扇区

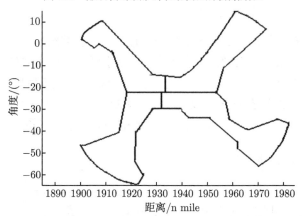

图 7.6 应用了光滑技术后的扇区

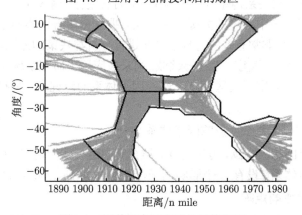

图 7.7 覆盖了实际交通的最终扇区

7.5 基于复杂度分析的空域扇区划分

本节从构建空域扇区复杂度影响因素体系出发,利用 DEMATEL 方法对各影响因子进行分析,并根据所得到的中心度、原因度等特征值,选取关键性评价指标,得到复杂度关键影响因子指标体系。而后结合扇区内部结构和扇区内运行状态两方面,建立静态空域扇区复杂度模型,最后根据影响扇区划分的因素和扇区划分的几点基本原则,结合空域扇区复杂度模型,以均衡扇区复杂度为目标,建立空域扇区划分模型,并进行实例分析验证本节提出模型的合理性。

7.5.1 复杂度关键评价指标的构建

1. 空域扇区复杂度影响因素体系

空域扇区复杂度,即空域扇区的复杂程度,是从空域结构、交通运行、管制实施、动态分析等一系列方面做出的客观衡量,是扇区规划的主要依据,同时也是评价空域结构合理性的主要手段。但现有研究缺少对影响复杂度因子的全面性归纳分析,因此本节提出从空域结构、交通情况、管制方面以及动态因素四个方面入手,提取 20 个主要因素,构建空域扇区复杂度影响因素体系,如图 7.8 所示 [4]。

2. DEMATEL 方法介绍

DEMATEL(decision making trial and evaluation laboratory) 方法,即 “决策实验室分析法”,是一种综合运用矩阵和图论进行系统因素分析的方法,通过判断各因素之间的逻辑影响关系构建直接影响矩阵,而后进行一系列矩阵分析,确定每种影响因子的原因度与中心度的关键影响因素,据此分析各因素对系统的整体影响情况。因此它是一种非常有效的对复杂系统进行分析与决策的方法,目前已经广泛用在分析教育、商业、医疗、工程等领域,尚未被应用于研究空域结构领域,因此,本节将该方法引入对空域扇区复杂度影响因子体系的研究中,使得到的结果更具有科学合理性。

1) 确定空域扇区复杂度影响因素体系

通过广泛查阅相关文献,专家访谈,结合空中运行实际情况,构建影响空域扇区复杂度的因素体系,设有 n 个影响因子,记为 $H = \{h_1, h_2, \cdots, h_n\}$。

2) 构建直接影响矩阵

根据各影响因素两两之间的影响关系进行评价,将影响程度用 5 个标度表示,即

$$F = \begin{cases} 0, & \text{没有影响} \\ 1, & \text{影响较低} \\ 2, & \text{影响适中} \\ 3, & \text{影响较高} \\ 4, & \text{直接影响} \end{cases} \tag{7.16}$$

每一位专家评价后得到一个矩阵 $\boldsymbol{H}_{ijn \times n}$，设有 m 位专家，则初始直接影响矩阵表示为 $\boldsymbol{H}_{ijn \times n}^{m}$。

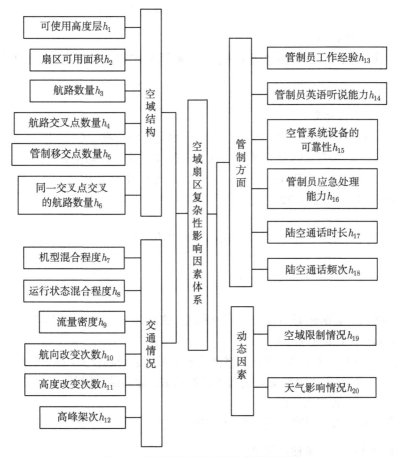

图 7.8 空域扇区复杂度影响因素体系

由于影响体系的因子较多，被邀请专家不一定对所有因素的关系都有较好的理解，因此赋予各评价专家权重值，以使初始数据更合理。权重集合为

$$\omega = \{\omega_1, \omega_2, \cdots, \omega_m\} \tag{7.17}$$

故直接影响矩阵表示为

$$\hat{H} = \hat{H}_{ij} = \sum_{1}^{m} \omega_k \cdot H_{ij}, \quad k = 1, \cdots, m \tag{7.18}$$

3) 规范化直接影响矩阵

根据公式 (7.18) 对直接矩阵进行正规化处理, 得到规范化直接影响矩阵 F 表示为

$$F = (f_{ij})_{n \times n} = \frac{1}{\max\limits_{1 \leqslant i \leqslant n} \sum\limits_{j=1}^{n} \hat{h}_{ij}} \hat{H} \tag{7.19}$$

4) 计算综合影响矩阵

为了分析各因素之间的间接影响关系, 利用公式 (7.19) 得到综合影响矩阵 G

$$G = (g_{ij})_{n \times n} = F(I - F)^{-1} \tag{7.20}$$

其中, I 表示单位矩阵。

5) 计算各因素的影响度、被影响度与原因度和中心度

综合影响矩阵表示的是元素之间的间接影响关系, 因此将矩阵 G 按行相加, 即得到对应因素的影响度 D_i, 见式 (7.21), 将矩阵 G 按列相加, 即得到对应元素的被影响度 R_j, 见式 (7.22)

$$D_i = \sum_{j=1}^{n} g_{ij}, \quad i = 1, 2, \cdots, n \tag{7.21}$$

$$R_j = \sum_{i=1}^{n} g_{ij}, \quad j = 1, 2, \cdots, n \tag{7.22}$$

中心度表示影响因素对系统的影响程度, 表示为 $D_i + R_j$; 原因度表示影响因素的净影响程度, 表示为 $D_i - R_j$。

因此, 若 $D_i - R_j > 0$, 即表示该影响因子对其他影响较大, 称为原因因子; 若 $D_i - R_j < 0$ 即表示该因素受其他因子的影响大, 称为结果因子。

6) 绘制综合影响关系图

分析各因素的原因度与关键影响因素。

3. 复杂度关键性指标的提取

1) 数值分析

根据空域扇区复杂度影响体系, 邀请 30 位国内民航业专家以及部分资深管制员, 对该评价体系中各影响因子间的关系进行评价打分, 然后基于各专家的评价权重, 得到直接影响矩阵, 部分数据如表 7.2。

表 7.2　空域扇区复杂度影响因素的直接影响矩阵

	h_1	$\cdots$	h_7	$\cdots$	h_{17}	$\cdots$	h_{20}
h_1	4.0	$\cdots$	0.8	$\cdots$	0.9	$\cdots$	0
h_2	0	$\cdots$	1.8	$\cdots$	2.4	$\cdots$	0
$\cdots$	$\cdots$	$\cdots$	$\cdots$	$\cdots$	$\cdots$	$\cdots$	$\cdots$
h_9	0	$\cdots$	2.0	$\cdots$	4.0	$\cdots$	0
h_{10}	0	$\cdots$	2.4	$\cdots$	2.1	$\cdots$	0
$\cdots$	$\cdots$	$\cdots$	$\cdots$	$\cdots$	$\cdots$	$\cdots$	$\cdots$
h_{18}	0	$\cdots$	0	$\cdots$	2.9	$\cdots$	0
h_{19}	3.4	$\cdots$	3.5	$\cdots$	3.4	$\cdots$	0
h_{20}	3.7	$\cdots$	3.6	$\cdots$	3.6	$\cdots$	4.0

根据 DEMATEL 算法对直接矩阵进行处理，最终得到各影响因素的原因度和中心度，得到空域扇区复杂度影响因素的综合影响关系表，见表 7.3，并绘制得到空域扇区复杂度影响因素的综合影响关系图，见图 7.9。

表 7.3　空域扇区复杂度影响因素的综合影响关系表

	D	R	$D+R$	$D-R$
h_1	0.7249	1.6507	2.3756	-0.9259
h_2	1.7927	1.2283	3.0210	0.5644
h_3	1.5343	1.6764	3.2107	-0.1421
h_4	1.6914	1.7115	3.4029	-0.0200
h_5	1.0350	1.0907	2.1257	-0.0556
h_6	1.2130	1.1985	2.4115	0.0145
h_7	1.4085	1.8727	3.2812	-0.4643
h_8	0.4921	1.6270	3.1191	-0.1349
h_9	0.9396	1.8054	2.7450	-0.8658
h_{10}	0.8618	1.5582	2.4200	-0.6965
h_{11}	1.0864	1.6834	2.7698	-0.5969
h_{12}	1.0695	1.5479	2.6174	-0.4783
h_{13}	1.2269	0.1111	1.3381	1.1158
h_{14}	0.8922	0.1111	1.0033	0.7811
h_{15}	0.9184	0.1111	1.0296	0.8073
h_{16}	1.6280	0.1111	1.7391	1.5169
h_{17}	0.2121	2.2009	2.4130	-1.9887
h_{18}	0.2121	2.5682	2.7804	-2.3561
h_{19}	2.1083	0.1111	2.2194	1.9972
h_{20}	2.2355	0.1111	2.3466	2.1244

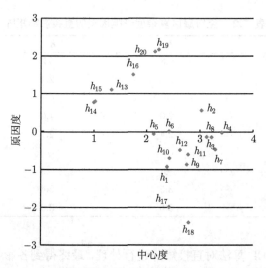

图 7.9　空域扇区复杂度影响因素的综合影响关系图

2) 中心度分析

如表 7.3 及图 7.9 所示，中心度越大表示该因素对系统的影响程度越大，依次为：航路交叉点数量 (h_4)、机型混合程度 (h_7)、航路数量 (h_3)、运行状态混合程度 (h_8)、扇区可用面积 (h_2)、陆空通话频次 (h_{18})、高度改变次数 (h_{11})、流量密度 (h_9)、高峰架次 (h_{12})、航向改变次数 (h_{10})、陆空通话时长 (h_{17})、同一交叉点交叉的航路数量 (h_6)、可使用高度层 (h_1)、空域限制情况 (h_{19})、天气影响情况 (h_{20})、管制移交点数量 (h_5)、管制员应急处理能力 (h_{16})、管制员工作经验 (h_{13})、空管系统设备的可靠性 (h_{15})、管制员英语听说能力 (h_{14})。

3) 原因度分析

如表 7.3 及图 7.9 所示，原因度大于 0 的因素即为原因因子，表示对其他因素的影响程度，依次为：空域限制情况 (h_{19})、天气影响情况 (h_{20})、管制员应急处理能力 (h_{16})、管制员工作经验 (h_{13})、空管系统设备的可靠性 (h_{15})、管制员英语听说能力 (h_{14})、扇区可用面积 (h_2)、同一交叉点交叉的航路数量 (h_6)。

原因度小于 0 的元素即为结果因子，表示受其他因素影响的程度，依次为：陆空通话频次 (h_{18})、陆空通话时长 (h_{17})、可使用高度层 (h_1)、流量密度 (h_9)、航向改变次数 (h_{10})、高度改变次数 (h_{11})、高峰架次 (h_{12})、机型混合程度 (h_7)、航路数量 (h_3)、飞机运行状态混合程度 (h_8)、管制移交点数量 (h_5)、航路交叉点数量 (h_4)。

4) 关键影响因素分析

根据中心度的分析结果，航路交叉点数量 (h_4)、机型混合程度 (h_7)、航路数量 (h_3)、飞机运行状态混合程度 (h_8)、扇区可用面积 (h_2) 这五个因素的中心度均大于 3, 排在中心度的前五个因素, 因此被确定为关键因素。

根据原因度的分析结果, 空域限制情况 (h_{19}) 与天气影响情况 (h_{20}) 作为对其他因素影响最大的原因因子前两位, 被确定为关键因素。

7.5.2 空域扇区复杂度模型研究

空域扇区复杂度是对空域结构的客观衡量, 是合理利用空域资源, 提高空中交通运行效率的基础。7.5.1 节从空域扇区复杂度的影响因素体系出发, 利用 DEMA-TEL 方法提取了关键指标体系, 对评估空域扇区复杂度有很大影响。本节将根据 7.5.1 节提取的关键性复杂度指标体系, 从内部结构与运行状态两个角度出发, 对其进行量化, 建立空域扇区复杂度模型 [5]。

1. 扇区内部结构的影响因子

1) 扇区面积影响因子

扇区面积由已使用面积, 即航路面积, 与未使用面积两部分构成。未使用面积象征着扇区在某些特殊管制情况下的可调配范围。定义扇区面积影响因子为扇区面积的利用率, 扇区面积的利用率越高, 可调配的空间就越小, 扇区的复杂度也随着减小。

设第 i 个扇区单元内的航路数量为 L_i, 该扇区单元内第 θ 条航路的面积为 γ_θ^i, 则第 i 个扇区单元内的航路总面积 S_{L_i} 表示为

$$S_{L_i} = \sum_{\theta=1}^{L_i} \gamma_\theta^i \qquad (7.23)$$

第 i 个扇区的面积利用率 φ_i 即表示为

$$\varphi_i = \frac{S_{L_i}}{S_i} \qquad (7.24)$$

其中, S_i 表示第 i 个扇区单元的面积 $(i = 1, 2, \cdots, n)$。

规划空域扇区单元的平均面积利用率表示为

$$\overline{\varphi} = \frac{\sum_{1}^{n} \varphi_i}{n} \qquad (7.25)$$

因此, 扇区面积影响因子 TCF_1^i 表示为

$$\mathrm{TCF}_1^i = \frac{\varphi_i}{\overline{\varphi}} \qquad (7.26)$$

2) 航路结构影响因子

航空器在扇区内沿着航路运行, 因此扇区内航路的密集程度与航路数量都影响着扇区的复杂程度。

本节基于航路交叉角 (航路交叉形成的锐角) 定义航路的密集程度。设第 i 个扇区单元内航路交叉角数量为 δ_i, 该扇区单元内第 σ 个航路交叉角表示为 α_σ^i, 则第 i 个扇区单元内的航路交叉角影响程度 A_i 表示为

$$A_i = \sum_{\sigma=1}^{\delta_i} \frac{1}{x \cdot \tan \alpha_\sigma^i} \tag{7.27}$$

式中, x 表示在航路上以交叉点为一端点所取线段的长度, x 取 1km, 定义 $x \cdot \tan \alpha_\sigma^i$ 表示有交叉点的两条航路的距离, 距离越远, 表示密集程度越低, 复杂度越小。

空域航路的平均交叉程度为

$$\overline{A} = \frac{\sum_{1}^{n} A_i}{n} \tag{7.28}$$

扇区单元内航路数量越多, 扇区单元结构越复杂。设第 i 个扇区单元内的航路数量为 L_i, 规划空域航路数量的平均值 $\overline{L}$ 为

$$\overline{L} = \frac{\sum_{i}^{n} L_i}{n} \tag{7.29}$$

因此, 航路结构影响因子 TCF_2^i 表示为

$$\mathrm{TCF}_2^i = \frac{L_i}{\overline{L}} + \frac{A_i}{\overline{A}} \tag{7.30}$$

3) 交叉点影响因子

交叉点是扇区内产生冲突程度最高的部分, 本节从扇区单元内交叉点的数量与繁忙程度两个方面加以考虑。

设第 i 个扇区单元内的交叉点数量为 C_i, 该扇区单元内第 u 个交叉点所连接的航路数量为 β_μ^i, 定义 a 为同一交叉点每增加一条航路对交叉点复杂度的影响系数 (经调研统计, 该值常取 1.65)。

第 i 个扇区单元交叉点繁忙程度 τ_i 表示为

$$\tau_i = \sum_{\mu=1}^{C_i} \beta_\mu^i \cdot a^{\beta_\mu^i} \tag{7.31}$$

平均交叉点繁忙程度表示为

$$\overline{\tau} = \frac{\sum_{1}^{n} \tau_i}{n} \tag{7.32}$$

因此, 交叉点影响因子表示为

$$\mathrm{TCF}_3^i = \frac{\tau_i}{\overline{\tau}} \tag{7.33}$$

2. 扇区内运行状态的影响因子

1) 机型的混合程度

由于不同机型在尾流、速度与间隔方面的要求与规范都不尽相同, 因此, 机型的混合程度是影响扇区复杂度的一项重要因素。

航空器按照尾流划分为重型机、中型机和轻型机, 设单位时间内扇区单元 i 内重型机、中型机与轻型机的所占的比例分别为: p_{h}^i、p_{m}^i、p_{l}^i, 则第 i 个扇区单元的机型混合比 γ_i 表示为

$$\gamma_i = Q_i \times \left(p_{\mathrm{h}}^i \times p_{\mathrm{m}}^i + p_{\mathrm{h}}^i \times p_{\mathrm{l}}^i + p_{\mathrm{m}}^i \times p_{\mathrm{l}}^i \right) \tag{7.34}$$

Q_i 表示第 i 个扇区单元的航空器数量。

平均机型混合比表示为

$$\overline{\gamma} = \frac{\sum\limits_{1}^{n} \gamma_i}{n} \tag{7.35}$$

扇区机型混合影响因子 TCF_4^i 表示为

$$\mathrm{TCF}_4^i = \frac{\gamma_i}{\overline{\gamma}} \tag{7.36}$$

2) 飞行状态混合程度

通常情况下, 同一扇区内都会存在不同运行状态的航空器, 直接影响着扇区的复杂度。

设扇区爬升、下降和平飞的航空器比例分别为 p_{u}^i、p_{d}^i、p_{k}^i, 扇区的飞行状态混合程度表示为

$$\varepsilon_i = Q_i \times \left(p_{\mathrm{u}}^i \times p_{\mathrm{d}}^i + p_{\mathrm{d}}^i \times p_{\mathrm{k}}^i + p_{\mathrm{u}}^i \times p_{\mathrm{k}}^i \right) \tag{7.37}$$

平均飞行状态混合比 $\overline{\xi}$ 表示为

$$\overline{\xi} = \frac{\sum\limits_{1}^{n} \xi_i}{n} \tag{7.38}$$

扇区飞行状态混合因子 TCF_5^i 表示为

$$\mathrm{TCF}_5^i = \frac{\xi_i}{\overline{\xi}} \tag{7.39}$$

3. 扇区动态情况影响因子

根据相关部门调查显示,天气原因、军事活动等情况已然成为导致航班延误的重要原因。空域限制情况与天气影响情况也是关键复杂因素,本节首先对飞行受限区进行定义,而后结合飞行受限区在扇区内的覆盖情况,从容量角度衡量了动态因素的影响程度,得到了量化的动态扇区复杂度因子。

1) 受限区影响情况分析

以扇区内重要航路点、报告点、导航点为基准,利用加权 Voronoi 图分割法确定扇区基本单元,生成元集合 $S = \{s_1, s_2, \cdots, s_n\}$。选取全国 81 个重要航段作为研究对象,统计某日 08:00~22:00 时刻内不同航段使用的高度层,统计结果如图 7.10 所示。

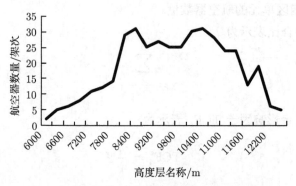

图 7.10   高度层占用统计图

选取流量在 10 架次以上的高度层为繁忙高度层,即 FL720~FL1190 作为本节构建飞行受限区所用的高度层,则高度层集合为 $H = \{h_1, h_2, \cdots, h_{16}\}$。因此,定义扇区内三维块为 $V = \{v_{S,H}\}$,$v_{S,H}$ 即为第 h_i 高度上的第 s_i 个单元块,对应流量得到权值集合 $W = \{w_{S,H}\}$,$w_{S,H}$ 表示 $v_{S,H}$ 单位块对应的流量。

飞行受限区 (flight forbidden area, FFA),即由于出现恶劣天气或军航活动等情况,一部分空域不可以被使用,本节定义该部分区域为飞行受限区,即 $FFA = \sum V \cdot W$。文献 [6] 详细阐述了飞行受限区覆盖扇区的 4 种情况:即受限区未影响任何航路 (记为 FFA_1)、受限区未覆盖航路但垂直距离小于安全间隔 (记为 FFA_2)、受限区覆盖单条航路 (记为 FFA_3) 与受限区覆盖交叉点 (记为 FFA_4)。

2) 受限区对复杂度的影响

受限区的覆盖位置会对扇区容量造成不同程度的影响,本节基于上述 4 种情况,量化出不同受限区位置对扇区容量的影响模型。

对于 FFA_1 的情况,飞行受限区对容量没有影响,即 $C_{loss}^{FFA_1} = 0$,$C_{loss}^{FFA_1}$ 表示 FFA_1 情况下损失的容量值。

A. FFA$_2$ 与 FFA$_3$ 改航情况分析

对于 FFA$_2$ 与 FFA$_3$ 的情况下的改航示意图，表示如图 7.11 和图 7.12 所示，管制员通常会指挥航空器通过改航的方式进行绕飞，绕飞状况基本相同，可以统一表示。

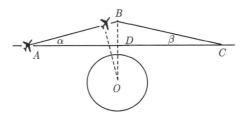

图 7.11 FFA$_2$ 情况下的改航示意图

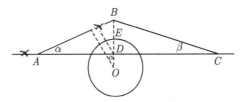

图 7.12 FFA$_3$ 情况下的改航示意图

航空器从航路 A 点调整航向 α 进行绕飞，达到指定点 B，而后调整航向，直飞到航路点 C。AC 间距离为 L_{AC}，d_{ij} 为规定的前后两架航空器的最小安全间隔，则绕飞前容量为

$$C_{\max}^{\text{FFA}_2} = C_{\max}^{\text{FFA}_3} = \frac{L_{AC}}{d_{ij}} + 1 \tag{7.40}$$

有受限区影响时，航空器按照设计改航路线运行。$L_{AB} = \dfrac{L_{BD}}{\sin \alpha}$，$L_{BC} = \dfrac{L_{BD}}{\sin \beta}$，考虑到改航时可能出现的导航设备精度、管制员因素、通信延时等因素的影响，将改航的飞行间隔增加一定数量的裕度 Δd，因此改航时的间隔为 $\hat{d}_{ij} = d_{ij} + \Delta d$，容量满足

$$C_{\text{effect}}^{\text{FFA}_2} = C_{\text{effect}}^{\text{FFA}_3} = \frac{L_{AB} + L_{BC}}{\hat{d}_{ij}} + 1 \tag{7.41}$$

其中，L_{AB} 表示 A 到 B 的距离；L_{BC} 表示 B 到 C 的距离；$\hat{d}_{ij}$ 表示改航后的航空器间隔。

所规划的改航路线还要保证 $L_{BO} \cdot \cos(\min\{\alpha, \beta\}) - r \geqslant S$，$S$ 表示民航局规定的航空器与受限区的安全间隔；L_{BO} 表示 B 到 O 的距离；r 表示受限区半径。α, β 表示如图 7.11 和图 7.12 所示的角度。

B. FFA$_4$ 改航情况分析

研究 FFA$_4$ 情况之前，先对没有受限区影响的交叉点容量进行分析，航空器在交叉点不产生航向改变，并且两条航路上的航空器依次通过交叉点，同航路航空器间隔为 $2d_{ij}$，如图 7.13，航路夹角为 θ，航空器 P 与 Q 间的距离要满足

$$L_{PQ} = \sqrt{d_{ij}^2 + (2d_{ij})^2 - 2d_{ij} \cdot (2d_{ij}) \cdot \cos\theta} \geqslant S_{\text{侧}} \tag{7.42}$$

其中，$S_{\text{侧}}$ 表示民航局规定的航空器之间的侧向距离。交叉点容量为

$$C_{\max}^{\text{FFA}_4} = \frac{L_1 + L_2}{2d_{ij}} + 2 \tag{7.43}$$

其中，L_1、L_2 分别表示两条航路交叉范围内的长度。

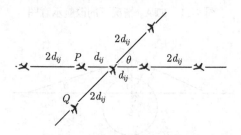

图 7.13　交叉点航空器示意图

当有受限区影响时，如图 7.14 所示，考虑到管制员的工作负荷以及安全性问题，通常不会让两个方向的航空器同时绕飞。采取的方式是一架航空器绕飞，另一架航空器等待。

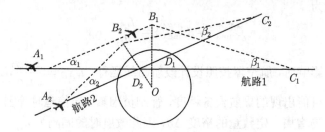

图 7.14　FFA$_4$ 情况下的改航示意图

按照此运行方式，所规划的改航路线要保证

$$L_{B_1O} \cdot \cos(\min\{\alpha_1, \beta_1\}) - r \geqslant S \tag{7.44}$$

$$L_{B_2O} \cdot \cos(\min\{\alpha_2, \beta_2\}) - r \geqslant S \tag{7.45}$$

其中，S 表示民航局规定的航空器与受限区的安全间隔。设单位时间内 L_1 改航路径上的时间间隔为 $\Delta t_1 = \dfrac{1}{C_1} = \dfrac{\Delta \hat{d}_{ij}}{L_{A_1B_1} + L_{B_1C_1}}$，单位时间内 L_2 改航路径上的时

间间隔为 $\Delta t_2 = \dfrac{1}{C_2} = \dfrac{\Delta \hat{d}_{ij}}{L_{A_2B_2} + L_{B_2C_2}}$。

因此，受 FFA_4 情况影响的交叉点的容量表示为

$$C_{\mathrm{effect}}^{\mathrm{FFA}_4} = \frac{1}{\Delta t_1 + \Delta t_2} = \frac{C_1 \cdot C_2}{C_1 + C_2} \tag{7.46}$$

3) 动态复杂度因子

基于对空域限制特点的分析以及对不同 FFA 覆盖情况的容量情况的讨论，对扇区动态复杂度因子进行量化：

$$C_{\mathrm{effect}} = \sum_k x_k \cdot C_{\mathrm{effect}}^k (1 - \lambda_k) \tag{7.47}$$

$$\mathrm{TCF}_6 = \frac{C_{\mathrm{effect}}}{C_{\max}} \tag{7.48}$$

$$x_k = \begin{cases} 1, & \text{发生该情况} \\ 0, & \text{没有发生} \end{cases} \tag{7.49}$$

$$k = \mathrm{FFA}_1, \mathrm{FFA}_2, \mathrm{FFA}_3, \mathrm{FFA}_4 \tag{7.50}$$

参数释义：

C_{effect} 表示被覆盖区域的总动态容量值；

$C_{\max}$ 表示被覆盖区域的最大容量值；

λ_i 表示第 i 种情况下由于管制员因素损失的容量因子 (受管制员的水平决定)；

TCF_6 表示动态影响情况下的复杂度因子。

4) 动态复杂度因子仿真分析

取某地区 02 号扇区 2016 年 10 月 3 日 08：00~10：00 时段数据进行分析，图 7.15 为该地区 02 号扇区的空域结构示意图 (图中点均为航路点名称)，根据气象雷达探测到的恶劣天气，覆盖扇区结构情况如图 7.16 所示 (图中点均为航路点名称)。

令改航角 $\alpha = 30°$、$\beta = 45°$，$d_{ij} = 20\mathrm{km}$。取 $\hat{d}_{ij}$ 为 40 km，分析改航最远点到航路的距离，即 L_{BD}，对扇区动态容量的影响情况，如图 7.17 所示。取 L_{BD} 为 100 km，分析改航间隔 $\hat{d}_{ij}$ 对扇区容量的影响情况，如图 7.18 所示。

从仿真实例中可以得出，当发生恶劣天气时，由于形成了飞行受限区对空域结构的覆盖情况，扇区的容量会相应减少。已知改航点到航路距离受两个因素决定：飞行受限区的位置与受限区半径，从图 7.18 可以分析出：损失容量与 L_{BD} 呈正相关；由于管制因素导致的容量损失因子 λ_i，其值越大，动态容量越大，由于管制员工作水平的高低直接影响了 λ_i 的大小，所以管制员经验越丰富、能力越强，则容

量的损失越小；当 L_{BD} 取 100 km 时，$\lambda = 0.1$、0.2、0.3、0.4 对应的动态容量分别减少了 5.7%、11.5%、17.3%、23.1%。

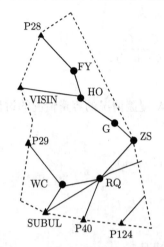

图 7.15　西安 02 号扇区空域结构图

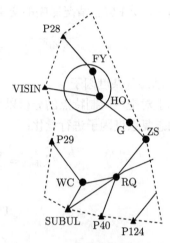

图 7.16　恶劣天气覆盖情况

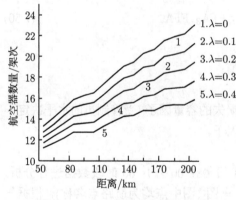

图 7.17　L_{BD} 与损失容量的关系

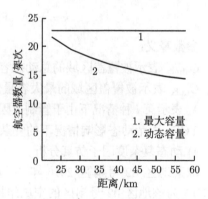

图 7.18　$\hat{d}_{ij}$ 对动态容量的影响

4. 空域扇区复杂度模型构建

从扇区内部结构方面提出的扇区面积、航路结构与交叉点，以及从扇区运行状态方面提出的机型混合程度与飞机状态混合程度，这五个关键因素是复杂度的构成性因素，根据影响因子的量化模型，得到静态的空域扇区复杂度模型为

$$\mathrm{TCF}^i = \sum_{k=1}^{5} \omega_k^i \cdot \mathrm{TCF}_k^i \tag{7.51}$$

其中，TCF^i 表示第 i 个扇区单元的静态复杂度值，ω_k^i 表示第 k 种复杂度因子所

影响的程度, 该值根据向一线管制员发放调查表的方式分析获取; TCF_k^i 表示第 k 种复杂度因子。

扇区动态影响因子由空域限制情况 (h_{19}) 与天气影响情况 (h_{20}) 所决定, 作为原因度前两位的因素, 对系统中每个影响因子都产生很大的影响, 因此是复杂度的整体影响性因素, 根据所量化的模型, 得到空域扇区复杂度 TC_i(traffic complexity) 为

$$\text{TC}_i = \left(\sum_{k=1}^{5} \omega_k^i \cdot \text{TCF}_k^i \right) \cdot \text{TCF}_6 \tag{7.52}$$

其中, TC_i 为第 i 个扇区单元的复杂度; TCF_6 表示动态影响情况的复杂度因子。

7.5.3 基于复杂度分析的空域扇区划分研究

扇区复杂度表示为

$$\text{TC}_i = \left(\sum_{k=1}^{5} \omega_k^i \cdot \text{TCF}_k^i \right) \cdot \text{TCF}_6 \tag{7.53}$$

$$\widehat{\text{TC}}_I = \sum_{i=1}^{n} x_i^I \cdot \text{TC}_i \tag{7.54}$$

式中, TC_i 表示第 i 个扇区单元的复杂度值; ω_k^i 表示第 k 种复杂度因子所影响的程度; TCF_k^i 表示第 k 种复杂度因子。

$\widehat{\text{TC}}_I$ 表示所划分的第 I 个扇区的复杂度值 $(I = 1, 2, \cdots, N)$。x_i^I 为 0-1 决策变量, 若第 i 个扇区单元属于所规划的第 I 个扇区, 则 x_i^I 值取 1; 否则取 0, 表示为

$$x_i^I = \begin{cases} 1, & i \in I \\ 0, & i \notin I \end{cases} \tag{7.55}$$

本节以均衡各扇区复杂度值为目标函数, 建立以下数学模型。

目标函数:

$$z = \min \sum_{p=1}^{N} \sum_{q=1}^{N} \left| \widehat{\text{TC}}_p - \widehat{\text{TC}}_q \right| \tag{7.56}$$

其中, N 表示所划扇区个数; $\widehat{\text{TC}}_p$、$\widehat{\text{TC}}_q$ 分别表示所划分的第 p 与 q 个扇区的复杂度值。

约束条件:

$$x_{ab} \leqslant 1 \tag{7.57}$$

$$d \geqslant v \cdot (t_1 + t_2) + s \tag{7.58}$$

$$T \geqslant 2 \times t_2 \tag{7.59}$$

其中，式 (7.57) 体现了扇区为凸型约束，表示为同一航空器至多一次进入同一个扇区；式 (7.58) 体现了冲突点距离扇区边界约束；式 (7.59) 体现了最短扇区穿越时间约束。约束条件中各参数含义见表 7.4。

表 7.4   约束条件中各参数含义

参数	含义
a	第 a 架航空器，$a = 1, 2, \cdots$
b	第 b 个扇区，$b = 1, 2, \cdots$
x_{ab}	航空器 a 进入扇区 b 的次数
d	交叉点距离扇区边界的最小距离
v	航空器飞行的平均速度
t_1	管制员解决冲突的时间
t_2	管制员进行扇区间移交的时间
s	航空器间最小安全间隔
T	穿越扇区所用最短时间

除此之外，扇区划设一定要满足扇区的连续性约束，即扇区单元的组合都是以增加相邻扇区单元的方式来实现的。

基于以上提出的扇区复杂度模型，结合生长算法的优点，提出一种将扇区单元复杂度值作为信息素，将信息素按要求存入数据库，并调用数据库优化求解全局最优解的算法。以广州地区的 02、03、05 扇区为例，进行空域扇区的划设。图 7.19 为所研究区域的航路网结构图，图 7.20 是基于该地区的重要航路点与空域结构所形成的 Voronoi 图。

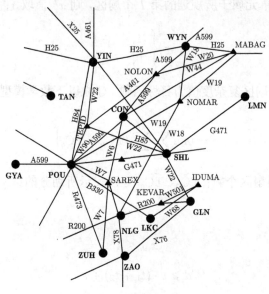

图 7.19   航路网结构图

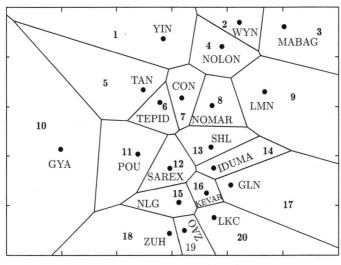

图 7.20　扇区单元生成图

1. 扇区划分

选取该地区某日 10：00~12：00 的航班数据，利用本节提出的方法，以扇区单元 1、8、11 为例，计算该扇区的空中交通复杂度值分别为：扇区单元 1 为 35.58；扇区单元 8 为 25.38；扇区单元 11 为 31.83。表 7.5 为该时段内扇区单元 1、8、11 的结构状况，表 7.6 表示该时段内扇区单元 1、8、11 航空器的类型和状态。

表 7.5　扇区结构数据统计

扇区单元	扇区面积/km²	航路面积/km²	航路数量/个	交叉点数量/个
1	1108.89	208.68	7	1
8	616.05	210.90	4	2
11	739.26	137.64	5	3

表 7.6　扇区运行状态数据统计　　　　　　　　单位：架次

扇区单元	上升	下降	平飞	重型	中型	轻型
1	0	9	7	7	9	0
8	1	0	5	2	4	0
11	0	2	4	1	5	0

计算该空域扇区内每个扇区单元的复杂度值如图 7.21 所示。

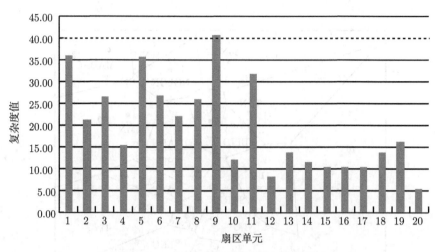

图 7.21　各扇区单元管制员工作负荷

根据本节提出的算法，将该空域划分为三个扇区，具体如图 7.22 所示。01 号扇区由扇区单元 1、5、6、7 构成；02 号扇区由扇区单元 2、3、4、8、9 构成；03 号扇区由扇区单元 10、11、12、13、14、15、16、17、18、19、20 构成。对所生成的 Voronoi 图进行叠加航路，得出扇区规划图，如图 7.23 所示。

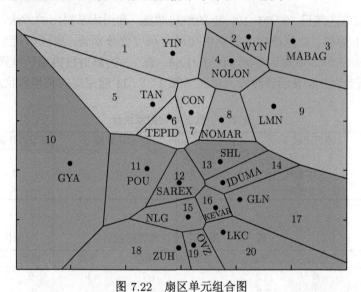

图 7.22　扇区单元组合图

2. 几何修正

如图 7.23 所示，规划方案不符合本节提出模型的约束条件，需要进行几何修正，修正后该地区所划分的三个扇区的复杂度值见表 7.7。

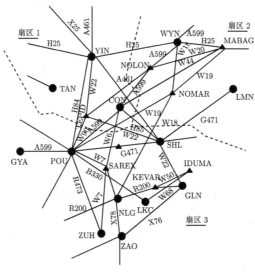

图 7.23　扇区划分图

表 7.7　修正后扇区的复杂度值

扇区	1	2	3
复杂度值	129.03	129.99	132.59

因此，该地区的最优扇区规划方案如图 7.24 所示。

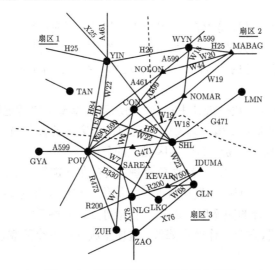

图 7.24　广州区域最优扇区划分方案

3. 结果分析

从空域利用率和扇区运行效率两方面出发，针对以上两种方案进行对比分析，数值结果如表 7.8 和表 7.9 所示。

表 7.8　基于复杂度的评价结果分析

	空域利用率	扇区运行效率		
		移交点数量/个	交叉点数量/个	航路数量/条
扇区 1	33.39%	7	9	11
扇区 2	35.46%	8	13	15
扇区 3	31.15%	6	10	12

表 7.9　基于流量的评价结果分析

	空域利用率	扇区运行效率		
		移交点数量/个	交叉点数量/个	航路数量/条
扇区 1	30.26%	8	4	10
扇区 2	44.85%	14	22	19
扇区 3	24.89%	10	8	9

对比两种方案，本节提出的划分方案无论在利用率方面，还是运行效率方面都更加均衡，体现出本方法的合理与高效性。

7.6　扇区的动态开合

扇区动态开合的目标是根据不同时间段内空中交通需求的不同对扇区单元进行合理配置，使扇区的开放形式和数量既满足空中交通管制服务的要求，又在管制员可承受的工作强度之内，且同时考虑了均衡管制员工作负荷和空域资源的高效利用率[7,8]。

从对管制员进行的数据统计中得到，动态扇区调整需要考虑以下几个方面：

(1) 工作负荷的均衡。扇区动态规划后的每个扇区的管制员工作负荷尽可能是均衡的。减少空域资源浪费，达到扇区优化的目的。

(2) 扇区动态调整后的扇区结构要合理。只有在一定程度上减少了协调工作负荷，才能达到动态扇区调整的最初目的——优化后比优化前协调工作负荷减少。

(3) 对扇区新组合的熟悉度。如果一个管制员对调整后的扇区组合不熟悉，那么势必造成其心理状态及工作效率降低，这使空域存在安全隐患，没有达到安全优化的目的。

(4) 扇区优化结果的连续性。连续性体现在为了让管制员在整个扇区重组过程中能够适应变化频率，所以在从一个扇区组合结构变换为到另一个扇区组合结构时，扇区之间要有一个连续性。

7.6.1 合理调整扇区的评估模型

扇区组合就是指单个扇区或者多个相邻扇区的组合；可行扇区组合是指满足扇区结构特征约束的一种扇区组合，一旦成为可行扇区组合，即可分配给一个管制席位负责。每个管制席位配有雷达屏幕、无线电等监视、通信设备，有一组管制员负责合理分配空域内航空器的安全飞行间隔。

扇区配置是指将 n 个扇区划分为 k 组扇区组合的方式，也就是将 n 个扇区分配给 k 个管制席位的方式 $(1 \leqslant k \leqslant n)$。

如前所述，合理的扇区配置意味着所开放的扇区是管制员工作负荷能力范围以内，也就是说既要开放足够多的扇区以满足空中交通管制的需求，又要开放尽量少的扇区以节约管制资源。

假设扇区组合 c 在时间段 t 内的管制员工作负荷为 $W(c,t)$，管制员平均工作负荷设定为 W_0，其中 $W(c,t)$ 是由该扇区在该时间段 t 内空中交通复杂度系数和飞行航班流量决定的。那么则有

$$\Delta W(c,t) = \frac{W(c,t) - W_0}{W_0} = \frac{W(c,t)}{W_0} - 1 \tag{7.60}$$

其中，c 代表一种扇区组合，t 代表高峰时间段 (8：00~10：00)，最佳的状态是每个扇区单元的管制工作负荷都与管制员平均可承受的工作负荷尽可能接近，但大多数情况下两者存在一定的差距。假设管制工作负荷有最低和最高要求值 H 和 L，则对于每种扇区组合合理度分析如下：

$$\lim_{\Delta W^+ \to H} \Delta W(c,t) = \begin{cases} \Delta W(c,t), & 0 \leqslant \Delta W \leqslant H \\ 0, & \text{其他} \end{cases} \tag{7.61}$$

$$\lim_{L \to \Delta W^-} \Delta W(c,t) = \begin{cases} |\Delta W(c,t)|, & L \leqslant \Delta W(c,t) \leqslant 0 \\ 0, & \text{其他} \end{cases} \tag{7.62}$$

$$\lim_{\Delta W^- \to \Delta W^+} \Delta W(c,t) = 0 \tag{7.63}$$

$$Y(c) = a(\Delta W(c,t))^2 + b\left(\lim_{\Delta W^+ \to H} \Delta W(c,t) + \lim_{L \to \Delta W^-} \Delta W(c,t)\right)$$
$$+ c\left(\lim_{\Delta W^- \to \Delta W^+} \Delta W(c,t)\right) \tag{7.64}$$

式 (7.61)~ 式 (7.63) 表示了可能出现的每种扇区组合合理度评估，式 (7.64) 是扇区组合中管制员工作负荷合理度评估模型，其中 a, b, c 为参数。

因为扇区的拆分与合并需要一定的代价转换，所以扇区调整所需管制员工作负荷代价转化问题相当于求取类抛物线的极小值问题，这样有利于将管制员的平均管制工作能力作为衡量指标，对扇区合并中超出期望管制员工作负荷的组合设置惩罚因子，同时也对低于管制员工作负荷的扇区设置惩罚因子，这些惩罚因子的作用就在于充分调节管制资源，避免管制员超负荷工作或管制资源浪费，也可以做到使扇区组合达到最佳调整状态。

7.6.2 扇区分配的复杂性

合理的扇区分配面临着如何把 n 个扇区分配给 k 个管制员，容易得出分配方式有 $P(n,k)$ 种。

$$P(n,k) = k \times P(n-1,k) + P(n-1,k-1) \tag{7.65}$$

$$P(n) = \sum_{k=1}^{n} P(n,k) \tag{7.66}$$

因此扇区分配方案很多，如果有 5 个扇区，3 个管制席位，那么可能的组合方式有 52 种，但随着 n 的增加，可能的组合方式也会很多。复杂性也急剧增加，因为扇区的凸形以及扇区连续性约束，很多扇区组合并不符合扇区划分原则，所以为了减少不必要的扇区组合的出现，需要先找出可行的扇区组合。可行的扇区组合为后续的扇区动态调整做出了铺垫。

7.6.3 可行性扇区组合

可行性扇区组合 C 是由一个或多个扇区组成的，它必须要满足扇区的基本结构特征，如扇区连通性、多边形性以及凸性约束等，如图 7.25 所示，以西安咸阳国际机场进近空域为例，共有 8 个扇区，所以有 $P(8) = \sum_{k=1}^{8} P(8,k) = 4140$ 种，为了取得所有可行的扇区组合，先以相邻为条件，对其进行相邻扇区单元统计，统计表如表 7.10 所示。

表 7.10   西安进近区各扇区相邻表

	S_1	S_2	S_3	S_4	S_5	S_6	S_7	S_8
S_1		1	1	0	1	1	0	0
S_2	1		1	1	0	0	0	1
S_3	1	1		1	0	0	0	0
S_4	0	1	1		1	0	0	1
S_5	1	0	0	1		1	1	1
S_6	1	0	0	0	1		1	0
S_7	0	0	0	0	1	1		1
S_8	0	1	0	1	1	0	1	

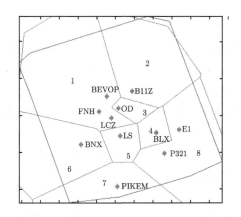

图 7.25　西安咸阳国际机场进近区扇区分布

由相邻扇区统计表格可以看出，可行的扇区组合个数也很多，为了能尽快找出扇区可用的调整方案，可以建立如图 7.26 所示的对应扇区之间相邻关系的网络图，从而更加直观地看出连通的子网络，满足扇区的连续性。

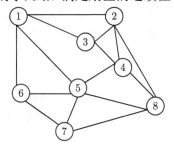

图 7.26　西安进近区扇区相邻网络结构图

在满足扇区基本特征和扇区划分原则的前提下，可以得出可行的扇区组合如表 7.11 所示，因为只由扇区的客观性要求来限制决定可行性的扇区组合，筛选率较低，所以只选部分加入表格。

表 7.11　部分可行性扇区组合

	扇区组合						
	C_1	C_2	C_3	C_4	C_5	$\cdots$	C_m
S_1	1	0	0	1	0	$\cdots$	0
S_2	0	1	0	0	0	$\cdots$	0
S_3	1	1	0	1	0	$\cdots$	0
S_4	0	0	1	1	0	$\cdots$	1
S_5	0	0	0	1	1	$\cdots$	1
S_6	0	0	0	0	1	$\cdots$	0
S_7	0	0	0	0	0	$\cdots$	0
S_8	0	0	1	0	0	$\cdots$	0

7.6.4 扇区动态使用的划分模型

最优的扇区配置就是从所有可能的扇区组合中寻找最优的配置方案。最常见最直接的方法就是遍历搜索法对所有可能出现的方案进行遍历搜索比较得到最优解。如 7.6.3 节所述，对西安进近区扇区 4140 种可能的组合进行搜索，面临着两方面的难题：一方面需要判断每种扇区组合的可行性，是否满足扇区的基本特征要求以及扇区划分的基本原则；另一方面还要考虑这种扇区组合的合理代价性。因为不能快速地筛选出可行的扇区组合，同时伴随着如此大的计算工作和搜索量会使工作效率极低，特别是当扇区数目增加时，搜索规模也会急剧增加，不具有实用性，也增加了求解难度。

为了把生长算法求解最优扇区边界很好地引用在扇区划分模型里，尝试将集合划分问题变成组合优化求解问题。集合划分问题就是将 n 个扇区 $S_1, S_2, S_3, \cdots, S_n$ 可能存在的可行性扇区组合 $C_1, C_2, C_3, \cdots, C_m$ 中的最大值尽可能小。

根据 7.6.1 节所述，合理的扇区调整意味着开放的扇区的管制工作负荷必须在管制员能力范围之内，即高峰时段开放足够多的扇区满足空中飞行流量以及空中交通需求，但也要在非高峰时段开放较少的管制席位来节约管制资源；与此同时，还要调整后的扇区组合尽可能做到对管制员工作负荷的均衡分配。集合划分问题描述的数学问题就是在以扇区组合合理度为求解目标的基础上，在扇区组合约束条件下进行的。

设扇区集合为 $S = \{S_1, S_2, S_3, \cdots, S_n\}$，所有可行的扇区组合为 $C = \{C_1, C_2, C_3, \cdots, C_m\}$，时间段 t 内采样集合为 l，则集合划分问题的数学模型描述如下：

$$\min \sum_{m=1}^{n} c_m x_m$$

$$\text{s.t.} \quad \sum_{m=1}^{n} a_{Sm} x_m = 1, \quad \forall S_m \in S$$

$$f_{mi} x_m < f_0, \quad \forall m \in C, \ \forall i \in I$$

$$x_m \in \{0,1\}, \quad \forall m \in C$$

$$a_{S_m} = \begin{cases} 1, & S_m \in C_m \\ 0, & \text{其他} \end{cases} \tag{7.67}$$

其中，c_m 是选择某个扇区组合的代价函数，x_m 是决定是否选择该扇区组合，其取值为 0 或 1，约束条件的意义在于一方面一个扇区能且只能用于一个扇区组合，另一方面表明选中的扇区组合在时间段内的流量必须在限定的范围内。而且扇区组合 C 在时间段内的流量 f_{mi} 等于该组合所包含的所有扇区 S 在该时间段内的流量之和，其计算公式如下：

$$f_{mi} = \sum_{S_m \in S} a_{S_m} \cdot f_{si} \tag{7.68}$$

7.6.5 扇区动态使用的实现与结果分析

本节以 7.6.4 节建立的扇区调整的集合划分模型为依据，根据 7.6.1 节给出的管制员工作负荷等于空域航班流量和空域复杂度系数的乘积，按照均衡管制员工作负荷的调整来实现扇区的动态调整。以 2013 年 5 月 1 日西安进近区各扇区方向的小时流量为例给出扇区动态调整的实际算例分析。如图 7.27 所示是该日扇区某小时段流量分布图。

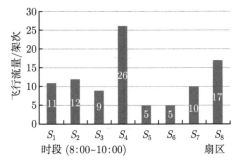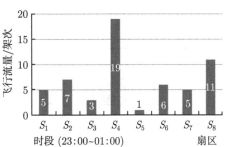

图 7.27 小时段内各扇区流量分布图

从图 7.27 可以看出在高峰时段内靠近进近的 4 号扇区管制交通流量大于 20 架次，其他的有 8 号扇区作为主要进离场方向管制交通流量超过了 15 架次，剩余的扇区基本保持在 15 架次以内。所以我们可以初步设定扇区平均交通流量为 20 架。根据扇区调整的集合划分模型，对以下参数进行设置，设定如表 7.12 所示。

表 7.12 参数设置

参数	设置值
W_0	20
H	5
L	-5

在时间段 8:00~10:00 内最优扇区配置方案如表 7.13 左部所示，此时开放 5 个扇区组合；在时间段 23:00~01:00 内最优扇区配置方案如表 7.13 右部所示，此时开放 3 个扇区组合。最后从管制工作负荷可以看出比较均衡，且在管制员工作能力范围之内，扇区流量为 20 架次。

图 7.28 是 2013 年 5 月 1 日全天每个时间段扇区配置图示，其中每个格子代表一个开放的扇区组合，格子内的数字表示不同扇区组合在该时间段内的管制负荷。可以很直观地看出在 8：00 以前由于空中交通流量很小每个扇区内的管制负

荷也很小，此时开放很少的扇区组合即可。8:00~22:00 是全天流量高峰期，此时开放较多的扇区组合，每个时间段开放 4 或 5 个扇区组合。由于每个时间段内管制负荷分布的变化，即使相邻的两个时间段开放的扇区个数相同其开放的具体扇区组合也可能不同。

表 7.13 扇区配置方案

时间段 (8:00~10:00)			时间段 (23:00~01:00)		
扇区组合编号	包含扇区	负荷	扇区组合编号	包含扇区	负荷
C_1	1,5	16	C_6	1,2,3	15
C_2	2, 3	21	C_3	4	19
C_3	4	26	C_7	5,6,7,8	23
C_4	6,7	15			
C_5	8	17			

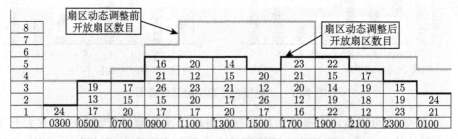

图 7.28 2013 年 5 月 1 日全天每个时间段扇区配置图

图 7.28 中灰线为扇区配置动态调整前开放扇区数量曲线，从图中可以看出动态调整后开放扇区的数量小于动态调整前扇区开放的数量，由占用面积比例可以算出节约管制资源 17%。可以看出调整后开放的扇区管制负荷主要集中在 10~20，在 26 处达到最大值，这与扇区动态调整模型中设置的管制员平均工作负荷能力范围一致。对比图可以充分说明扇区动态调整模型的有效性。

7.7 基于 Delaunay 三角形的分时段扇区动态开合

由于同一天的不同时刻，管制区域的流量是不断变化的，通常来讲，01:00~05:00 航班较少，而其他时间航班较多。且不同扇区的流量高峰出现时刻也不同，部分扇区在流量达到峰值的时候存在管制工作负荷过大以及航班飞行冲突风险增加的问题。为解决这一问题，现有研究方法是在飞行流量较大时段对扇区做一定程度的拆分，在飞行流量较小时段，对扇区进行合并。本节中分时段进行的动态扇区划分相对于其他的 Voronoi 图划分方案充分考虑到了各时段扇区内飞行流量之间大小的差异对管制工作负荷的影响 [9]。

7.7.1 Delaunay 三角形介绍

1934 年, 数学家 Delaunay 提出了 Delaunay 三角剖分方法, 这一划分方法在多个领域都有广泛的应用, 主要由于其以下优秀的特性:

(1) 在所有的三角形剖分方法中, 通过 Delaunay 三角剖分形成的三角形最小的内角要大于其他剖分方法得到的最小内角。因此 Delaunay 三角形三个内角最接近, 所形成的三角形外接圆内也不包含其他的三角形顶点。

(2) 如果任四点不共圆, 则该四点只能形成唯一的 Delaunay 三角, 也就是说对于上述四点, 由任意位置进行 Delaunay 剖分, 最终都会形成相同的 Delaunay 网络。

(3) 在 Delaunay 网络中加入一点 P, 删除所有外接圆包含此点的三角形, 如果 P 与某点连接后不与其他任何边存在交点, 则连接 P 与该点。由此得到的仍是 Delaunay 三角网络。

Voronoi 网络图是 Delaunay 网络图的偶图。在 Delaunay 网络图中, Voronoi 图的顶点是 Delaunay 三角形外接圆的圆心。在 Voronoi 图中, 每一个多边形内的点与该多边形内 Delaunay 顶点的距离比其他所有 Delaunay 顶点之间的距离都要短。这一特点在管制扇区划分过程中有着重要的意义, 在以导航台为 Delaunay 顶点时, 按照 Voronoi 网络图得到的管制扇区划分图能够保证该点所在航路能够被最近的导航台引导, 确保了飞行过程中各项参数的稳定、精确。

7.7.2 高空扇区划分的基本思路

首先将一天分为 24 个时段, 统计每个时段内通过各航路点的航班架次。在单个时段内, 利用 Delaunay 三角形计算出经过加权的中垂线垂足, 然后使用 K-means 聚合算法聚合上述所有时段内的垂足。根据 Delaunay 三角形和 Voronoi 图的关系生成初始的扇区划分方案。最后把所有扇区划分方案叠加在一起, 采用改进的哈夫曼编码算法确定扇区的最终划分方案。

下面将用到的相关符号说明:

K: 划分扇区数目; N: 航路点数目; (x_i, y_i): 航路点 i 的地理坐标; Flow_i: 指定时段内航路点 i 的飞行流量; Cluster_i: 航路点 i 集合; P_i: 航路点 i 的中心位置; RDel: Delaunay 网络集合; $\text{Flow}_i^{\text{total}}$: 指定时段内航路点 i 中总的飞行流量; Section: 扇区划分方案集合。

7.7.3 建立管制扇区划分方法模型

将管制区一天内的流量变化划分为 24 个时段。选取某一时段, 根据航路点的位置生成 Delaunay 网络图, 由于该时段内各航路点的流量不同, 因此通过对

Delaunay 形中垂线的加权后生成这一时段的加权 Delaunay 网络图。然后对不同时段同一 Delaunay 加权后的中垂线垂足聚类，生成加权 Voronoi 扇区划分方案。最后可根据实际流量的大小合并或拆分现有的扇区划分方案以降低管制工作负荷。

1. 生成 Delaunay 三角形

定义　设生成元集合 $S = \{P_1, P_2, \cdots, P_n\} \subset R^2$。$\forall i, j, k, m$ 下述关系式成立时，i, j, k 就是 Delaunay 三角形的顶点

$$p_m \notin \text{region}_{i,j,k}$$

其中，$\text{region}_{i,j,k}$ 表示由 i, j, k 围成的三角形区域。由此可得出扇区划分的 Delaunay 图集合 $\{\text{RDel}_1, \text{RDel}_2, \cdots, \text{RDel}_k\}$。

2. 加权 Delaunay 三角形

1) 求解中垂线加权垂足

Delaunay 三角形的外心即 Voronoi 的一个顶点，中垂线是 Voronoi 的一条边，因此根据上述 Delaunay 图，可得到 Delaunay 三角形中垂线垂足，进而得到对应的 Voronoi 图顶点 RVor。

计算过程如下：

已知 Delaunay 图中相连的两个顶点坐标为 $(x_i, y_i), (x_j, y_j)$；在两点连线上有一点 $\text{Vert}_c = (x_c, y_c)$ 满足以下条件：

$$\text{Vert}_c = (x_c, y_c) = (x_j, y_j) + \frac{\text{Flow}_j}{\text{Flow}_i + \text{Flow}_j} [(x_j, y_j) - (x_i, y_i)] \tag{7.69}$$

在此称 Vert_c 为中垂线加权垂足。

2) 生成不同时段的中垂线加权垂足集合

设在第 j 个时段内 Vert_i^j 所有边中含有的 Delaunay 三角形中垂线加权垂足集合为 $\left\{\text{Vert}_{i1}^j, \text{Vert}_{i2}^j, \text{Vert}_{in_{ij}}^j\right\}$，$n_{ij}$ 表示 Vert_i^j 顶点的个数，则 24 个时段 Delaunay 图叠加后形成的图中，共有 $\sum\limits_{j=1}^{24} \sum\limits_{i=1}^{K} n_{ij}$ 个中垂线加权垂足，由此组成的点集为

$$\left\{ \begin{array}{l} \text{Vert}_{11}^1, \text{Vert}_{12}^1, \text{Vert}_{1n_{11}}^1, \text{Vert}_{21}^1, \text{Vert}_{22}^1, \text{Vert}_{2n_{21}}^1, \text{Vert}_{K1}^1, \text{Vert}_{K2}^1, \text{Vert}_{Kn_{K2}}^1 \\ \text{Vert}_{11}^2, \text{Vert}_{12}^2, \text{Vert}_{1n_{11}}^2, \text{Vert}_{21}^2, \text{Vert}_{22}^2, \text{Vert}_{2n_{21}}^2, \text{Vert}_{K1}^2, \text{Vert}_{K2}^2, \text{Vert}_{Kn_{K2}}^2 \\ \text{Vert}_{11}^{24}, \text{Vert}_{12}^{24}, \text{Vert}_{1n_{11}}^{24}, \text{Vert}_{21}^{24}, \text{Vert}_{22}^{24}, \text{Vert}_{2n_{21}}^{24}, \text{Vert}_{K1}^{24}, \text{Vert}_{K2}^{24}, \text{Vert}_{Kn_{K2}}^{24} \end{array} \right\}$$
$$\tag{7.70}$$

3) 聚类 Delaunay 中垂线加权垂足

K-means 算法是应用十分广泛的聚类算法，其流程如图 7.29 所示，采用点与点之间的距离作为其评价函数。K-means 计算每两个中心点之间的距离，如果点

之间的距离比较近，则认为两个点之间更偏向于同一类。该算法最终会以中心点分布形成簇，簇之间距离会较远，而簇内部点之间的距离与本簇中心点之间的距离是最接近的。其算法主要流程如下：

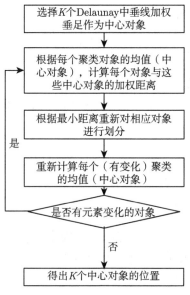

图 7.29　K-means 算法流程

假设共有 N 个数据点，需要通过聚类分析生成 K 个组。

(1) 在所有数据点中任意选择 K 个数据点作为初始聚类中心；

(2) 从剩下的数据点中任选一个，计算与现有的 K 个聚类中心的距离，把该数据点加入到与之最为接近的聚类分组中；

(3) 更新有新数据点加入的聚类分组的中心；

(4) 如果还有剩余的数据点未被分到任何聚类分组，则跳转至步骤 (2)，否则向下执行；

(5) 如果所有数据点本次的聚类分组情况与上次聚类分组情况相同，则当前 K 个聚类中心为最终的聚类中心，算法结束；如果分组情况不同，则把当前 K 个聚类中心作为新的初始聚类中心，开始对所有数据点重新分组，跳转至步骤 (2)。

在本节中，K-means 算法中的距离即为两个 Voronoi 图形中心点之间的距离。

由于在同一航路点集合内不同时段飞行流量存在较大差别，所以使用不同时段划分出的中垂线加权垂足之间的距离作为聚类依据是不尽合理的。因此分时段划分扇区，然后再对不同时段的扇区进一步整合，更加符合实际运行情况。

假设 $\text{Vert}^j_{in_{ij}}$ 坐标为 $\left(x^j_i, y^j_i\right)$，中心对象坐标为 $\left(x^k_{\text{center}}, y^k_{\text{center}}\right), k = 1, 2, \cdots,$

K，计算 $\text{Vert}^{j}_{in_{ij}}$ 与中心对象之间的距离时，按照以下公式进行：

$$D_i^j = \text{Flow}_i^j \sqrt{\left(x^j_{\text{center}}, y_i^j\right)^2 + \left(x^j_{\text{center}}, y_i^j\right)^2} \tag{7.71}$$

$$\left(x^k_{\text{center}}, y^k_{\text{center}}\right) = \left(\frac{\sum \text{Flow}_j x_j}{\sum \text{Flow}_j}, \frac{\sum \text{Flow}_j y_j}{\sum \text{Flow}_j}\right), \quad j \in \text{Cluster}_i, k = 1, 2, \cdots, K \tag{7.72}$$

经过上述步骤生成的聚类中心点集合即初步扇区划分方案的中垂线加权垂足集合。经中垂线加权垂足点对所在的 Delaunay 三角形边作垂线，连接后即可得到加权 Voronoi 图顶点集合。

$$\text{Section}_i = \left\{\left(x^1_{\text{center}}, y^1_{\text{center}}\right), \left(x^2_{\text{center}}, y^2_{\text{center}}\right), \cdots, \left(x^k_{\text{center}}, y^k_{\text{center}}\right)\right\}$$
$$k = 1, 2, \cdots, m, \quad i = 1, 2, \cdots, K \tag{7.73}$$

3. 合并 Voronoi 扇区图

赫夫曼编码 (Huffman coding) 算法可以快速地生成带权路径长度最小的赫夫曼二叉树，对于同一层上的子树能够保证各子树之间权重差值较小，其生成赫夫曼树的算法原理如图 7.30 所示。

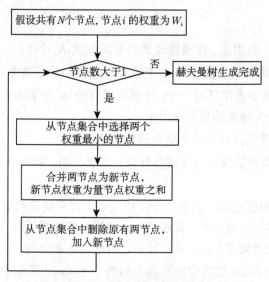

图 7.30 赫夫曼树生成原理

本节采用改进的赫夫曼树生成算法实现扇区的生长。在最小节点的选取上以扇区相连为前提，选取节点流量之和最小的两个扇区进行合并。其主要流程如图 7.31 所示。

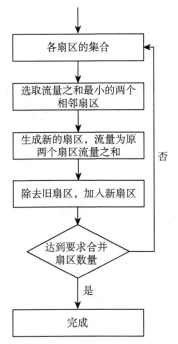

图 7.31　改进的赫夫曼树生成算法

7.7.4　算例分析

厦门管制区高空扇区如图 7.32 所示，选取主要航路进行研究，A、B、C、D、E 为限制区，编号 (1) 至编号 (8) 为重要航路点，该区域内含有厦门高崎国际机场。

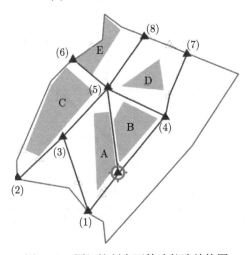

图 7.32　厦门管制扇区简略航路结构图

经过对该区内七月某一天的历史数据的整理分析可得到扇区内所有航路点和机场各时段的飞行流量如图 7.33 所示。

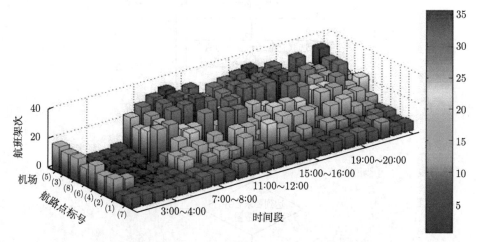

图 7.33　各航路点分时段流量 (扫描封底二维码可看彩图)

使用上述算法计算 Delaunay 三角形 (图 7.34 蓝色线)，加权后的中垂线垂足 (图 7.34 符号 ∗)，以及各中垂线垂足的中心点 (图 7.34 符号 △，图 7.35 符号 ∗)，由此可得到加权的 Voronoi 图 (图 7.35 粗黑色实线)(其中黑色虚线表示采用普通 Voronoi 分割方法得到的扇区划分方案)。

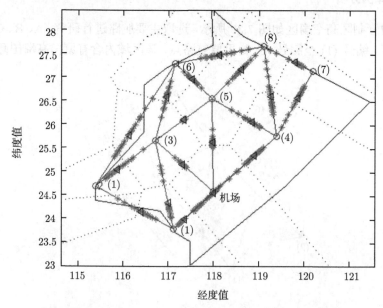

图 7.34　分时段扇区划分方案 (扫描封底二维码可看彩图)

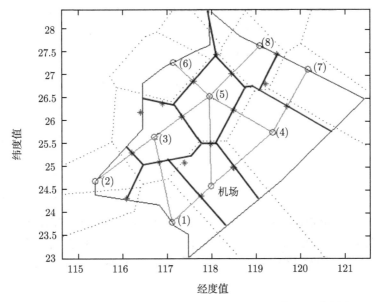

图 7.35 分时段扇区划分最终方案 (扫描封底二维码可看彩图)

以一天内所有航班在扇区内的总飞行时间作为评价指标，得到如图 7.36 所示结果。

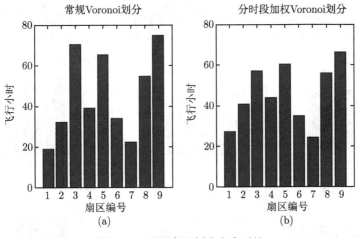

图 7.36 不同扇区划分方案对比

由图 7.36 可看出，经过分时段加权的 Voronoi 划分，最高工作负荷扇区的工作负荷比之前降低了约 12%，最低工作负荷扇区的工作负荷比之前增加了约 9%，工作负荷的方差由之前的 450.2906 降低至 232.7661，有效地平衡了各扇区的管制负荷。

经过改进的赫夫曼树生成算法将该扇区划分为多个子扇区的划分方案如表 7.14 所示。其中首行表示当前扇区编号；首列表示合并后的扇区数量，表中内容为当前扇区合并后所对应的新的扇区序号。

表 7.14　部分赫夫曼编码扇区划分方案

	1	2	3	4	5	6	7	8	机场
2	1	1	1	1	2	2	2	2	1
3	1	1	1	1	2	2	3	2	1
4	1	1	1	1	2	2	3	2	4
5	1	1	1	1	2	3	4	2	5
6	1	1	2	3	4	5	3	5	6

由图 7.37 可得知，在高空扇区内飞行流量比较大的时段可采用分区较多的扇区划分方案 (如合并为 4、5 个扇区)，降低管制工作负荷；而在飞行流量较小的时段可采用分区较小的扇区划分方案 (如合并为 2、3 个扇区)，节省人力等资源，提高工作效率。

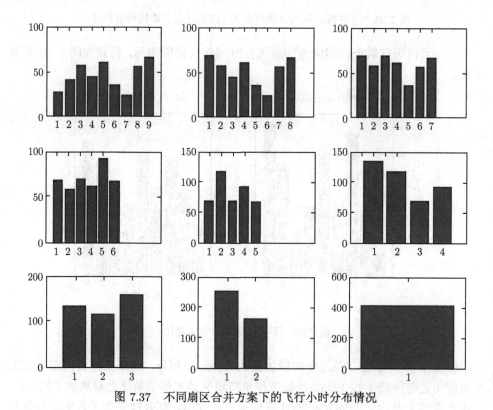

图 7.37　不同扇区合并方案下的飞行小时分布情况

图中纵坐标为飞行小时，横坐标代表扇区编号

参 考 文 献

[1] 韩松臣, 张明. 依据管制员工作负荷的扇区优化新方法 [J]. 南京航空航天大学学报, 2004, 36(1): 91-96.

[2] 张明. 终端空域扇区规划及运行管理关键问题研究 [D]. 南京: 南京航空航天大学, 2010.

[3] 尹文杰, 张兆宁, 高峥. 基于整数规划的终端区空域扇区划分研究 [J]. 航空计算技术, 2013, 43(5): 41-44.

[4] 贾铧霏. 基于 DEMATEL 的空域扇区复杂性影响因素研究 [J]. 航空计算技术, 2016, 46(4): 48-51.

[5] 王莉莉, 贾铧霏. 基于复杂性分析的空域扇区划分研究 [J]. 南京航空航天大学学报, 2017, 49(1): 140-146.

[6] 田勇, 杨双双, 万莉莉, 等. 扇区动态容量评估方法研究 [J]. 系统工程理论与实践, 2014, 34(8): 2163-2169.

[7] 胡婧. 空域扇区的动态规划方法研究 [D]. 天津: 中国民航大学, 2014.

[8] 王莉莉, 张兆宁, 杨新湦. 空管扇区开放计算机辅助决策模型及算法 [J]. 航空计算技术, 2004, (03): 46-49.

[9] 张兆宁, 张东满. 基于 Delaunay 三角形的分时段区域管制扇区划分 [J]. 科学技术与工程, 2014, 14(29): 100-105.

第8章 动态改航

现阶段，在某些空域或航路受特殊情况影响 (如危险天气、导航设备失效、军航飞行等) 而无法正常使用的情况下，我国现行的战术流量管理只能让航班被动地在地面等待，即通过延误航班起飞时刻以避让特殊情况对计划航线飞行的影响，直到计划航线所经过的空域恢复容量才能放行。其结果是航班在机场地面等待时间大大增加，机场成为空中交通管理系统中新的瓶颈，从而影响到整个航空网络的顺畅，同时波及后续航班的正常飞行。特殊情况最主要的就是危险天气。在这样的背景之下，欧美等航空发达国家已开始对危险天气影响下如何安排航班安全、有序、高效地飞行这一课题展开研究，并提出了改航策略 (flight rerouting strategy, FRS)。改航策略指航班在其计划飞行航线受危险天气等因素影响时，为航班生成一条最优的不受飞行限制区域影响的航线的方法，它是空中交通流量管理的重要组成部分。不同于以往的地面等待策略，改航策略是一种主动的空中交通流量管理方法，它是建立在危险天气区域预测、改航路径规划和起飞放行时刻调整等多项技术综合运用的基础之上的。

随着未来星基导航系统的发展，建立在通信链路、卫星导航和自动相关监视技术基础上的空中交通系统网络，将为改航飞行的实施提供必要的硬件条件和技术支持。区域导航方式的应用，特别是基于性能的导航 (PBN) 概念的提出，促使航线的选择更加灵活，这也为改航策略的应用提供了广阔的空间。改航策略通过对空域资源的有效利用，既保障了航空运输的安全性又实现了以 "空间换时间" 这一理念，有利于减少航班延误，保证航空运输网络的安全、顺畅，增大空域的利用率，提高航空公司的经济效益。[1]

8.1 改航路径规划简介

8.1.1 改航相关概念介绍

改航是指在航班起飞机场和着陆机场不变的情况下，更改原先飞行计划航线中的部分航段，选择新的路线以避开飞行受限区域的飞行，其目的是保证飞行安全，提高空域利用率，减少航班地面延误时间，促进航空运输网络的顺畅。为便于对改航问题进行研究，下面给出与其相关的概念。

1. 飞行危险天气

飞行危险天气泛指影响飞行安全的所有天气现象,主要包括:雷暴、低空风切变、大气湍流、大风和视程障碍。涉及影响航路飞行的危险天气主要指雷暴及伴随其产生的相关天气现象,如强烈的湍流、闪电、阵雨、大风等恶劣天气。

2. 飞行受限区

飞行受限区指当航路或空域受危险天气、导航设备故障、军航飞行或流量控制影响而无法正常使用时,为保障航班安全飞行而在陆地或海洋上空临时划定的空域,在规定的时间内航空器禁止在该空域内飞行。根据飞行受限区所确定的区域是否随时间变化或移动,可将飞行受限区分为静态飞行受限区和动态飞行受限区。

3. 路径

连接起点位置和终点位置的序列点称为路径,它由一个或多个直线段或曲线段首尾相连组成。在现有的空域结构下,航空器按照飞行计划沿着固定的航路或航线飞行。

航班改航飞行路径,指为避让飞行受限区而为航班选择的临时飞行路线,包括起飞机场、着陆机场、航路点和改航点 (转弯点)。其中,改航点指在航班计划飞行路径之外新增加的转弯点。在本节中,改航飞行路径中的起飞机场和着陆机场与航班计划中的相同,不考虑改航至备降机场着陆的情况。

4. 路径规划

路径规划,是在具有障碍物的工作空间内,按照一定的优化准则,寻找出一条从起始状态开始能安全规避障碍物到达目标状态的最优路线。通过获取环境信息时间的相互转化,适用于静态路径规划的某些方法经过改进可以用于动态路径规划。

改航路径规划指在航班计划飞行路径受飞行受限区影响无法使用的情况下,以某一计划航路点 (或起飞机场) 为初始位置,以另一计划航路点 (或着陆机场) 为终点位置,按照最短航程或其他目标准则,规划避让飞行受限区飞行路径的方法,如图 8.1 所示。根据改航实施时间的不同,改航路径规划可分为:飞行前改航路径规划和实时改航路径规划。两者的区别主要为前者在航班起飞之前通过对飞行受限区的预测,规划改航路径,属于静态路径规划范畴;而后者则是根据航班起飞后实时探测到的危险天气区域规划进行路径改航,属于动态路径规划范畴。

根据上述定义,我们可以得出平面绕飞航路规划的数学模型,规划示意图如图 8.2 所示。

目标函数以最短航程为例, 其表达式如式 (8.1) 所示:

$$\min \sum_{i=1}^{n} l_i$$

$$\text{s.t.} \theta_{\min 1} \leqslant \alpha_1 \leqslant \theta_{\max 1}$$
$$\theta_{\min 2} \leqslant \alpha_2 \leqslant \theta_{\max 2}$$
$$\text{dis}((x,y), C_j(t)) \geqslant \delta, \quad (x,y) \in l_i, j \in [0, N] \tag{8.1}$$
$$l_i \geqslant 0, \quad i \in [1, n]$$
$$\theta_{\min 1}, \theta_{\min 2} > 0$$

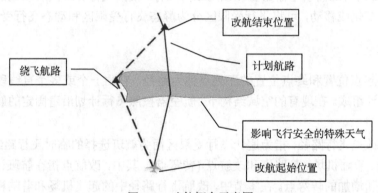

图 8.1   改航概念示意图

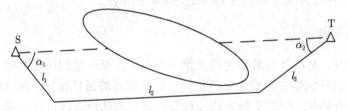

图 8.2   平面绕飞模型示意图

示意图中, 航路报告点 S 和 T 之间的航段受恶劣气象影响而不能正常通行, 中间椭圆域为飞行限制区。l_i 为改航绕飞航程, $\text{dis}(x,y)$ 是二维空间范围内任意两个航路报告点之间的欧氏距离, $C_j(t), j \in [0, N]$ 是飞行受限区的个数, α_1, α_2 分别是航空器相对原计划航路在改航起始位置和改航结束位置的航向变化角, 其结束范围主要根据航空器的机动飞行性能而定。在实际飞行操纵过程中, 航空器进行机动转弯的角度不宜过大, 以保证旅客的舒适度。

由此, 进行规划改航策略时须主要解决以下几个问题:

(1) 如何将复杂多变的气象信息 (或其他影响空域容量的限制因素) 抽象转化为数值信息, 建立相应的改航环境模型。

(2) 根据不同的改航环境模型，使用一定的算法使航空器能安全地绕过飞行受限区域。

(3) 航空器在绕航航行过程中，要符合实际飞行规则，满足其机动性能等相关约束条件。

(4) 在初期规划可供选择的多条临时改航路径中，按照一定的目标准则 (如最短航程、最节约经济成本、最小工作负荷等)，从中寻找一条相对较优的绕飞航线，同时优化该航线以避让邻近空域可能发生的飞行冲突 [2]。

8.1.2 飞行区域划设方法的研究现状

根据危险天气影响飞行区域划设时效性的不同对划设方法进行分类，即分为直接划设和预测划设两类。直接划设是根据航空气象部门提供的危险天气预报产品，对影响飞行区域进行实时直接划设的方法；预测划设是根据航空气象部门提供的危险天气预报产品，对未来某一时刻影响飞行区域进行划设的方法，其具体划设方法又可分为平移划设法、外推划设法和近似椭圆划设法。

1. 直接划设法

直接划设，即根据航空气象部门提供的危险天气预报产品对影响飞行区域进行实时直接划设的方法。在美国，FAA 空中交通管理单元 (traffic management unit，TMU)、航空公司签派员和通用航空部门根据国家对流天气预报 (national convective weather forecast，NCWF) 系统提供的气象雷达回波图和短期预报 (30 分钟)，划设危险天气的影响区域。其方法为：以网格图描述整个环境区域，将危险天气影响区域分为 0~6 个等级，分别用不同颜色表示，如表 8.1 所示；同时对危险天气覆盖区域的面积进行分级，如图 8.3 所示。根据美国麻省理工学院林肯实验室的研究，当天气等级在 3 及以上时会严重影响飞行安全，导致剧烈的飞机颠簸及飞行性能的丧失。因此，对于雷达回强度 ≥41dBZ 的区域，即级别 3 以上的区域，航班不允许穿越飞行，须以一定的安全裕度实施改航飞行。气象信息数据每 5 分钟更新一次，以保证实时信息的准确和改航飞行的安全。该方法主要适用于实时改航路径规划。

表 8.1 飞行危险天气等级

天气等级	颜色	降水量/(mm/h)	回波强度/dBZ	描述
0	无	< 0.49	回波强度 < 18	无
1	淡绿	0.49~2.7	18 ≤ 回波强度 < 30	轻度
2	深绿	2.7~13.3	30 ≤ 回波强度 < 41	中度
3	黄	13.3~27.3	41 ≤ 回波强度 < 46	重度
4	橙	27.3~48.6	46 ≤ 回波强度 < 50	严重
5	淡红	48.6~133.2	50 ≤ 回波强度 < 57	强烈
6	红	> 133.2	回波强度 ≥ 57	极度

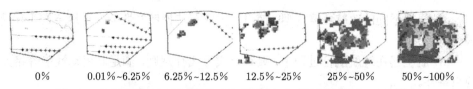

| 0% | 0.01%~6.25% | 6.25%~12.5% | 12.5%~25% | 25%~50% | 50%~100% |

图 8.3 飞行危险天气区域覆盖面积分类图 (扫描封底二维码可看彩图)

2. 平移划设法

平移划设法是在考虑危险天气动态移动的情况下对影响飞行区域进行划设的方法，由美国学者 Bokadia 和 Valasek 于 2001 年提出。该方法首先根据气象雷达回波图，确定影响飞行区域的边界 (雷达回波强度大于 41dBZ 的区域)。然后考虑该雷暴的移动，根据移动速率及方向推测 t 时刻该区域的边界，此边界即 t 时航班须避让的区域。如图 8.4 所示，虚线代表初始确定的雷暴影响区域边界，实线代表移动后的雷暴影响区域边界。

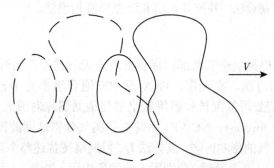

图 8.4 平移划设法划设飞行危险天气影响区域

平移划设法虽然考虑了雷暴的移动，但并未考虑雷暴自身的变化以及移动方向和速度的随机性，对于较长时间段的预测 (大于 1 小时) 或在雷暴发展变化剧烈阶段的预测，其结果与实际情况差别较大。

3. 外推划设法

外推划设法是建立在美国国家对流天气预报的基础上，通过对危险天气区域边界的适度外推，得到未来某时刻影响飞行区域的边界。它是美国目前普遍采用的一种预测危险天气影响飞行区域的划设方法，其具体流程如下。

首先，根据 NCWF 确定未来某时刻 t 影响飞行区域的边界，即雷达回波强度 $\geqslant 41$dBZ 的区域。NCWF 可提供未来 120 分钟之内的对流天气预报，每隔 5 分钟更新一次，飞行员或空管员可根据飞行需要选择相应预测时间的雷达回波图，如图 8.5 所示，红色区域为未来 1 小时后影响飞行安全的区域。

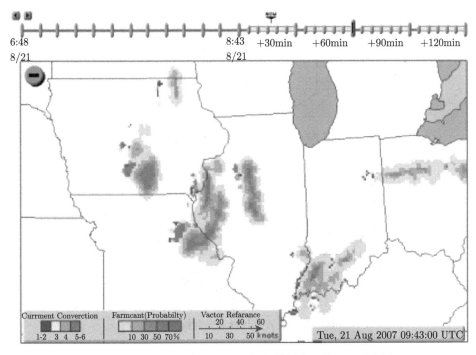

图 8.5　NCWF 雷达回波预测图 (扫描封底二维码可看彩图)

　　然后，在考虑气象预报误差、飞行轨迹误差和航空器间隔距离 3 个因素的基础上，对由 NCWF 确定的边界进行线性外推，如图 8.6 所示，即将多边形各边向外平移 δn mile，$\delta = \delta_1 + \delta_2 + \delta_3$。$\delta_1$ 为基于气象预报误差的安全裕度，主要由区域边界与雷暴移动方向的夹角 φ、预测时间和雷暴顶部的高度决定，其中区域边界与雷暴移动方向的夹角 φ 为指向风暴中心的各边垂线顺时针旋转至风暴移动方向所转动的角度，图 8.7 为雷暴顶部在 3.3 万英尺以上时的安全裕度距离。从图中不难看出随着夹角 φ 和预测时间的增加，安全裕度距离逐渐增大，且以 $\varphi = 180°$ 为中轴呈对称式分布。δ_2 为考虑飞行轨迹误差的外推距离，通常取 2.5n mile。δ_3 为考虑与航空器间隔的外推距离，由于航空器的尺度要远小于天气系统的尺度，因此 δ_3 通常取 0。在特殊情况下出于更加安全的考虑，δ_3 也可取一定数值，如 2n mile。最终得到的多边形即为外推划设法确定的未来 t 时刻危险天气区域。

　　该方法的优点在于：充分利用了天气预报产品；考虑了预报误差及飞行误差等随机因素的影响；能够及时准确地预测短期影响飞行安全的危险天气区域边界。其缺点为：对于没有建立对流天气预报系统的国家无法利用该方法；外推距离的选取依赖于预报系统的精度、地区天气系统差异及相关飞行规则，通用性较低。

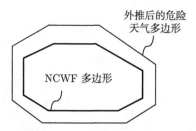

图 8.6   危险天气影响区域边界外推

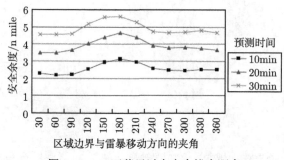

图 8.7   3.3 万英尺以上安全裕度距离

4. 近似椭圆划设法

近似椭圆划设法是通过椭圆的形状变化来模拟危险天气的影响区域，由我国学者宋柯和胡明华于 2002 年提出。该方法对于影响飞行区域的划设基于以下 5 个要素：① 云团形状和位置；② 云团面积；③ 云团移动路线；④ 云团产生时刻和消散时刻；⑤ 云团面积的衰减率。

为了简化，该方法把影响区域设为由三个椭圆拼接而成的封闭曲边形。首先根据雷暴中心位置确定椭圆的圆心，在此基础上建立 3 个相似的同心椭圆。然后将其中两个分别向四周平移，形成大致如云团的形状，如图 8.8 所示。通过设定圆心的偏移变量 (a、b、c 和 d) 可得到三个椭圆形的危险天气影响区域。对于影响区域内的云团面积、移动路线、产生和消散时刻以及云团面积的衰减率，通过气象预报信息进行设定。

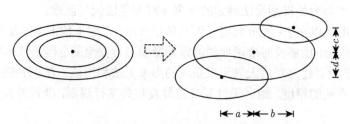

图 8.8   近似椭圆法划设飞行危险天气影响区域

近似椭圆划设法的优点在于：考虑了危险天气区域的连续变化；应用椭圆描述危险区域边界简单明了，可减少参数数量。其不足主要表现在：用椭圆模拟危险区域边界虽然能够简化模型的复杂度，但过于笼统，随着天气系统边界的不断变化失真现象严重；模型中大量参数需要人为设定，其准确性有待验证。

8.1.3 改航路径规划方法研究现状

一般地面的路径规划可以采用的方法有很多，按照分类标准的不同可分为以下几类：

(1) 按方法的智能度，路径规划方法的研究主要有两大类，传统方法与智能方法。传统方法主要包括：梯度法、栅格法、枚举法、人工势场算法、自由空间法、A*等图搜索方法及随机搜索法等。其中梯度法易陷入局部最小点，图搜索法、枚举法不能用于高维的优化问题，人工势场算法则存在丢失解的部分有用信息的可能。用于移动物体路径规划的智能方法主要有模糊逻辑、神经网络、遗传算法等，而模糊方法主要用在线性规划中，自适应性较差。神经网络方法对于环境复杂的情况，规划能力较差，遗传算法则是目前应用较多的一种方法，受到了广大研究者的重视。

(2) 如果按照规划决策的计算方法，可分为最优式和启发式算法。最优式算法包括穷举法、动态规划、数学规划、梯度法、牛顿法等。启发式算法则包括启发式搜索、神经网络、模拟退火、遗传算法、专家系统、机器学习等。两者根本的区别在于最优式算法的计算时间随着目标问题规模的变大而爆炸式增长。而且一般的改航路径规划问题都是 NP-hard 的，这意味着不存在已知的多项式时间算法来求取最优解，所以往往采用最优式算法来获取问题的次优可接受解。

(3) 如果按照空间几何学的观点分类，可以将其分为基于图形的算法 (graph-based) 和基于栅格的算法 (grid-based)。在基于图形的路径规划方法中，首先根据一定的规则将自由的 C 空间 (configuration space) 表示成一个由一维线段构成的网络图，然后采用某一搜索算法在该网络图上进行航迹搜索。这样，路径规划问题被转化为一个网络图搜索问题。主要的方法有 Voronoi 图法和 PRM 法。基于栅格的规划方法首先将自由的 C 空间分解成为一些简单的单元，然后找到包含起始点和目标点的单元，最后寻找一系列连通的单元将起始单元和目标单元连接起来即可。主要的方法有动态规划法、A* 算法等。两者各有所长，一般来说，前者的处理结果比较准确，但需要相对很长的收敛时间；后者可以在实时要求的条件下收敛，但对于一些约束条件难于处理。

(4) 根据规划体对环境信息知道的程度不同，路径规划可分为两种类型：环境信息完全已知的全局路径规划，又称静态或离线路径规划；环境信息完全未知或部分未知，必须通过气象雷达、航行情报服务信息等实时获得障碍物的位置、形状和尺寸等信息的局部路径规划，又称动态或在线路径规划。全局路径规划的方法主要有：栅格法、构形空间法、可视图法、Dijkstra 算法、A* 算法和动态规划法。局部路径规划的主要方法有：人工势场法、模糊逻辑算法、遗传算法和神经网络方法。

改航路径规划是在考虑改航飞行特点的基础上对航班飞行路线的路径进行规划研究的。由于改航路径规划需要考虑航班飞行习惯、航空器性能、空中交通管制规则和原计划飞行航线的影响等因素，因此上述各路径规划算法无法全部或进行适当改进后才能应用于改航问题的路径规划研究。对于改航路径规划的研究，根据飞行区域的不同可将其划分为终端区改航路径规划和航路飞行阶段改航路径规划；根据实施时间的不同可将其划分为飞行前改航路径规划和实时改航路径规划，前者属于静态路径规划范畴，后者属于动态路径规划范畴。有些改航路径规划方法既可用于飞行前改航路径规划，又可用于实时改航路径规划，其差别主要取决于何时获得飞行受限区域的边界信息。

飞行前改航路径规划主要有以下四种：① 基于多边形的改航路径规划法；② 基于网格的改航路径规划法；③ 基于可视图和权重的改航路径规划法；④ 基于已有航路点的改航路径规划法。实时改航路径规划主要有以下三种：⑤ 基于标准进离场程序的改航路径规划法；⑥ 基于自由飞行的改航路径规划法；⑦ 基于椭圆边界的改航路径规划法。

1) 基于多边形的改航路径规划法

基于多边形的改航路径规划法以影响飞行区域的多边形边界为研究对象，运用几何方法规划改航飞行路径，该方法由 Sridhar、Chatterji 和 Grabbe 等于 2002年提出。2007 年，我国学者叶志坚应用该方法对静态雷雨天气的改航路径进行了研究，并分析了动态雷雨对航班飞行时间的影响。

该方法的优点在于简单易行，规划的改航路径转弯点数量相对较少，符合实际飞行习惯，同时也是目前通常采用的改航方法。其不足之处在于仅适用于解决较大尺度或单个飞行危险天气区域下的改航问题，对于空中交通管理程序、飞行器性能和飞行员工作负荷等相关限制因素考虑不足。

2) 基于网格的改航路径规划法

基于网格的改航路径规划法是在网格改航环境模型中运用路径搜索算法规划改航路径的方法，由 Dixon 和 Weidner 于 1993 年提出。该类方法将需要改航的区域划分为 $X \times Y$ 个网格，网格的大小通常为边长 5n mile 或 6n mile 的正方形，危险天气影响飞行区域以黑色网格表示。在这些相邻的网格中应用 Dijkstra 算法、Bellman-Ford 算法或 A* 算法等在改航起始点和改航结束点间搜索避开飞行危险天气区域的最短飞行路径。

该方法的优点在于搜索空间表达的一致性和规范性较好，建模简单易于实现，改航路径选择灵活性较大。但不足之处在于未充分考虑航线结构和空中交通管理程序及飞行器性能，航班改航通常会以原航向为基础规划新的改航路径，而几乎不存在反向飞行情况, 因此实用性较差。此外, 当网格数目较多时, 该算法搜索速度较慢, 无法满足实时性要求。

3) 基于可视图–权重的改航路径规划法

基于可视图–权重的改航路径规划法是将影响飞行区域划分为不同等级并赋予相应的权重, 然后应用可视图法确定权重距离最短的航班改航路径, 由 Krozel、Weidner 和 Hunter 于 1997 年提出。该方法首先根据雷达回波对危险天气影响区域分类, 共分为 6 个等级, 并为其设定相应的权重。然后根据飞行危险天气区域的几何形状, 运用可视图法生成网络图。在此基础上, 计算各边的权重距离, 即各边所在区域的权重与边的长度之积 (若某边同属两个区域, 则以权重较小区域为依据计算)。然后, 运用 Dijkstra 或 A* 算法在起始航路点和目标航路点之间规划权重距离最短的飞行路径。

该方法的优点在于考虑了不同等级危险天气对于路径规划的影响, 规划出的改航路径结构较为简单, 其不足之处在于改航路径依赖于生成的网络结构图, 避让危险天气区域的针对性不强。在考虑危险天气动态变化时, 需要首先更新网络的连接图, 再寻找优化路径, 算法复杂度较大, 计算时间长。

4) 基于已有航路点的改航路径规划法

基于已有航路点的改航路径规划法由我国宋柯于 2002 年提出。该方法运用 A* 算法在现有航线网络中搜索改航路径, 并将改航策略与地面等待模型结合, 其研究重点主要为改航航班起飞时刻的规划。在已有航路点中搜索改航路径, 不足之处在于改航路径灵活性较差, 对现有航路结构依赖性强, 缺乏对空域的有效利用。

在此基础之上, 2008 年田勇等以全国范围的航班时刻表数据和天气数据为例对该方法进行了仿真验证, 评估了采用改航策略所产生的延误时间和经济损失。

5) 基于标准进离场程序的改航路径规划法

基于标准进离场程序的改航路径规划法是以标准进离场程序中的航路点为参考通过适当地选取改航点进行改航路径规划的方法。该方法由 Krozel 和 Penny 等人于 2004 年提出, 是针对终端区航班改航路径规划的方法。

6) 基于自由飞行的改航路径规划法

关于自由飞行的概念最早由 Chiang、Klosowski 和 Menon 等于 1997 年提出, 其基本思想是航空器之间自行保持必要的安全间隔, 飞行路线自由规划。2004 年, Krozel 和 Penny 将该思想应用于航班改航路径规划, 提出了基于自由飞行的改航路径规划法。在该方法中移动的飞行危险天气区域被视为一个区域较大、移动速率较慢的航空器, 改航路径即为飞行冲突的避让路径。除上述规划自由飞行路线的方法外, 还可建立网格环境模型运用 Dijkstra 算法或 A* 算法等规划自由飞行路线, 避免危险天气影响飞行区域。

该方法的优点在于充分地利用了空域资源, 改航路径具有很强的灵活性。其不足之处在于不同航班在自由飞行下的改航路径具有很强的随机性，不利于飞行安全和空中交通管理。此外，自由飞行的实现依赖于现代化通信、导航和监视系统的保障，对于民用航空而言目前还不具备应用的条件。

7) 基于椭圆边界的改航路径规划法

基于椭圆边界的改航路径规划法是针对动态雷暴实时的改航路径规划，其基本思想是沿椭圆状危险天气影响区域的边缘绕飞，由我国高政和胡明华于 2008 年提出。该方法的基本流程如下。

步骤 1：首先建立危险天气区域的椭圆模型，以椭圆表示整个危险天气影响区域。

步骤 2：在改航路径的起始点和目标点分别作椭圆危险天气影响区域的切线，4 条切线与椭圆的中轴有 4 个交点，将起始点和目标点与该四个交点的连线所围成的四边形面积最大者定义为飞行约束区。

步骤 3：决定在下一个 15 分钟内的到达点。以起始点为圆心，用 15 分钟的飞行距离 R (此距离可加或减一个调节量 ε) 为半径画圆。在飞行约束区内的圆弧上，起始点至目标点连线周围选取适当的点作为预选改航点。

步骤 4：分别计算预选改航点经飞行约束区边界至目标点的距离，在满足容量约束的前提下，选取其中距离最短者作为最终的改航路径。

基于椭圆边界的改航路径规划法为解决航班实时改航问题提供了一种简单快速的方法，规划出的航路结构简单，易于空管指挥和实际飞行操作。但该方法的不足之处在于对危险天气影响区域以椭圆表示存在一定的局限性，规划的航线为短期实时改航路径不适用于航班起飞前的静态路径规划[3]。

8.2　飞行受限区域划设

确定飞行危险天气影响区域的范围是规划改航飞行路径的前提，只有科学地划设飞行受限区域的边界才能合理地规划改航飞行路径，进而避开危险天气区域。8.1 节介绍了一些国内外对危险天气影响航路飞行区域的划设方法，这些方法虽然从不同角度对危险天气的影响区域进行了划设，但仍然存在一些不足，主要表现为未综合考虑危险天气的移动、发展变化和随机因素的影响，缺乏系统性和全面性。本节将对影响航班航线飞行的重要天气进行介绍；提出应用 Graham(格雷厄姆) 算法划设静态飞行受限区的方法；在考虑危险天气的移动、变化和随机因素的影响下提出在特定时刻和固定时段内动态飞行受限区的划设方法；对最终划设的飞行受限区域与实际发生的危险天气区域进行比较分析，并给出评估方法；参考飞行受限区的形状和分布特点对其进行分类，为下一步实施改航路径规划作准备。

8.2.1 影响航路飞行安全的重要天气

航空器在不同空域气层中航行,飞行管制空域是一划定的空间,在其中飞行的航空器要接受空中交通管制服务。根据所划空域内航路结构和通信导航能力,监视能力,我国将管制空域分为 6600m(含) 以上的高空管制区,以及 6600m(不含) 以下的中低空管制区、进近 (终端) 管制区和塔台管制区 (也称为 A、B、C、D 类空域)。

不同大气分层中主要大气的表现有所差别,因此对在各管制空域内飞行的航空器造成影响的危险天气也有所不一样。在 A 类空域中飞行时主要的影响是对流层顶附近的高空急流、对流云系、对流层顶下淤积的微小颗粒物以及火山灰;在 B 类空域中航线飞行主要受云雨区的影响,云雨区飞行会遇到云中积冰,嵌置雷暴、冰雹、强降水带来的发动机故障及其航空器升力损失等危害;在 C、D 类终端区空域飞行时由于航空器飞行高度相对较低,低空风切变、大风、低云能见度、雷暴、冰雹、飞机积冰、暴雨等危险天气严重影响航空安全。

在诸多影响航空运输安全的恶劣天气现象中,雷暴及其产生的强对流天气对在区域航路上飞行的航空器造成严重威胁,航空驾驶员需采用一定的改航策略,绕航航行以避开飞行危险区。雷暴是目前被世界航空界和气象部门公认的危及航空飞行安全的天敌。

雷暴及其强对流云团主要表现为以下三种云形。

1. 块状 (近椭圆状) 云团

此类云团表现为东北–西南向为长轴的近椭圆状云团,南部边界光滑、圆弧状,北部边界有较强散乱的卷云羽向北方伸展。云体南部密实、白亮,是雷暴及各种影响飞行天气现象表现最强的部位,如图 8.9 所示。该类云团的发生频率占雷暴发生总数的一半以上,它们的大小差异很大,小至 100km×150km 之内,大到 500km×700km。

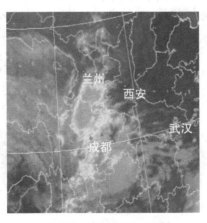

图 8.9 块状云团云图

2. 带状云团

此类云团最明显的特征是由多个对流云团排列成云带，如图 8.10 所示。云团的外形有的近似圆形，有的近似椭圆，面积相差也很大，小至 100km×100km，而有的成熟时面积可达 600km×600km。伴随着地面中尺度气旋的产生，云团中的对流发展旺盛。成熟前云体四周较光滑，成熟后其一侧边界较光滑，另一侧较模糊。它们按低空急流的走向排列，在强烈发展过程中，可产生多个龙卷，成熟时则以暴雨为主。

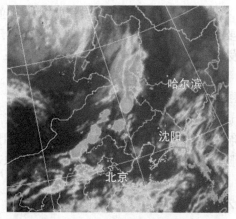

图 8.10 带状云团云图

3. 散点状云团

此类云团多发生在雷暴的消亡阶段，云体逐渐瓦解、消散，呈零星的散点状分布，对流强度减弱，但仍会对飞行造成影响。该类云团的大小及形状多样，尺度从几十千米到上百千米不等，如图 8.11 所示。

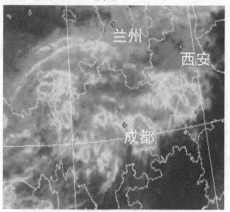

图 8.11 散点状云团云图

综上所述可知，为保障飞行过程中航空器的安全，航空器在飞行时不能进入空域中的恶劣气象影响区域。在国内现行的管制机构中，有气象专家负责监视空域中的气象信息，并对其进行评估与处理。他们的主要工作是根据经验和知识，对当前和预报的气象数据进行危险程度的评估，并勾画出危险天气区域的外边界，让管制员能在自动化的监视系统中看到受天气影响而不能使用的区域，并及时为该空域的飞行员发出通知与回避提示，保障飞行安全。

8.2.2 静态飞行受限区

飞行受限区分为静态和动态两种，静态飞行受限区的形状、大小和位置等要素不随时间的变化而改变，对静态飞行受限区的划设是进行动态飞行受限区划设的基础。

出于安全因素的考虑，航班改航通常从侧向绕过影响飞行安全的区域。因此，飞行受限区通常以二维方式表示，不考虑高度信息，即飞行受限区范围内各高度层均禁用。本节中规划的改航飞行路径也是基于该二维空间，只考虑航空器从侧向绕飞飞行受限区域，而不考虑从上方或下方飞越该区域。

以往对于飞行受限区的划设多采用简单多边形，其不足之处在于当航班沿凹多边形飞行受限区边界绕飞时存在飞入影响飞行安全区域的隐患，且绕飞距离较长，而采用凸多边形划设飞行受限区则可有效解决这一问题。因此，采用计算几何中确定平面点集凸壳的 Graham 算法划设静态飞行受限区的边界，该算法是目前求解凸多边形边界的最佳算法。

以我国民航使用的高空航线图和中低空航线图为标准，针对改航航线建立直角坐标系 xOy，其中坐标原点为改航航班的起飞机场，y 轴正方向为磁北，x 轴正方向为磁北偏东 $90°$。首先由航行情报部门或航空气象部门确定受影响区域的边界点 s_i，$s_i(x_i, y_i) \in S$，$S = \{s_1, s_2, \cdots, s_m\}$，如图 8.12 所示。然后，运用 Graham 算法确定由上述各点围成的凸多边形，其过程如下。

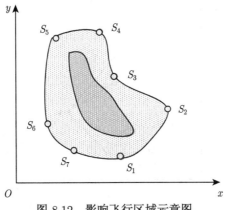

图 8.12 影响飞行区域示意图

步骤 1: 将 S 中 y 坐标最小的点设为 s_1(若同时存在两点,则将其中 x 坐标最小的点设为 s_1),将 s_1 同 S 中其他各点用线段连接,并计算这些线段与水平线 l 的夹角,l 与 x 轴平行。

步骤 2: 按夹角从小到大的顺序得到新的顶点序列 $s_2, s_3, \cdots, s_m$,如图 8.13 所示,$m = 7$。根据凸多边形的性质可知,s_1 是凸多边形的起点,s_2 与 s_m 也必是凸多边形的顶点。

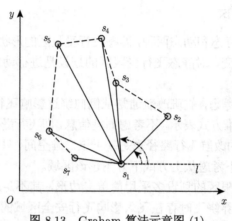

图 8.13 Graham 算法示意图 (1)

步骤 3: 删去 $s_3, s_4, \cdots, s_{m-1}$ 中的非凸多边形顶点,其步骤如下。

第①步: 令 $k = 4$;

第②步: 令 $j = 2$;

第③步: 如果 s_1 和 s_k 分别在线段 $s_{k-j+1} s_{k-j}$ 两侧,则删去 s_{k-1},所有后继点编号减 1,令 $k = k - 1, j = j - 1, m = m - 1$,如图 8.14 所示,否则,$s_{k-1}$ 暂为凸多边形顶点,并记录;

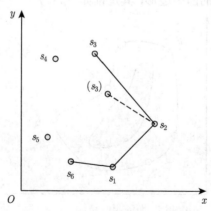

图 8.14 Graham 算法示意图 (2)

第④步：令 $j = j+1$，回第③步，直至 $j = k-1$；

第⑤步：令 $k = k+1$，回第②步，直至 $k = m+1$，算法结束。

判断 s_1 和 s_k 是否在线段 $s_{k-j+1} s_{k-j}$ 两侧的方法为：将 $s_1(x_1, y_1)$ 和 $s_k(x_k, y_k)$ 分别代入式 (8.2)，若所得结果相乘，$\lambda_1 \lambda_k \leqslant 0$，则认为 s_1 和 s_k 位于线段 $s_{k-j+1} s_{k-j}$ 两侧。

$$\lambda = (x - x_{k-j})(y_{k-j+1} - y_{k-j}) - (y - y_{k-j})(x_{k-j+1} - x_{k-j}) \tag{8.2}$$

步骤 4：最终记录的 $s_1, s_2, \cdots, s_n$，$n \leqslant m$，即为初始静态飞行受限区 ISFFA 的边界点，用点集 $P = \{p_1, p_2, \cdots, p_n\}$ 表示，令 $p_i = s_i, i = 1, 2, \cdots, n$，如图 8.15 所示。

该方法求解初始静态飞行受限区顶点的时间复杂度为 $O(n \log n)$。通常情况下，S 中边界点的个数不超过 20，因此算法能够满足实时性的要求。

从安全角度出发，在初始静态飞行受限区的基础上须考虑一定的安全裕度，即对初始静态飞行受限区的边界进行适度的外扩。根据规定我国航路宽度为 20km，即航路中心线两侧各 10km。同时参考我国区域管制雷达最低水平间隔为 10km 的规定。因此，将静态飞行受限区的安全裕度设定为 10km，即初始静态飞行受限区的边界向外扩展 10km，从而得到最终确定的静态飞行受限区 ISFFA，如图 8.16 所示。

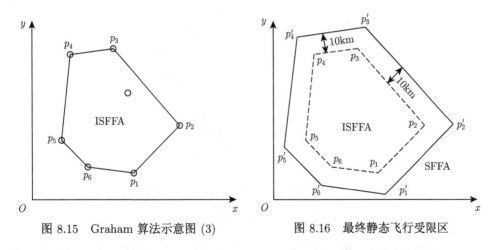

图 8.15　Graham 算法示意图 (3)　　　　图 8.16　最终静态飞行受限区

8.2.3　动态飞行受限区

动态飞行受限区的形状、大小和位置会随着时间的变化而变化，由危险天气导致的飞行受限区，其边界及顶点位置随时间变化移动，且具有一定的随机性，因此属于动态飞行受限区。

由于雷暴及其强对流天气在不断移动、发展和变化，因此对于由危险天气导致的动态飞行受限区的划设需要考虑其移动、边界变化和随机因素的影响。首先，由航空气象部门根据卫星云图和雷达回波图确定受影响区域的边界点 s_i(雷达回波强度 $\geqslant$41dBZ 的区域), $s_i(x_i, y_i) \in S$, $S = \{s_1, s_2, \cdots, s_m\}$。然后，按照 8.2.2 节中划设初始静态飞行受限区的方法确定初始动态飞行受限区 IDFFA。在此基础上，考虑动态飞行受限区的移动、边界变化和随机因素的影响。设每隔 T_s 小时航空气象部门根据卫星云图和雷达回波图更新一次受影响区域的边界点 s_i, T_s 通常取值为 2 小时。若航班预计在某一 T_s 时段开始后的 $t(0 \leqslant t < T_s)$ 时刻到达危险天气区域，则以此时刻为参照划设动态飞行受限区。

1. 飞行受限区的移动

通过多普勒气象雷达，可以测定雷暴等危险天气系统的移动速率 v 及方向 α，建立其运动方程，如图 8.17 所示。在 xOy 直角坐标系中，移动方向可表示为

$$y = kx \begin{cases} x > 0, & 0° \leqslant \alpha < 90°或270° < \alpha < 360° \\ x < 0, & 90° < \alpha < 270° \end{cases} \tag{8.3}$$

式中 $k = \tan\alpha$, α 为移动方向与 x 轴正方向的夹角。当 $\alpha = 90°$ 时，移动方向可表示为 $y > 0, x = 0$; 当 $\alpha = 270°$ 时, $y < 0, x = 0$。

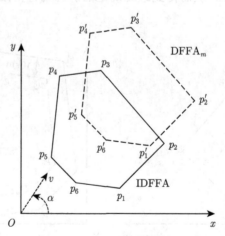

图 8.17　飞行受限区的移动

设初始动态飞行受限区以速率 v 及方向 α 移动，经历时间 t 后，其各顶点位置坐标变化如下。

初始位置点: $p_i(x_i, y_i), i = 1, 2, \cdots, n$

移动后位置点: $p_i'(x_i', y_i'), i = 1, 2, \cdots, n$

$$\begin{cases} x_i' = x_i + vt/\sqrt{1+k^2} \\ y_i' = y_i + kvt/\sqrt{1+k^2} \end{cases} \tag{8.4}$$

式中, $\alpha \in [0°, 90°)$ 或 $(270°, 360°)$ 时, v 取正值; $\alpha \in (90°, 270°)$ 时, v 取负值。

当 $\alpha = 90°$ 或 $270°$ 时, p'_i 点坐标为

$$\begin{cases} x'_i = x_i \\ y'_i = y_i + vt \end{cases} \tag{8.5}$$

式中, $\alpha = 90°$ 时 v 取正值; $270°$ 时 v 取负值。此时由点集 $P' = \{p'_1, p'_2, \cdots, p'_n\}$ 确定的多边形即为初始飞行改航区经过时间 t 移动后到达的区域 DFFA_m, 其各边直线方程 $E_{p'} = \{p'_1 p'_2, p'_2 p'_3, \cdots, p'_{n-1} p'_n, p'_n p'_1\}$ 为 $p'_i p'_{i+1} : y = a_{i,i+1} x + b_{i,i+1}$:

$$\begin{cases} a_{i,i+1} = \dfrac{y'_{i+1} - y'_i}{x'_{i+1} - x'_i} \\ b_{i,i+1} = \dfrac{x'_{i+1} y'_i - x'_i y'_{i+1}}{x'_{i+1} - x'_i} \end{cases} \tag{8.6}$$

当 $i = n$ 时, 令 $i + 1 = 1$; 若 $x'_{i+1} = x'_i$, 则直线方程为 $x = x'_i$。

2. 随机因素的影响

由于天气系统的不确定性, 预测危险天气系统的移动速率 v 及方向 α 会存在一定的偏差。根据气象预测的经验可知, v 及 α 近似服从正态分布, 即 $v \sim (u_v, \sigma_v^2), \alpha \sim (u_\alpha, \sigma_\alpha^2)$, 且相互独立。根据正态分布的性质, 正态变量 X 落在区间 $[\mu - 3\sigma, \mu + 3\sigma]$ 上的概率为 99.74%(3σ 规则), 它表明 X 落在上述区间之外的概率已不足 0.3%, 可认为 X 几乎不在该区域之外取值。定义动态飞行受限区的纵向偏差 σ_{ion}, 指沿雷暴移动方向因速率偏差而引起的雷暴中心向前或向后的移动偏差; 侧向偏差 σ_{iat}, 指沿与雷暴移动垂直方向因角度偏差而引起的雷暴中心向左或向右的移动偏差, 如图 8.18 所示。参考飞行程序设计中航路主、副区的划设方法, 并根据 3σ 规则, 最大纵向偏差 $\max \sigma_{\mathrm{ion}}$ 和最大侧向偏差 $\max \sigma_{\mathrm{iat}}$ 可通过下式计算得出:

$$\max \sigma_{\mathrm{ion}} = 3\sigma_v t \tag{8.7}$$

$$\max \sigma_{\mathrm{iat}} = 2vt \sin\left(\frac{3}{2}\sigma_\alpha\right) \tag{8.8}$$

因此, 考虑到飞行受限区的移动偏差, 在 DFFA_m 的基础上飞行受限区边界向外平移 $\max \sigma \mathrm{km}$, $\max \sigma = \max\{\max \sigma_{\mathrm{ion}}, \max \sigma_{\mathrm{iat}}, \sigma_s\}$, 其中 σ_s 为人为设定的安全裕度。根据我国现行绕飞雷暴的规定 (航空器绕飞时应根据雷暴强度在雷达回波边缘 25km 以外通过), 并参考国外对于飞行危险天气区域划设安全裕度的要求, σ_s 的取值通常为 5km $\leqslant \sigma_s \leqslant$ 25km。最终确定的考虑危险天气移动和随机因素影响的动态飞行受限区为 DFFA_m, 如图 8.19 所示, 其各边 $E_{p''} =$

$\{p_1''p_2'', p_2''p_3'', \cdots, p_{n-1}''p_n'', p_n''p_1''\}$ 的直线方程为 $p_i''p_{i+1}'' : y = a_{i,i+1}x + b_{i,i+1} + \Delta b_{i,i+1}$，其中 $\Delta b_{i,i+1}$ 计算公式如下：

$$\Delta b_{i,i+1} = \pm\sqrt{a_{i,i+1}^2 + 1} \cdot \max\sigma \tag{8.9}$$

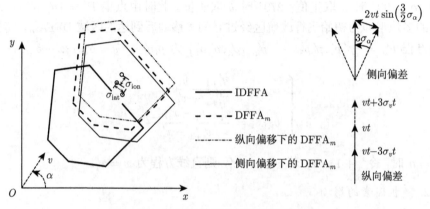

图 8.18　随机因素对飞行受限区的影响

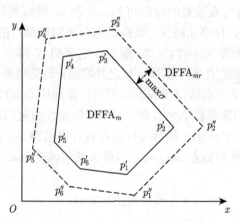

图 8.19　DFFA_m 边界外扩图

当 $i = n$ 时，令 $i = i + 1$。$\Delta b_{i,i+1}$ 取值的正负可通过如下方式判定：在多边形 DFFA_m 中任取一顶点 $p_c'(x_c', y_c')$（p_i', p_{i+1}' 除外），如果 $a_{i,i+1}x_c' - y_c' + b_{i,i+1} > 0$，则 $\Delta b_{i,i+1}$ 取正值；反之，$\Delta b_{i,i+1}$ 取负值。当 $p_i'p_{i+1}'$ 与 x 轴垂直时（此时 $a_{i,i+1}$ 不存在），如果 $x_i' - x_c' > 0$，则 $p_i''p_{i+1}''$ 的直线方程为：$x = x_i' + \max\sigma$；反之，直线方程为：$x = x_i' - \max\sigma$。

根据 DFFA_{mr} 各边的直线方程，易得到各顶点 p_i'' 坐标 (x_i'', y_i'')。

3. 飞行受限区的边界变化

动态飞行受限区除要考虑雷暴的移动外，还应考虑雷暴自身的发展变化。处在不同发展阶段的雷暴，其边界的变化表现为：发展—成熟阶段其边界膨胀，成熟—消散阶段其边界收缩。假设处在发展—成熟和消散阶段的雷暴，其飞行受限区的边界顶点分别以匀加速或匀减速的方式向外膨胀或收缩。

定义 $(x^\circ_{\mathrm{DFFA}_{mr}}, y^\circ_{\mathrm{DFFA}_{mr}})$ 的几何中心为 $O_{\mathrm{DFFA}_{mr}}(x^\circ_{\mathrm{DFFA}_{mr}}, y^\circ_{\mathrm{DFFA}_{mr}})$，可通过式 (8.10)～式 (8.12) 求出，DFFA_{mr} 各顶点坐标为 $p''_i(x''_i, y''_i)$，$i = 1, \cdots, n$。

$$S_{\mathrm{DFFA}_{mr}} = \frac{1}{2} \sum_{i=1}^{n} (x''_i y''_{i+1} - x''_{i+1} y''_i) \tag{8.10}$$

$$x^\circ_{\mathrm{DFFA}_{mr}} = \frac{1}{6 S_{\mathrm{DFFA}_{mr}}} \sum_{i=1}^{n} (x''_i + x''_{i+1})(x''_i y''_{i+1} + x''_{i+1} y''_i) \tag{8.11}$$

$$y^\circ_{\mathrm{DFFA}_{mr}} = \frac{1}{6 S_{\mathrm{DFFA}_{mr}}} \sum_{i=1}^{n} (y''_i + y''_{i+1})(x''_i y''_{i+1} + x''_{i+1} y''_i) \tag{8.12}$$

式 (8.10) 中 $S_{\mathrm{DFFA}_{mr}}$ 表示 DFFA_{mr} 所确定的多边形的面积，各式中当 $i = n$ 时，令 $i = i + 1$。

在 DFFA_{mr} 的边界点 $p''_1, \cdots, p''_n$ 中选择一点 p''_i 作为参考点，设 p''_i 沿着 $O_{\mathrm{DFFA}_{mr}} \to p''_i$ 方向匀加速或匀减速向外膨胀 (或沿着 $p''_i \to O_{\mathrm{DFFA}_{mr}}$ 方向匀加速或匀减速向内收缩)，p''_i 的移动速率 $V_{p''_i}$ 和移动距离 $S_{p''_i}$ 计算公式分别如式 (8.13) 和式 (8.14) 所示。

$$V_{p''_i} = V^\circ_{p''_i} + a_{p''_i} t \tag{8.13}$$

$$S_{p''_i}(t) = V^\circ_{p''_i} t + 0.5 a_{p''_i} t^2 \tag{8.14}$$

式中，$V^\circ_{p''_i}$ 为点 p''_i 的初始移动速率，$a_{p''_i}$ 为加速度，当 $a_{p''_i}$ 大于、小于、等于 0 时分别表示动态飞行受限区加速、减速、匀速膨胀或收缩。

动态飞行受限区膨胀或收缩后边界的确定方法如下。

输入：DFFA_{mr} 各顶点 $p''_1, \cdots, p''_n$ 坐标及中心 $O_{\mathrm{DFFA}_{mr}}$ 坐标，参考点 p''_i 的移动方向 ($O_{\mathrm{DFFA}_{mr}} \to p''_i$ 膨胀；$p''_i \to O_{\mathrm{DFFA}_{mr}}$ 收缩)，及 $V^\circ_{p''_i}$ 和 $a_{p''_i}$ 值，预测时间 t。

步骤 1：计算 p''_i 经时间 t 后到达位置 p'''_i 的移动距离 $S_{p''_i}(t)$，表示为 $|p''_i, p'''_i|$。

步骤 2：若动态飞行受限区处于膨胀阶段，计算 $|O_{\mathrm{DFFA}_{mr}} p'''_i| = |O_{\mathrm{DFFA}_{mr}} p''_i| + |p''_i, p'''_i|$；若动态飞行受限区处于收缩阶段，计算 $|O_{\mathrm{DFFA}_{mr}} p'''_i| = |O_{\mathrm{DFFA}_{mr}} p''_i| - |p''_i, p'''_i|$。令 $k_{vb} = |O_{\mathrm{DFFA}_{mr}} p''_i| / |O_{\mathrm{DFFA}_{mr}} p'''_i|$。

步骤 3：令 $j = 1$。

步骤 4: 连接 $O_{\mathrm{DFFA}_{mr}}$ 与 p_j'', $j \neq i$, 在线段 $O_{\mathrm{DFFA}_{mr}} p_j''$ 上或 $O_{\mathrm{DFFA}_{mr}} p_j''$ 延长线 p_j'' 一侧选取点 p_j''', 使得 $\left| O_{\mathrm{DFFA}_{mr}} p_i'' \right| / \left| O_{\mathrm{DFFA}_{mr}} p_i''' \right| = k_{vb}$, 如图 8.20 所示。

步骤 5: $j = j + 1$。

步骤 6: $j \leqslant n$ 时, 转步骤 4; 否则, 转步骤 7。

步骤 7: 顺序连接 $p_1''', p_2''', \cdots, p_i''', \cdots, p_n'''$, 所形成的新的多边形, 即为考虑 DFFA_{mr} 边界动态变化后确定的某时刻最终动态飞行受限区 $\mathrm{DFFA_F}$, 如图 8.20 所示。

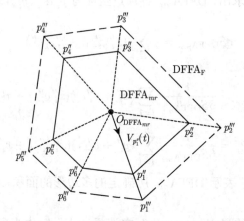

图 8.20　飞行受限区边界变化示意图

4. 固定时段内的飞行受限区域

通过以上的研究, 即可得到某时刻的动态飞行受限区 $\mathrm{DFFA_F}$。然而, 在航班绕飞危险天气区域的同时该区域本身仍在运动, 因此需要确定在某一固定时段内的飞行受限区域。

设航班改航起始时刻为 t_o, 即航班飞越改航起始点的时刻; 航班改航结束时刻为 t_f, 即航班飞越改航结束点的时刻。t_o 与 t_f 的关系可通过式 (8.15) 表示

$$t_f = t_o + \frac{(1 + \sigma_R) D_R}{V_C} \tag{8.15}$$

式中, D_R 为计划航线中改航起始点至改航结束点的航程; V_C 为巡航速度, 通常取值为 800km/h; σ_R 为改航航程增加百分比的预估值, 大多数情况下改航段航程的增加量不会超过计划航程的 20%, 因此 σ_R 通常取值为 0.2。

设 t_o 时刻得到的最终动态飞行受限区为 $\mathrm{DFFA_F}(t_o)$, t_f 时刻得到的最终动态飞行受限区为 $\mathrm{DFFA_F}(t_f)$, 如图 8.21 所示。定义由 $\mathrm{DFFA_F}(t_o)$ 和 $\mathrm{DFFA_F}(t_f)$ 各边界点所确定的凸多边形, 即为时间段 $[t_o, t_f]$ 内的飞行受限区域 $\mathrm{DFFA_{FS}}(t_o, t_f)$, 如图 8.22 所示, 其确定方法同 8.2.2 节中采用 Graham 算法确定凸多边形的边界。

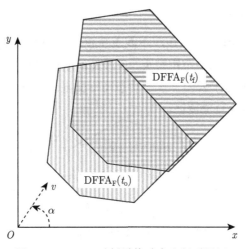

图 8.21 t_o、t_f 时刻最终动态飞行受限区

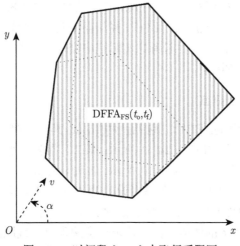

图 8.22 时间段 $[t_o, t_f]$ 内飞行受限区

8.2.4 飞行受限区的形状及分布特征

飞行受限区作为航班改航飞行须进行避让的对象，它的形状和分布直接影响到改航路径的规划。8.2.3 节针对的都是单个影响区域，下面进一步分析多个影响区域的分布情况。根据静态、动态和固定时段内飞行受限区的形状、影响范围、几何尺度和分布特点将划设的飞行受限区归纳为三类，即块状飞行受限区、沿航线两侧带状分布飞行受限区 (以下简称为带状分布飞行受限区) 和沿航线两侧散点状分布飞行受限区 (以下简称为散点状分布飞行受限区)。这三类飞行受限区虽然无法涵盖所有的分布类型，但却有较强的代表性。

1. 块状飞行受限区

块状飞行受限区 FFA^K，指由一个凸多边形构成的飞行受限区域，水平尺度通常大于 100km×100km，影响范围较大，所涉及的航路点设定为 2~3 个，如图 8.23 所示。由块状 (近椭圆状) 云团导致的动态飞行受限区及其在固定时段内形成的飞行受限区均属于块状飞行受限区。

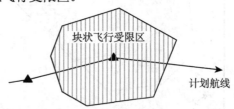

图 8.23　块状飞行受限区示意图

块状飞行受限区的边界结构简单，在现有的改航路径规划算法中基于多边形的改航路径规划法在解决这类问题时具有一定优势，主要表现为该方法从飞行受限区的几何外形出发规划改航飞行路径，算法简单易行，规划的改航路径转弯点数量相对较少，但不足之处在于并未考虑实际空中交通管理程序、飞行器性能和飞行员工作负荷等相关限制因素。

2. 带状分布飞行受限区

带状分布飞行受限区 FFA^D，包括两种情况：其一，指单个的飞行受限区域，且呈狭长状的凸多边形，如图 8.24(a) 所示；其二，指多个小尺度飞行受限区沿航线两侧呈狭长带状分布，如图 8.24(b) 所示。同时，带状分布飞行受限区的影响范围几乎涵盖整条航线，所涉及的航路点设定为 5 个以上。这里所说的狭长状的凸多边形指凸多边形的外接矩形长、短边之比大于 2 的情形。由于外接矩形并不唯一，因此定义该外接矩形的边应与凸多边形任意两顶点连线距离最长的线段垂直或平行。

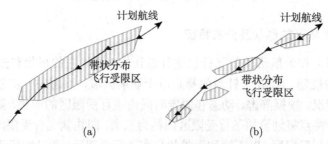

图 8.24　带状分布飞行受限区示意图

由中、大尺度的带状云团导致的动态飞行受限区及其在固定时段内形成的飞行受限区均属于这一范畴。此外, 沿航线两侧带状分布的多个 (通常不少于 3 个) 小尺度云团导致的动态飞行受限区及其在固定时段内形成的飞行受限区, 也属于带状分布飞行受限区。

　　带状分布飞行受限区由于所涉及的航路点较多, 且分布范围广, 所以, 在现有的改航路径规划算法中应用基于网格或基于可视图–权重的改航路径规划法解决该问题时, 不易建立环境模型, 规划的改航路径转弯点数量通常较多, 不利于实际飞行操作; 应用基于多边形和基于已有航路点的改航路径规划法解决该问题时, 灵活性较差, 在遇到连续多个飞行受限区时效果不佳。然而, 根据带状分布飞行受限区的影响范围几乎涉及整条航线, 而航线飞行又具有阶段性和无后效性的特点, 应用多目标动态规划算法解决该问题具有一定的优势。

　　3. 散点状分布飞行受限区

　　散点状分布飞行受限区 FFA$^\mathrm{S}$, 指多个小尺度飞行受限区沿航线两侧任意的分布, 飞行受限区的尺度小、数量多, 影响范围相对较小, 所涉及的航路点设定为 2~3 个, 如图 8.25 所示。散点状分布飞行受限区与块状分布飞行受限区的主要区别在于后者只是针对单个飞行受限区而前者则由多个飞行受限区组成, 就单一飞行受限区而言, 后者的几何尺度远大于前者。散点状分布飞行受限区与带状分布飞行受限区的区别主要在于前者仅分布于少量航路点之间 (2~3 个), 没有明显的带状分布特征, 且分布无规则, 飞行受限区的尺度较小; 而带状分布飞行受限区的分布范围几乎涵盖整条航线, 涉及的航路点至少为 5 个, 具有明显的带状特征。由散点状分布的小尺度云团 (如我国南方地区夏季经常出现的热雷暴) 所导致的动态飞行受限区及其在固定时段内形成的飞行受限区均属于这一范畴。

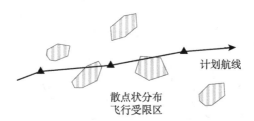

图 8.25　散点状分布飞行受限区示意图

　　散点状分布飞行受限区的分布无一定规律, 且受限区的数量多、尺度小, 因此采用网格方式建立环境模型具有简单直观、易于实现的优点。然而在现有的基于网格的改航路径规划算法中通常采用 Dijkstra 算法或 A* 算法规划改航路径, 改航目标仅为单目标, 且没有充分考虑航线结构和相关约束限制, 当网格数量较多时搜索速度较慢。

4. 圆形飞行受限区

圆形飞行受限区，指多个不同尺度的圆形沿航线两侧任意的分布，影响范围一般较大，如图 8.26 所示。在飞行过程中，经常会遇到恶劣突发天气，有些还是处于动态移动状态，将突发天气的影响区域简化为圆形，虽简化了对天气的影响区域的确定，但扩大了天气实际的影响区域。虽然影响区域的扩大可能会影响计算的精确度，从而对改航路径产生影响，但是可加快获取天气参数的速度及飞行安全。

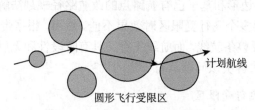

计划航线

圆形飞行受限区

图 8.26 圆形飞行受限区示意图

一般对于水平影响范围相对较小 (小尺度)，垂直影响范围相对较大的突发天气 (如雷暴)，可以考虑将其影响区域简化为圆形，然后根据该类天气的特点及对飞行的影响，可选择从圆形飞行受限区侧面水平绕过进行改航。通过建立直角坐标系，考虑相关约束，建立改进的天气威胁概率模型，从而确定天气对航空器飞行路径的约束关系，使得规划的改航路径不穿越圆形飞行受限区。

5. 椭圆形飞行受限区

椭圆形飞行受限区，指一个或多个椭圆在航空器飞行航线所在的垂直平面上，沿航线上下某侧或两侧分布，影响范围一般也较大，如图 8.27 所示。

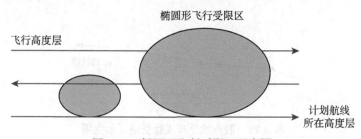

椭圆形飞行受限区

飞行高度层

计划航线
所在高度层

图 8.27 椭圆形飞行受限区示意图

对于水平影响范围较大、垂直影响范围较小的天气 (系统)，如中度以上颠簸，强积冰，其厚度一般不超过 1000m，水平尺度一般达到好几十千米，水平侧面绕过天气影响区域总航程增加量较大，考虑飞行的经济性和安全性，采用改变高度的脱离方法往往能更迅速地脱离受限区域。由于天气的厚度远小于其水平尺度，将天气的影响区域简化为圆，受限区域的上下边界会超出其实际边界很宽，会使得确定的飞行受限区的精准度很低,规划的改航路径可能要穿越较多的高度层,对被穿越的高度层上的航空器产生很大的影响,也会严重影响改航路径的生成,同时还会增加管制员的工作负荷。故对于该类天气,应将其在垂直平面上的影响区域简化为椭圆。然后根据椭圆中心建立直角坐标系,建立天气的威胁概率模型,使航空器按不超过一定概率,沿改航路径绕过飞行受限区。

8.3 不同飞行受限区域下的改航路径规划

8.3.1 块状飞行受限区域下的改航路径规划

设某航班计划航线受某一块状飞行受限区影响而无法正常飞行。该块状飞行受限区 FFA^K 的顶点序列为 $p_1, p_2, \cdots, p_m, \cdots, p_{N_{FFA^K}}$, $m = 1, 2, \cdots, N_{FFA^K}$, 它所确定的区域为 S_{FFA^K}。

航班在空中的飞行路线由沿航线方向的不同航路点组成,定义航班 f_i 的计划航线 f_i^S 由航路点 $f_{i,1} - f_{i,2} - \cdots - f_{i,n_i}$ 和起飞机场 $f_{i,0}$、着陆机场 f_{i,n_i+1} 组成。定义航班 f_i 的改航航线 f_i^R 由航路点 $f_{ir,1} - f_{ir,2} - \cdots - f_{ir,n_i^r}$ 和起飞机场 $f_{i,0}$、着陆机场 f_{ir,n^r+1} 组成,航班 f_i 的改航路径可能不止一条,设存在 N_i^R 条改航路径,$r = 1, \cdots, N_i^R$。在计划航线和改航航线中航班 f_i 的起飞、着陆机场均不变。

在目标函数的选择上,根据避让块状飞行受限区的特点,选择最短航程作为改航目标,目标函数定义如下:

$$\min \mathrm{DIS}(f_i^R) = \sum_{i'=0}^{n_i^r} l_{\mathrm{d}}(f_{ir,i'}, f_{ir,i'+1}) \tag{8.16}$$

式中,$\mathrm{DIS}(f_i^R)$ 表示航班 f_i 的改航路径航程;$l_{\mathrm{d}}(f_{ir,i'}, f_{ir,i'+1})$ 表示改航航段 $f_{ir,i'} - f_{ir,i'+1}$ 的航程,$i' = 0, \cdots, n_i^r$,其累加结果即为整条改航路径的航程。

实施改航飞行除了要避开飞行受限区外,还须考虑空中交通管制程序和航空器飞行性能的相关约束。因此,需要考虑的约束条件主要有以下 4 个。

1) 飞行受限区域限制

新生成的改航路径应避开飞行受限区域,即各航段均不穿越飞行受限区域,其约束方程为

$$f_{ir,i'} f_{ir,i'+1} \cap S_{FFA^K} = \varnothing, \quad \forall r = 1, \cdots, N_i^R, \ i' = 0, \cdots, n_i^r \tag{8.17}$$

2) 转弯角度限制

转弯角度 θ_{HC} 指飞行过程中飞机航向的改变量,此处航向指飞机纵轴所指的方向,如图 8.28 所示。雷达管制条件下,出于航路飞行安全因素考虑,在绕飞危

险天气区域时航向的最大改变量通常不大于 90°，即 $\theta_{HC} \leqslant 90°$，因此定义约束方程为

$$\angle f_{ir,i'-1} f_{ir,i'} f_{ir,i'+1} > 90°, \quad \forall r = 1, \cdots, N_i^{\mathrm{R}}, \ i' = 0, \cdots, n_i^r \tag{8.18}$$

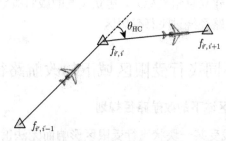

图 8.28 转弯角度示意图

3) 航段距离限制

航段距离指两个转弯点 (改航点或航路点) 之间的距离，其长度应满足在该距离内航空器可顺利完成两次转弯 (转弯角 $\leqslant$ 90°)。在图 8.29 中，航班由西向东飞行在 $f_{ir,i'}$ 处改航为由南向北飞行，在 $f_{ir,i'+1}$ 处转弯继续由西向东飞行，若想完成上述飞行，则 $f_{ir,i'} - f_{ir,i'+1}$ 的航段距离不能小于 $2R_{\min}^{\mathrm{T}}$，$R_{\min}^{\mathrm{T}}$ 为最小转弯半径，其大小受空速和转弯倾斜角的影响。对于正常飞行的航班，$R_{\min}^{\mathrm{T}}$ 通常小于 3.7km，因此航段距离应大于等于 7.4km。考虑航段距离限制的约束方程为

$$l_{\mathrm{d}}(f_{ir,i'}, f_{ir,i'+1}) \geqslant 7.4, \quad \forall r = 1, \cdots, N_i^{\mathrm{R}}, \ i' = 0, \cdots, n_i^r \tag{8.19}$$

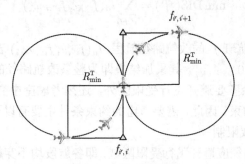

图 8.29 最短航段距离

4) 改航点数量限制

改航点数量的多少决定着飞行员和空管员在实施改航过程中的工作负荷。在避让块状飞行受限区域的飞行中，从改航航段的起始点到结束点 (不含上述两点) 新增改航点数量不应多于某一数值，即新增转弯点的数量上限。其取值可参考每100km(根据块状飞行受限区的几何尺度可适度调整) 新增 1 个转弯点。考虑改航

点数量限制的约束方程为

$$n_i^r - n_i \leqslant l_{\mathrm{R}}(f_i)/100, \quad \forall r = 1, \cdots, N_i^{\mathrm{R}} \tag{8.20}$$

式中，$l_{\mathrm{R}}(f_i)$ 表示航班 f_i 计划航线中从改航航段的起始点到结束点的航程。

综上，最终确定的块状飞行受限区域改航模型为

$$\min \mathrm{DIS}(f_i^{\mathrm{R}}) = \sum_{i'=0}^{n_i^r} l_{\mathrm{d}}(f_{ir,i'}, f_{ir,i'+1})$$

约束条件：

$$f_{ir,i'} f_{ir,i'+1} \cap S_{\mathrm{FFA^K}} = \varnothing, \quad \forall r = 1, \cdots, N_i^{\mathrm{R}}, \ i' = 0, \cdots, n_i^r$$

$$\angle f_{ir,i'-1} f_{ir,i'} f_{ir,i'+1} > 90°, \quad \forall r = 1, \cdots, N_i^{\mathrm{R}}, \ i' = 0, \cdots, n_i^r$$

$$l_d(f_{ir,i'}, f_{ir,i'+1}) \geqslant 7.4, \quad \forall r = 1, \cdots, N_i^{\mathrm{R}}, \ i' = 0, \cdots, n_i^r$$

$$n_i^r - n_i \leqslant l_{\mathrm{R}}(f_i)/100, \quad \forall r = 1, \cdots, N_i^{\mathrm{R}}$$

初始改航点是在航班计划航路点之外，按某种方法初步确定的改航点，它们还须进行适当的修正和调整才能被确定为最终改航飞行路径中的改航点。对于单个的块状飞行受限区而言，首先判定受影响航班改航航段的起始点和结束点，然后再确定其初始改航点，由初始改航点确定的改航路径是避让飞行受限区的初始改航路径。初始改航路径在考虑上述各约束条件下须进行修正，以得到最终确定的改航飞行路径。基于几何算法确定初始改航点的方法是借鉴文献中基于多边形改航路径规划法的基本思想，在飞行受限区所确定的凸多边形之外运用平面解析几何方法适当选取改航点的方法。

首先，针对需要改航飞行的航班建立相应的直角坐标系 xOy，其中坐标原点为改航航班 f_i 的起飞机场，y 轴正方向为磁北，x 轴正方向为磁北偏东 $90°$。设最终确定的静态飞行受限区 SFFA 或改航时段内的动态飞行受限区 DFFA$_{\mathrm{FS}}$ 各顶点为 $p_m(x_m, y_m)$，$m = 1, 2, \cdots, N_{\mathrm{FFA^K}}$，为了易于描述，以图 8.30 所示飞行受限区 FFA 及航线为例，初始改航点位置的确定方法如下。

步骤 1：确定飞行受限区边界与航线的交汇点。沿航线方向最先与 FFA 边界相交的点为飞入交汇点，$q_e(x_e, y_e)$；另一交汇点为飞出交汇点，$q_l(x_l, y_l)$。若航线与 FFA 边界重合，则认为该段航线在 FFA 之外，未受飞行受限区的影响。

步骤 2：确定改航航段起始点 q_{o} 和结束点 q_{f}。在 $f_{i,1}, f_{i,2}, \cdots, f_{i,n_i}$ 中选取距离 q_e 最近，且在 FFA 之外的航路点定义为 q_{o}，$q_{\mathrm{o}} = f_{i,k_{\mathrm{o}}}$；选取距离 q_l 最近，且在 FFA 之外的航路点定义为 q_{f}，$q_{\mathrm{f}} = f_{i,k_{\mathrm{f}}}$，$k_{\mathrm{o}}, k_{\mathrm{f}} \in \{1, 2, \cdots, n_i\}$。定义 $q_e q_l$ 的中点

q_z(改航起始点如何确定？应当考虑到空域限制 (禁区、危险区、最低安全高度及冲突的限制)，未必一定要在计划航路点上选择改航起始点)。

步骤 3：$q_e q_l$ 将 FFA 分为两部分，将分属两部分的顶点分别放入集合 P_r 和 P_l。判断方法为：将各顶点代入 $q_e q_l$ 直线的一般方程，如果大于 0 则顶点属于 P_r，反之属于 P_l。如图 8.30 中，$P_r = \{p_2, p_3, p_4\}$；$P_l = \{p_1, p_5, p_6\}$。

步骤 4：在 P_r 与 P_l 中分别搜索距点 q_z 最远的点 (图 8.30 中 p_4 和 p_5)，并分别将此距离记为 d_r、d_l，选取 $R_{\min} = \min\{d_r, d_l\}$。

步骤 5：过 q_z，在 $R_{\min}$ 所在一侧 (p_5 所在一侧) 作垂直于 $q_e q_l$ 的射线 l。以 q_z 为圆心，$R_{\min}$ 为半径作弧，与射线 l 的交点 $r(x_r, y_r)$ 即为所求改航点，其坐标值可由式 (8.21) 得出。原先由 q_o 飞往 q_f 的航段，改为由 q_o 经 r 飞往 q_f。

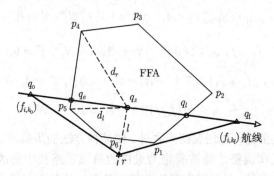

图 8.30 几何法确定的初始改航点

$$\begin{cases} x_r = -k_r(\alpha - \beta \pm \Delta b_r)/(k_r^2 + 1) \\ y_r = (\alpha + k_r^2 \beta \pm \Delta b_r)/(k_r^2 + 1) \end{cases} \tag{8.21}$$

式中

$$k_r = (y_l - y_e)/(x_l - x_e) \tag{8.22}$$

$$\alpha = (x_l y_e - x_e y_l)/(x_l - x_e) \tag{8.23}$$

$$\beta = (x_l^2 + y_l^2 - x_e^2 - y_e^2)/2(y_l - y_e) \tag{8.24}$$

$$\Delta b_r = \sqrt{k_r^2 + 1} \cdot R_{\min} \tag{8.25}$$

若 $x_l = x_e$，那么

$$x_r = x_e \pm R_{\min} \tag{8.26}$$

$$y_r = (y_e + y_l)/2 \tag{8.27}$$

若 $y_l = y_e$，那么

$$x_r = (x_e + x_l)/2 \tag{8.28}$$

$$y_r = y_e \pm R_{\min} \tag{8.29}$$

当 r 在点集 P_r 一侧，则 Δb_r 和 $R_{\min}$ 取 "+" 号；当 r 在点集 P_l 一侧，则 Δb_r 和 $R_{\min}$ 取 "−" 号。

在特殊情况下，若 P_r 或 P_l 中只存在一个顶点，且该顶点与 q_z 的距离等于 $R_{\min}$，则该顶点即为改航点 r。

步骤 6：若改航航段 $q_o r$(或 $r q_f$) 与 FFA 边界相交，则需在 $q_o r$(或 $r q_f$) 间增加新的改航点。其方法为，将 r 转化为新的 q_f(或 q_o)，回步骤 3，直至新的改航路径不穿越 FFA。

通过上述方法，可得到由 f_{i,k_o} 经一个或多个改航点至 f_{i,k_f} 的初步改航路径。每次求得的点 r，即为初始改航点。

在考虑改航模型中转弯角度、航段距离和改航点数量的约束下，需要进一步对由几何算法和快速法确定的初始改航点进行修正。

1) 转弯角度约束

若改航路径中存在转弯角度 θ_{HC} 大于 90° 的改航点，可通过如下方法进行调整：

方法 1：在航班 f_i 的航路点 $f_{i,1}, f_{i,2}, \cdots, f_{i,n_i}$ 中重新选择改航航段起始点 q_o' 和结束点 q_f'，使其满足最大转弯角度的约束，即 $\theta_{HC}' \leqslant 90°$，如图 8.31 所示。令 $q_o' = f_{i,k_o - \Delta k_o}$，$q_f' = f_{i,k_f + \Delta k_f}$，且满足 $k_o - \Delta k_o \geqslant 1$，$k_f + \Delta k_f \leqslant n_i$，$\Delta k_o$、$\Delta k_f = 1, 2, \cdots, n_i - 2$，$\Delta k_o$ 或 Δk_f 通常取 1。

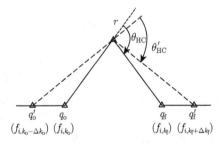

图 8.31　转弯角度修正 (1)

方法 2：设 r_u、r_{u+1}、r_{u+2} 为改航路径上的 3 个改航点 (航路点)，若改航点 r_{u+1} 处的转弯角度大于 90°，如图 8.32 所示，过 r_{u+1} 作平行于 $r_u r_{u+2}$ 的直线，在 r_{u+1} 的两侧分别确定新的改航点 r_{u+1}' 和 r_{u+1}''，使其满足最大转弯角度的约束，即 $\theta_{HC}' \leqslant 90°$，$\theta_{HC}'' \leqslant 90°$。同时 $r_{u+1}' r_{u+1}''$ 的长度 $l_d(r_{u+1}' r_{u+1}'')$ 应满足最小航段距离的约束。r_{u+1}' 和 r_{u+1}'' 的坐标值可由式 (8.30) 和式 (8.31) 分别求出。

$$x_{r_{u+1}''} = x_{r_{u+1}} + l_d \Big/ \left(2 \sqrt{k_{r_u, r_{u+2}}^2 + 1} \right) \tag{8.30}$$

$$y_{r''_{u+1}} = y_{r_{u+1}} + l_d k_{r_u, r_{u+2}} \Big/ \left(2\sqrt{k_{r_u, r_{u+2}}^2 + 1} \right) \tag{8.31}$$

式中，$k_{r_u, r_{u+2}} = (y_{r_{u+2}} - y_{r_u})/(x_{r_{u+2}} - x_{r_u})$，若 $x_{r_{u+2}} = x_{r_u}$，则 $x_{r'_{u+1}} = x_{r''_{u+1}} = x_{r_u}$，$y_{r'_{u+1}} = y_{r_{u+1}} - l_d/2$，$y_{r''_{u+1}} = y_{r_{u+1}} + l_d/2$。

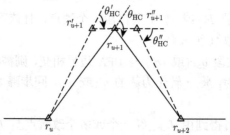

图 8.32 转弯角度修正 (2)

2) 航段距离约束

若改航路径中存在不满足航段距离限制的航段，如图 8.33 中航段 $q_o r$ 和图 8.34 中航段 $r_{u+1}r_{u+2}$ 须通过如下方法进行调整。

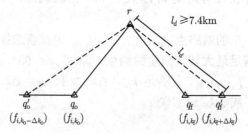

图 8.33 航段距离修正 (1)

方法 1：在航班 f_i 的航路点 $f_{i,1}, f_{i,2}, \cdots, f_{i,n_i}$ 中重新选择航段起始点 q'_o 和结束点 q'_f，如图 8.33 所示，$l_d(q'_o, r)$ 和 $l_d(q'_f, r)$ 应满足最短航段距离的约束。

方法 2：当存在多个改航点时，如图 8.34 所示，$l_d(r_{u+1}r_{u+2}) < 7.4\text{km}$。第一步，在 r_{u+1} 和 r_{u+2} 中任选一点并将其与 r_u 和 r_{u+3} 连接。若 r_{u+1} 与 r_u、r_{u+3} 的连线不穿越飞行受限区，则去除改航点 r_{u+2}，完成修正；若 r_{u+2} 与 r_u、r_{u+3} 的连线不穿越飞行受限区，则去除改航点 r_{u+1}，完成修正。若 r_{u+1} 和 r_{u+2} 均无法去除，转第二步。第二步，在 $r_{u+1}r_{u+2}$ 两侧的延长线上选择新的改航点 $x'_{r_{u+1}}$ 和 $x'_{r_{u+2}}$，使 $l_d(r'_{u+1}, r'_{u+2}) = n_{SD} \times 7.4$，$n_{SD} \geqslant 1$，$n_{SD}$ 通常取 1。r'_{u+1} 和 r'_{u+2} 的坐标值可由式 (8.32) 和式 (8.33) 分别求出。

$$\begin{cases} x_{r'_{u+1}} = x_{r_{u+1}} - [l_d(r'_{u+1}, r'_{u+2}) - l_d(r_{u+1}, r_{u+2})]/2\sqrt{k_{r_{u+1}, r_{u+2}}^2 + 1} \\ y_{r'_{u+1}} = y_{r_{u+1}} - [l_d(r'_{u+1}, r'_{u+2}) - l_d(r_{r_{u+1}}, r_{r_{u+2}})]k_{r_{u+1}, r_{u+2}}/2\sqrt{k_{r_{u+1}, r_{u+2}}^2 + 1} \end{cases}$$
$$\tag{8.32}$$

$$
\begin{cases}
x_{r'_{u+2}} = x_{r_{u+2}} - \left[l_d(r'_{u+1}, r'_{u+2}) - l_d(r_{u+1}, r_{u+2})\right] \Big/ 2\sqrt{k^2_{r_{u+1}, r_{u+2}} + 1} \\[2mm]
y_{r'_{u+2}} = y_{r_{u+2}} - \left[l_d(r'_{u+1}, r'_{u+2}) - l_d(r_{r_{u+1}}, r_{u+2})\right] k_{r_{u+1}, r_{u+2}} \Big/ 2\sqrt{k^2_{r_{u+1}, r_{u+2}} + 1}
\end{cases}
$$

$$(8.33)$$

式中，$k_{r_{u+1}, r_{u+2}} = (y_{r_{u+2}} - y_{r_{u+1}})/(x_{r_{u+2}} - x_{r_{u+1}})$，若 $x_{r_{u+2}} = x_{r_{u+1}}$，则 $x_{r'_{u+1}} = x_{r'_{u+2}} = x_{r_{u+1}}$，$y_{r'_{u+1}} = y_{r_{u+1}} - \left[l_d(r'_{u+1}, r'_{u+2}) - l_d(r_{u+1}, r_{u+2})\right]/2$，$y_{r'_{u+2}} = y_{r_{u+2}} + \left[l_d(r'_{u+1}, r'_{u+2}) - l_d(r_{u+1}, r_{u+2})\right]/2$。

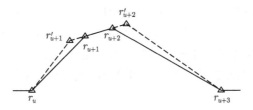

图 8.34　航段距离修正 (2)

3) 改航点数量约束

当改航点数量过多时 (如图 8.35 中改航点 $r_u \sim r_{u+4}$)，可通过如下方法合并改航点，以减少其数量。

当改航点数量大于 3 个时，如图 8.35 所示，过 r_{u+2} 作平行于 $r_{u+1}r_{u+3}$ 的直线 $lr_{u+1}r_{u+3}$，$lr_{u+1}r_{u+3}$ 与 r_ur_{u+1} 和 $r_{u+4}r_{u+3}$ 延长线的交点，即新的改航点 r'_{u+1} 和 r'_{u+3}。$lr_{u+1}r_{u+3}$ 的直线方程为

$$
\begin{aligned}
(y_{r_{u+3}} - y_{r_{u+1}})x &+ (x_{r_{u+1}} - x_{r_{u+3}})y + (x_{r_{u+2}}y_{r_{u+1}} \\
&+ x_{r_{u+3}}y_{r_{u+2}} - x_{r_{u+1}}y_{r_{u+2}} - x_{r_{u+2}}y_{r_{u+3}}) = 0
\end{aligned}
$$

$$(8.34)$$

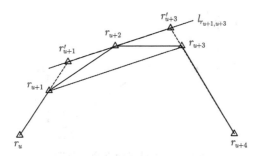

图 8.35　改航点数量修正

通过此方法可将原先 3 个改航点合并为 2 个，在改航点较多的情况下可重复使用该方法，直至满足改航点数量约束。

8.3.2　带状分布飞行受限区域下的改航路径规划

设某航班计划航线受若干带状分布飞行受限区影响而无法正常飞行。针对全体带状分布飞行受限区 $\mathrm{FFA^D}$ 建立改航模型，设共有 N_{W} 个飞行受限区域，其中某一飞行受限区 $\mathrm{FFA}_j^{\mathrm{D}}$ 的顶点序列为 $p_{j,1}, p_{j,2}, \cdots, p_{j,m}, \cdots, p_{j,\mathrm{FFA}_j^{\mathrm{D}}}$，$j = 1, 2, \cdots, N_{\mathrm{W}}$，$m = 1, 2, \cdots, N_{\mathrm{FFA}_j^{\mathrm{D}}}$，它所确定的受限区域为 $S_{\mathrm{FFA}^{\mathrm{D}}}$。航班 f_i 的计划航线 f_i^{S} 和改航航线 f_i^{R} 的定义同 8.3.1 节所述。

在目标函数的选择上，根据避让沿航线带状分布飞行受限区的特点，将在计划航路点周围划设备选改航点，然后采用多目标动态规划算法在备选改航点中规划改航飞行路径，考虑的目标主要有两点，即航程短、偏离少。所谓航程短是指改航飞行路径各航段组成的飞行路径距离短；所谓偏离少是指改航飞行路径与计划航线相比偏差距离少。因此选择最短航程和最小航线偏离距离作为改航目标，目标函数定义如下：

$$\min \mathrm{ODH}(f_i^{\mathrm{R}}) = \sum_{i'=0}^{n_i^r} \left[\omega_1 l_d(f_{ir,i'}, f_{ir,i'+1}) + \delta\omega_2 l_h(f_{ir,i'}, f_{ir,i'+1}) \right] \tag{8.35}$$

式中，$\mathrm{ODH}(f_i^{\mathrm{R}})$ 表示航班 f_i 的目标函数值；$l_d(f_{ir,i'}, f_{ir,i'+1})$ 表示改航航段 $f_{ir,i'} - f_{ir,i'+1}$ 的航程，$i' = 0, \cdots, n_i^r$，其累加结果即为整条改航路径的航程；ω_1、ω_2 为权重系数，$\omega_1 + \omega_2 = 1$；δ 为修正系数，用来修正航程和偏离距离的数量差异；$l_h(f_{ir,i'}, f_{ir,i'+1})$ 为航段 $f_{ir,i'} - f_{ir,i'+1}$ 的偏离距离，其累加结果为整条改航路径各航段与计划飞行路径的偏差距离之和，计算方法为

$$l_h(f_{ir,i'}, f_{ir,i'+1}) = \frac{l_v(f_{ir,i'}) + l_v(f_{ir,i'+1})}{2} \tag{8.36}$$

式中，$l_v(f_{ir,i'})$ 和 $l_v(f_{ir,i'+1})$ 分别表示备选改航点 $f_{ir,i'}$ 和 $f_{ir,i'+1}$ 到计划航段 $f_{ir,i'} - f_{ir,i'+1}$ 的距离，如图 8.36 所示。

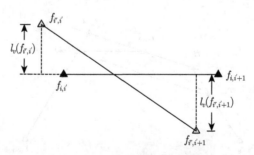

图 8.36　航线偏离距离示意图

约束方程为

$$f_{ir,i'} f_{ir,i'+1} \cap S_{\mathrm{FFA}_j^{\mathrm{D}}} = \varnothing, \quad \forall r = 1, \cdots, N_i^{\mathrm{R}}, \, i' = 0, \cdots, n_i^r, \, j = 1, 2, \cdots, N_{\mathrm{W}} \tag{8.37}$$

$$\angle f_{ir,i'-1} f_{ir,i'} f_{ir,i'+1} > 90°, \quad \forall r = 1, \cdots, N_i^{\mathrm{R}}, \ i' = 0, \cdots, n_i^r \tag{8.38}$$

$$l_d(f_{ir,i'}, f_{ir,i'+1}) \geqslant 7.4, \quad \forall r = 1, \cdots, N_i^{\mathrm{R}}, \ i' = 0, \cdots, n_i^r \tag{8.39}$$

式 (8.37)~ 式 (8.39) 分别表示飞行受限区域限制、转弯角度限制和航段距离限制。由于针对带状分布飞行受限区采用在备选改航点中规划改航飞行路径的方法，不会额外增加新的改航点，因此与块状飞行受限区域改航模型相比无须考虑改航点数量限制这一约束条件。

备选改航点是在计划航路点周围预先设定的一组改航点，对于受飞行受限区影响的航路点而言，其对应的备选改航点通常为 4~6 个。在进行改航路径规划时，针对由某一计划航路点及其对应的备选改航点组成的一组改航点，只选择其中的一个改航点作为最终改航飞行路径中的改航点。

针对需要改航飞行的航班建立相应的直角坐标系 xOy，其中坐标原点为改航航班的起飞机场，y 轴正方向为磁北，x 轴正方向为磁北偏东 90°，如图 8.37 所示。沿航线共有 N_{W} 个带状分布的飞行受限区域 FFA。对于其中的静态飞行受限区，其边界不随时间变化，因此在规定时间段内其边界固定不变。对于其中的动态飞行受限区，首先由航空气象部门根据卫星云图和雷达回波图每隔 T_s 小时更新一次危险天气影响区域的边界点，然后再按照航班 f_i 预计到达各飞行受限区所在航段的时刻，划设其相应改航时段内的各动态飞行受限区，如图 8.37 所示。

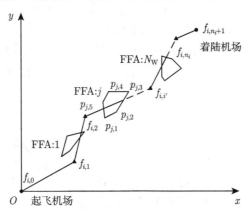

图 8.37　带状分布飞行受限区环境模型示意图

对于沿航线分布的第 j 个飞行受限区域 FFA:j，其各顶点为 $p_{j,1}, p_{j,2}, \cdots, p_{j,m}, \cdots, p_{j,N_{\mathrm{FFA}_j^{\mathrm{D}}}}$，$p_{j,m}$ 的坐标为 $(x_{j,m}, y_{j,m})$，$j = 1, 2, \cdots, N_{\mathrm{W}}$，$m = 1, 2, \cdots, N_{\mathrm{FFA}_j^{\mathrm{D}}}$。

根据带状分布飞行受限区沿航线两侧分布的特点，备选改航点的确定方法如下。

步骤 1：判定航班 f_i 计划航线中受飞行受限区影响的航段和相应的航路点。设飞行受限区 FFA_j 顶点为 $p_{j,m}(x_{j,m}, y_{j,m})$，在航班 f_i 的计划航线中寻找航段，使其满足：① $x_{j,m}$ 位于航段两端点 x 坐标之间，或② $y_{j,m}$ 位于航段两端点 y 坐标之间，如图 8.38 所示；在满足该条件的航段中继续筛选，首先过 $p_{j,m}$ 作垂直于航段的垂线，若垂足在航段上，则该航段即为最终确定的受 FFA_j 的顶点 $p_{j,m}$ 影响的航段，其端点即为受影响的航路点；若垂足位于航段的延长线上，则认为该航段未受影响。如图 8.38(a) 中航段 $f_{i,i'-1} - f_{i,i'}$ 满足条件①，且垂足在 $f_{i,i'-1} - f_{i,i'}$ 上，因此该航段受 FFA_j 影响；图 8.38(b) 中航段 $f_{i,i'-1} - f_{i,i'}$ 满足条件①，航段 $f_{i,i'} - f_{i,i'+1}$ 满足条件②，且垂足均位于航段上，因此航段 $f_{i,i'-1} - f_{i,i'} - f_{i,i'+1}$ 均受 FFA_j 影响；图 8.38(c) 中航段 $f_{i,i'-1} - f_{i,i'}$ 满足条件①，航段 $f_{i,i'} - f_{i,i'+1}$ 满足条件②，但过 $p_{j,m}$ 垂线的垂足位于 $f_{ir,i'} - f_{ir,i'+1}$ 的延长线上，因此只有航段 $f_{i,i'-1} - f_{i,i'}$ 受影响。

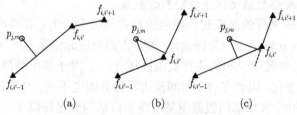

图 8.38　飞行受限区影响航段的判定

通过上述方法可以求得受 FFA_j 顶点 $p_{j,m}$ 影响的航段及相应的航路点。运用该方法依次求 FFA_j 中其余各顶点影响的航段和航路点，汇总后即可得出受飞行受限区 FFA_j 影响的航段和航路点。图 8.39 中受 FFA_j 影响的航段为：$f_{i,i'-2} - f_{i,i'-1} - f_{i,i'}$，相应的航路点为 $f_{i,i'-2}$、$f_{i,i'-1}$ 和 $f_{i,i'}$；受 FFA_{j+1} 影响的航段为：$f_{i,i'} - f_{i,i'+1}$，相应的航路点为 $f_{i,i'}$ 和 $f_{i,i'+1}$。

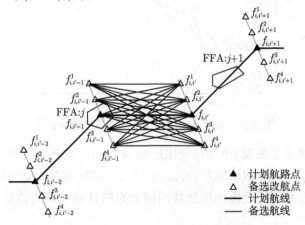

图 8.39　计划航线备选改航点示意图

此外,还可根据实际情况适度扩大受影响航段及航路点的范围,即将已确定受影响航路点的相邻航路点及航段纳入影响范围。

步骤 2:确定备选改航点的位置。针对受飞行受限区影响的航路点,划设其相应的备选改航点。根据角平分线的性质——角平分线上的各点到角两边的距离相等,基于这一思想给出划设备选改航点的方法:设 $f_{i,i'}$ 为受飞行受限区影响的航路点,过 $f_{i,i'}$ 作航向转弯角 $\angle f_{i,i'-1}f_{i,i'}f_{i,i'+1}$ 的角平分线 $l^c_{i,i'}$,在该角平分线上航路点 $f_{i,i'}$ 两侧分别选取等距的备选改航点 n_{cr} 个,n_{cr} 通常取 2 或 3,如图 8.40 中 $n_{cr}=2$。备选改航点的间隔距离为 L_C,$L_C \geqslant 20$km(我国航路宽度为 20km),如图 8.40 所示。

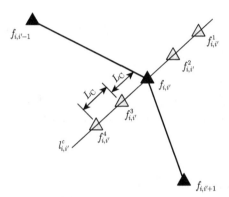

图 8.40 备选改航点划设

步骤 3:为备选改航点标号。航路点 $f_{i,i'}$ 共有 $2n_{cr}$ 个备选改航点,按照其 y 坐标从大到小的顺序 (若均相同,则按照 x 坐标从大到小的顺序) 依次标号为 $f^1_{i,i'},f^2_{i,i'},\cdots,f^{2n_{cr}}_{i,i'}$。如图 8.40 中,航路点 $f_{i,i'}$ 共有 4 个备选改航点,分别为 $f^1_{i,i'},f^2_{i,i'},f^3_{i,i'}$ 和 $f^4_{i,i'}$。

步骤 4:确定航路点及备选改航点间距离。设相邻两个备选改航点为 $f^{ic1}_{i,i'-1}$ $(x_{f^{ic1}_{i,i'-1}},y_{f^{ic1}_{i,i'-1}})$ 和 $f^{ic2}_{i,i'-1}(x_{f^{ic2}_{i,i'-1}},y_{f^{ic2}_{i,i'-1}})$,$ic1$、$ic2 = 0,1,2,\cdots,2n_{cr}$,当 $ic1,ic2 = 0$ 时,$f^0_{i,i'-1}$ 和 $f^0_{i,i'}$ 即表示航路点 $f_{i,i'-1}$ 和 $f_{i,i'}$。若航段 $f^{ic1}_{i,i'-1}f^{ic2}_{i,i'}$ 不穿越飞行受限区域,则航段距离 $l_d(f^{ic1}_{i,i'-1}f^{ic2}_{i,i'})$ 即为两改航点的坐标距离;若航段 $f^{ic1}_{i,i'-1}f^{ic2}_{i,i'}$ 穿越飞行受限区域,即不满足模型中约束 (8.37),则令航段距离 $l_d(f^{ic1}_{i,i'-1}f^{ic2}_{i,i'}) \leqslant M_C$,$M_C$ 为一足够大的正数,该航段为非可行航段;若航段距离 $l_d(f^{ic1}_{i,i'-1}f^{ic2}_{i,i'}) \leqslant 7.4$km,即不满足模型中约束 (8.39),则令 $l_d(f^{ic1}_{i,i'-1}f^{ic2}_{i,i'}) \leqslant M_C$,该航段为非可行航段。$M_C$ 通常可取 1000km 或更大数值。

通过上述方法,一个航路点对应 $2n_{cr}$ 个备选改航点,相邻的两个航路点间由原先的 1 条路径,变为 $(2n_{cr}+1)^2$ 条路径。

带状分布飞行受限区域下的改航路径规划满足下述条件:①涉及的航路点及

航段较多，几乎涵盖整条航线，而每一条航线由若干航段组成，具有阶段性；②各航路点的选择满足无后效性。因此，可通过动态规划方法搜索最佳改航飞行路径。

航班的起飞机场和着陆机场均固定不变，即初始状态和终止状态已知，采用逆序解法规划改航飞行路径。航班 f_i 从起飞机场 $f_{i,0}$ 起飞，经过 $f_{i,1}, f_{i,2}, \cdots, f_{i,n_i}$ 共 n_i 个航路点到达着陆机场 f_{i,n_i+1}，因此改航路径可分为 $n_i + 1$ 个阶段。定义阶段变量 k，$k = 0, 1, \cdots, n_i$。

定义各阶段的状态变量为 s_k，s_k 的取值集合，即状态集合为 S_k。当 $k = 0$ 时，$S_k = \{f_{i,0}\}$；当 $k = 0, 1, \cdots, n_i$ 时，若航路点 $f_{i,k}$ 受飞行受限区影响，即存在备选改航点，则 $S_k = \left\{ f_{i,k}^0, f_{i,k}^1, \cdots, f_{i,k}^{2n_{cr}} \right\}$，否则 $S_k = \left\{ f_{i,k}^0 \right\}$。第 k 阶段，当状态为 s_k 时的决策变量为 $u_k(s_k)$，允许决策集合为 $D_k(s_k)$，$u_k(s_k) \in D_k(s_k)$。当 $k = n_i$ 时，$D_k(s_k) = \{f_{i,n_i+1}\}$；$k = 0, \cdots, n_i - 1$ 时，对于受飞行受限区 FFA 影响的航段，即存在备选改航点的航段，$D_k(s_k) = \left\{ f_{i,k+1}^0, f_{i,k+1}^1, \cdots, f_{i,k+1}^{2n_{cr}} \right\}$，对于未受 FFA 影响的航段，其 $D_k(s_k) = \left\{ f_{i,k+1}^0 \right\}$。

当给定了第 k 阶段的状态 s_k，决策 $u_k(s_k)$ 时，第 $k+1$ 段的状态也就完全确定了。因此，改航路径由第 k 段到 $k+1$ 段的状态转移规律，即状态转移方程为

$$s_{k+1} = u_k(s_k) \tag{8.40}$$

定义改航路径的最优指标函数为 $g_k(s_k)$，如式 (8.41) 所示，它表示当第 k 阶段状态为 s_k 时，在同时考虑航线距离和航线偏离距离两个目标情况下，采用最佳策略到达着陆机场时的目标函数值。当 $k = 0$ 时，$g_0(s_0)$ 就是从起飞机场到着陆机场整个过程的最佳改航路径值。

$$\begin{cases} g_k(s_k) = \min \left\{ \omega_1 l_d^d(s_k, u_k) + \delta \omega_2 l_h^d(s_k, u_k) + g_{k+1}(s_{k+1}) \right\} \\ g_{n_i+1}(s_{n_i+1}) = 0, \quad k = n_i, n_i - 1, \cdots, 0 \end{cases} \tag{8.41}$$

式中，ω_1 和 ω_2 分别代表航线距离度和偏离度的权重，依据飞行员和空中交通管理员的协同决策，ω_1 和 ω_2 可灵活取值，并同时满足 $\omega_1 + \omega_2 = 1$，ω_1，$\omega_2 \in [0,1]$。$l_d^d(s_k, u_k)$ 和 $l_h^d(s_k, u_k)$ 分别表示航段的距离度和偏离度，δ 为修正系数。

求解时从边界条件开始，令 $k = n_i$，逆过程行进方向，逐步递推寻优。在每一个新航段求解时，都要使用它前面已求出的航段的最优结果，最终 $k = 0$ 时航段的最优解就是整个改航路径的最优解。算法的时间复杂度为 $o(N^2)$。

通过上述方法得到改航路径的最优解后，判断是否存在转弯角度大于 $90°$ 的改航点。由于备选改航点的选取在计划航路点周围，因此通常情况下最优改航路径均满足转弯角度限制。当存在转弯角度大于 $90°$ 的情况时，即不满足模型中约束方程 (8.38)，则适度调整权重 ω_1 和 ω_2 的数值或备选改航点间隔距离 L_C 的设定，重新规划改航飞行路径直至满足转弯角度限制。

改航路径规划模型中的目标函数如式 (8.41) 所示，由于航段距离和航段的偏离距离是两种不同性质的数据，因此采用 "线性加权法" 将多目标转化为单目标时须对各目标进行数据标准化处理，即同趋化处理和无量纲化处理。基于这个原因，在最终的目标函数中，航段距离和偏离距离以航段距离度 $l_d^d(s_k, u_k)$ 和偏离度 $l_h^d(s_k, u_k)$ 来表示，它们的计算公式如下：

$$l_d^d(s_k, u_k) = l_d(s_k, u_k) - \min l_d(k)/\max l_d \tag{8.42}$$

$$l_h^d(s_k, u_k) = l_h(s_k, u_k)/\max l_h \tag{8.43}$$

$$l_h(s_k, u_k) = l_v(s_k) + l_v(u_k)/2 \tag{8.44}$$

式中，$l_d(s_k, u_k)$ 表示由状态 s_k 和其决策 u_k 所确定航段的距离，其计算方法如步骤 4 所述；$\min l_d(k)$ 为第 k 阶段所有可选航段距离最短者；$\max l_d$ 为所有可行改航航段中距离最大者；$l_h(s_k, u_k)$ 表示由状态 s_k 和其决策 u_k 所确定航段的偏离距离；$l_v(s_k)$ 和 $l_v(u_k)$ 分别表示状态 s_k 和决策 u_k 所代表的航路点 (或备选改航点) 到计划航线的距离；$\max l_h$ 为所有可行改航航段中偏离距离最大者。

式 (8.41) 中修正系数 δ 的取值参考如下比值进行设定：假设由备选改航点和计划航路点确定的各航段均不穿越危险天气区域，各阶段所有航段距离度 $l_d^d(\ )$ 值的总和与偏离度 $l_h^d(\ )$ 值总和的比值。

8.3.3 散点状分布飞行受限区域下的改航路径规划

以单个航班的改航路径规划为研究对象，设某航班计划航线受散点状分布飞行受限区影响而无法正常飞行。针对散点状分布飞行受限区 FFA^S 建立改航模型，设共有 N_W 个散点状分布的飞行受限区域，其中某一飞行受限区 FFA_j^S 所确定的受限区域为 $S_{\text{FFA}_j^S}$，$j = 1, 2, \cdots, N_W$。航班 f_i 的计划航线 f_i^S 和改航航线 f_i^R 的定义同 8.3.1 节所述。

在目标函数的选择上，不同于带状分布飞行受限区域下的改航路径规划，散点状分布飞行受限区域下的改航路径规划没有相对固定的备选改航点，其改航点的选择随机性较强。在规划改航飞行路径时除了要考虑航程大小和偏离距离两个因素外，还需要考虑改航点数量的多少。若改航点数量过多，即改航路径中转弯点数量过多，则会增加管制员和飞行员的工作负荷，且不利于飞行安全。因此根据避让散点状分布飞行受限区的特点，在网格环境模型下，采用多目标遗传算法 NSGA-II 算法规划改航飞行路径，多目标函数选择如下：

(1) 最短航程

$$\min \text{DIS}(f_i^R) = \sum_{i'=0}^{n_i^r} l_d(f_{i^r, i'}, f_{i^r, i'+1}) \tag{8.45}$$

(2) 最小航线偏离距离

$$\min \text{HDIS}(f_i^{\text{R}}) = \sum_{i'=0}^{n_i^r} l_h(f_{ir,i'}, f_{ir,i'+1}) \tag{8.46}$$

式中，$l_h(f_{ir,i'}, f_{ir,i'+1})$ 表示改航点 $f_{ir,i'}$ 和 $f_{ir,i'+1}$ 到改航起始点和结束点所在直线距离的 $1/2$，其求解方法与式 (8.36) 的方法类似。

(3) 最少转弯点数量

$$\min \text{TNUM}(f_i^{\text{R}}) = n_i^r - n_i \tag{8.47}$$

约束方程为

$$f_{ir,i'} f_{ir,i'+1} \cap S_{\text{FFA}_j^{\text{s}}} = \varnothing, \quad \forall r = 1, \cdots, N_i^{\text{R}}, \ i' = 0, \cdots, n_i^r, \ j = 1, 2, \cdots, N_{\text{W}} \tag{8.48}$$

$$\angle f_{ir,i'-1} f_{ir,i'} f_{ir,i'+1} > 90°, \quad \forall r = 1, \cdots, N_i^{\text{R}}, \ i' = 0, \cdots, n_i^r \tag{8.49}$$

$$l_d(f_{ir,i'}, f_{ir,i'+1}) \geqslant 7.4, \quad \forall r = 1, \cdots, N_i^{\text{R}}, \ i' = 0, \cdots, n_i^r \tag{8.50}$$

$$n_i^r - n_i \leqslant l_{\text{R}}(f_i)/30, \quad \forall r = 1, \cdots, N_i^{\text{R}} \tag{8.51}$$

式 (8.48)~ 式 (8.51) 分别表示飞行受限区域限制、转弯角度限制、航段距离限制和改航点数量限制。由于散点状分布飞行受限区尺度较小且分布分散，通常飞行避让路线转弯点数量较多，因此考虑改航点数量约束时，新增改航点数量的最大取值参考从改航段起始点至结束点每 30km 新增 1 个转弯点。

针对需要改航飞行的航班，在其受影响的航段区域进行网格的定义和格栅的划分。若航路点 $f_{i,k_{\text{o}}}$ 与 $f_{i,k_{\text{f}}}(0 < k_{\text{o}} < k_{\text{f}} < n_i)$ 间在航班飞越时段内存在散点状分布的飞行受限区域，如图 8.41 中阴影部分所示，则在 $f_{i,k_{\text{o}}}$ 与 $f_{i,k_{\text{f}}}$ 之间建立矩形网格区域。定义 $f_{i,k_{\text{o}}}$ 为改航航段的起始点 q_{o}，$f_{i,k_{\text{f}}}$ 为改航航段的结束点 q_{f}。q_{o} 与 q_{f} 应与最近的飞行受限区边缘保持足够的距离，以便于下一步改航路径的规划；若无法满足该条件，可将 $f_{i,k_{\text{o}}-1}$ 定义为 q_{o}，或将 $f_{i,k_{\text{f}}+1}$ 定义为 q_{f}。网格的纵轴和横轴分别与 $q_{\text{o}}q_{\text{f}}$ 垂直和平行，横轴的起点从改航航段的起始点 q_{o} 一侧开始至危险天气的边界结束，结束点记为 q_{g}，整个矩形网格区域应覆盖航段两侧的危险天气区域，如图 8.42 所示。

格栅的划分以 $q_{\text{o}}q_{\text{f}}$ 为中轴对称分布，其大小为边长 L_{G} 的正方形，根据危险天气的几何尺度 L_{G} 通常取 20km、30km 或 40km 等，同时保证 $L_{\text{G}} \geqslant 7.4$ 以满足约束条件 (8.50)。然后，对上述网格进行编号，沿横轴航向方向从下至上依次编码，设横轴网格数为 G_x，纵轴网格数为 G_y，其中纵轴方向网格数量应为奇数，网格总数量为 $G_x \times G_y$，如图 8.42 中网格数量为 16×13，其编号依次为 $0, 1, 2, \cdots, 207$。

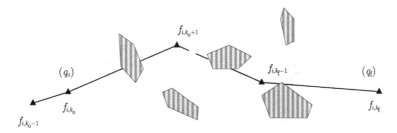

图 8.41　散点状分布飞行受限区

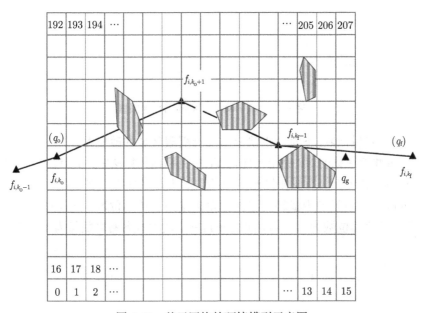

图 8.42　基于网格的环境模型示意图

设计划航路点周围共有 N_{W} 个散点状分布的飞行受限区域 FFA。对于其中的静态飞行受限区，其边界不随时间变化，因此在规定时间段内其边界固定不变。对于其中的动态飞行受限区，首先由航空气象部门根据卫星云图和雷达回波图每隔 T_s 小时更新一次危险天气影响区域的边界点；然后再按照航班 f_i 预计到达各飞行受限区所在航段的时刻，划设其相应改航时段内的动态飞行受限区，如图 8.42 阴影所示。

在基于网格的环境模型中，飞行受限区域的覆盖范围以网格形式表示。在二维网格平面内，凡与飞行受限区域相交或重叠的网格均以阴影表示，该阴影区域即为在网格环境下的飞行受限区域 FFA^{S}，如图 8.43 所示。航班改航飞行路径不得穿越上述飞行受限区域飞行。

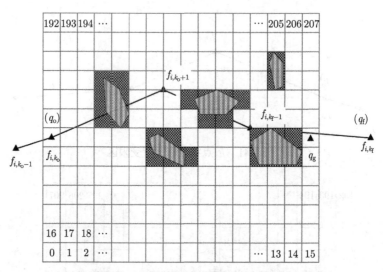

图 8.43　基于网格环境的飞行受限区

　　在考虑多目标情况下对散点状分布飞行受限区域的改航路径规划本质上是一个具有多重性能指标的 NP 完全问题, 选取多目标遗传算法中具有代表性的 NSGA-Ⅱ算法对散点状分布飞行受限区影响下的改航飞行路径进行规划。

　　根据网格环境模型中横轴网格的数量确定染色体的位数, 当横轴方向网格数为 G_x 时, 染色体位数为 $G_x - 1$, 如图 8.44 中, 横轴方向网格数量为 16, 染色体位

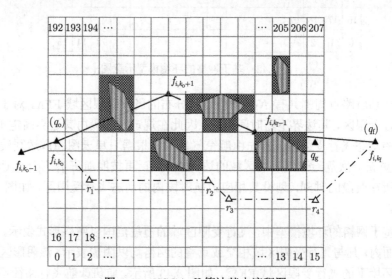

图 8.44　NSGA-Ⅱ算法基本流程图

数为 15。雷达管制条件下，出于航路飞行安全因素考虑，在绕飞危险天气区域时航向的最大改变量通常小于 $90°$。因此，各基因位采用 3 进制编码，0、1 和 2 分别表示航班以顺时针方向航向与网格横轴夹角 $-45°$、$0°$ 和 $45°$ 从当前网格中心飞至下一网格中心。设航班在改航航段起始点 q_o 处的航向与网格横轴方向一致。在图 8.44 中，改航路径为 f_{i,k_o}—r_1—r_2—r_3—r_4—f_{i,k_f}，其染色体编码为 221111111211111。

在多目标遗传算法中确定的 3 个目标函数分别为：改航段航程 L_d、改航段平均偏离距离 L_h 和改航段转弯点个数 N_T。为了便于求解，改航模型中的目标函数 (8.46) 被改航段平均偏离距离 L_h 代替，即通过计算改航路径所穿越的各网格中心点到改航起始点和结束点所在直线距离的平均值，代替计算改航点到改航起始点和结束点所在直线的距离，其本质不变，均是寻求偏离距离最小的改航路径。

对于需进行改航飞行的航班 f_i 而言，设其各代种群中第 j 个个体的所代表的改航路径为 q_o—$p_{G_{i,j}}^1$—$p_{G_{i,j}}^2$—$\cdots$—$p_{G_{i,j}}^k$—$\cdots p_{G_{i,j}}^{G_x-1}$—$q_f$，$p_{G_{i,j}}^k$ 代表改航路径所穿越的各网格的中心，$k = 1, \cdots, G_x - 1$，$j = 1, \cdots, N_P$，N_P 为种群大小。因此，在多目标遗传算法中航班 f_i 的第 j 个个体的改航段航程目标函数 $L_d(i,j)$ 和平均偏离距离目标函数 $L_h(i,j)$ 计算公式如下：

$$L_d(i,j) = d(q_o, p_{G_{i,j}}^1) + \sum_{k=1}^{G_x-2} d(p_{G_{i,j}}^k, p_{G_{i,j}}^{k+1}) + d(p_{G_{i,j}}^{G_x-1}, q_f) + M_F \sum_{k=1}^{G_x-1} \varphi_w(p_{G_{i,j}}^k) \quad (8.52)$$

$$L_h(i,j) = \sum_{k=1}^{G_x-1} h(p_{G_{i,j}}^k) + h(q_f) + \frac{M_F \sum_{k=1}^{G_x-1} \varphi_w(p_{G_{i,j}}^k)}{N_G} \quad (8.53)$$

式中，$d(q_o, p_{G_{i,j}}^1)$ 表示点 q_o 至点 $p_{G_{i,j}}^1$ 的直线距离，同理 $d(p_{G_{i,j}}^k, p_{G_{i,j}}^{k+1})$、$d(p_{G_{i,j}}^{G_x-1}, q_f)$ 亦表示两点间的直线距离。$L_h(i,j)$ 表示改航路径与计划航线相比 ($q_o q_f$ 航段) 每间隔 L_G 距离的平均偏离距离。$h(p_{G_{i,j}}^k)$ 表示点 $p_{G_{i,j}}^k$ 到直线 $q_o q_f$ 的距离。$h(q_f)$ 为航段 $p_{G_{i,j}}^{G_x-1}$—q_f 的航线偏离距离，其计算方法为从 q_g 起在 $q_g q_f$ 上每间隔 L_G 距离，作 $q_o q_f$ 的垂线与 $p_{G_{i,j}}^{G_x-1} q_f$ 相交所得垂线段距离的总和，如图 8.45 所示。N_G 为改航航段的起始点 q_o 与结束点 q_f 间距离与 L_G 的比值取整，即 $N_G = [d(q_o, q_f)/L_G]$。$\varphi_w(p_{G_{i,j}}^k)$ 为考虑避让飞行受限区下的罚函数，若点 $p_{G_{i,j}}^k$ 在飞行受限区域内，则 $\varphi_w(p_{G_{i,j}}^k) = 1$，反之 $\varphi_w(p_{G_{i,j}}^k) = 0$。$M_F$ 为一个足够大的正数，通常可取 1000km 或更大数值。

在改航航段中改航路径中转弯点个数目标函数为 $N_T(i,j)$，其值为改航航段中除点 q_o 和 q_f 外，在点 $p_{G_{i,j}}^k$ 处航向改变点的数量，$k = 1, \cdots, G_x - 1$。转弯点个数应满足改航模型中约束方程 (8.51) 的相关规定，若转弯点数量超出这一约束，则令 $N_T(i,j) = M_F$。在图 8.44 中，改航路径的转弯点数量为 4，分别为点 $p_{G_{i,j}}^2$、$p_{G_{i,j}}^9$、$p_{G_{i,j}}^{10}$ 和 $p_{G_{i,j}}^{15}$，即点 $r_1 \sim r_4$。

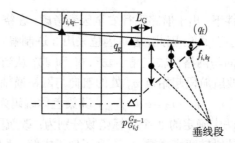

图 8.45 航段 $p_{G_{i,j}}^{G_x-1} - q_f$ 偏离距离计算

应用 NSGA-II 算法解决散点状飞行受限区域下的航班改航路径规划, 其算法流程如图 8.46 所示。

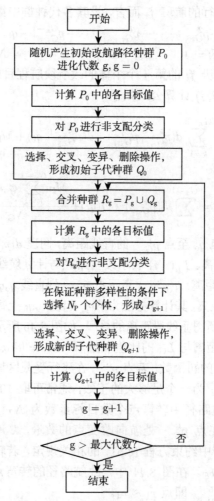

图 8.46 改航路径规划 NSGA-II 算法流程图

首先，生成初始改航路径种群。为了提高算法的效率，在随机生成的初始种群中各改航路径均不得穿越飞行受限区域。初始种群规模是遗传算法的首要控制参数，种群规模取小，算法容易陷入局部最优解；种群规模取大，则算法计算量较大。对于一般的优化问题，初始种群规模取值范围通常为 20~100。在目标函数比较复杂的情况下，种群规模与染色体编码长度之比应大于 1.5。

然后，对种群进行非支配分类。将当前种群中所有非劣解个体划分为同一等级，并令其等级为 1；而后将这些个体从种群中移出，在剩余个体中找出新的非劣解，再令其等级为 2；重复上述操作，直至种群中所有个体都被设定相应的等级。

下一步，实施遗传操作。NSGA-II 算法的遗传操作包括三个基本遗传算子：选择、交叉和变异，考虑到改航路径的可行性，又增加了删除算子。

1) 选择

对种群 P_g 的选择操作：首先，根据已完成的对种群 P_g 的非支配分类，确定其各染色体的等级，定义个体 j 的等级为 $m(j)$，$j = 1, \cdots, N_P$。然后，计算各染色体的适应度，对于个体 j 的适应度 $f_{GA}(j)$ 可通过式 (8.54) 计算得出。最后，采用期望值法确定被选择的个体，选择操作后种群大小仍为 N_P。

$$f_{GA}(j) = \frac{1}{1 + m(j)} \tag{8.54}$$

对种群 R_g 的选择操作：根据已完成的对种群 R_g 的非支配分类，设生成的等级序列集合分别为 $\lambda_1, \lambda_2, \lambda_3, \cdots$。如果 λ_1 中的个体数量大于 N_P，则对 λ_1 中个体进行拥挤距离计算，按拥挤距离从大至小对个体排序，取出前 N_P 个个体组成 P_{g+1}；如果 λ_1 中个体数量等于 N_P，则直接由 λ_1 组成 P_{g+1}；如果 λ_1 中个体数量小于 N_p，那么就从序列集合 λ_2 中补足，如果还不够，则从 λ_3 中补足，依此类推，同一集合中的个体按拥挤距离从大至小排序，直至找到 N_P 个个体组成 P_{g+1}。

其中，拥挤距离指每一个体与同级别相邻两个体间的局部拥挤距离。为了保证种群的多样性，拥挤距离较大的个体应更多地参与繁殖和进化。对于某一非劣等级序列集合 λ_i，令 $l_\lambda = |\lambda_{i'}|$ 表示 $\lambda_{i'}$ 中包含个体的数目，目标个数为 3，$\lambda_{i'}$ 中各染色体拥挤距离 $cd(j_1)$，$j_1 = 1, \cdots, l_\lambda$，计算的伪代码如下：

for each j_1,set $cd(j_1)=0$ 初始化拥挤距离
for each objective m_o 构建第一层循环，循环次数为目标个数 3
$\lambda_{i'} = \text{sort}(\lambda_{i'}, m_o)$ 按各目标值，进行升序排列
$cd(1) = cd(l_\lambda) = +\infty$ 处于序列两端的个体拥挤距离为 $+\infty$
for $j_1=2$ to $l_\lambda - 1$ 构建第二层循环，循环次数为 $l_\lambda - 2$

$$cd(j_1) = cd(j_1) + \frac{V_{m_o}(j_1 + 1) - V_{m_o}(j_1 - 1)}{V_{m_o}^{\max} - V_{m_o}^{\min}}$$

$V_{m_o}(j_1)$ 表示集合 $\lambda_{i'}$ 中个体 j_1 相应目标 m_o 的目标函数值，$V_{m_o}^{\max}$、$V_{m_o}^{\min}$ 分别表示目标 m_o 的目标函数最大值与最小值。

2) 交叉

采用单点交叉方式。首先对个体进行两两随机配对，然后在个体串中随机设定一个交叉点，最后依照交叉概率 p_c 在交叉点处相互交换两个个体的部分染色体，从而产生出两个新的个体。同时，判断新生成的两个个体所代表的改航路径是否满足环境模型网格划设的限制，若满足则进入下一步操作；否则，实施删除操作，并重新进行交叉产生新的个体。

对于交叉概率 p_c 的取值与一般遗传算法不同 (一般遗传算法进化到后期时种群接近收敛)，NSGA-II 算法要求从始至终都要保持种群的多样性以满足对已得到的非劣解进行再度更新，因此 p_c 的取值通常较大，选取交叉概率 $p_c = 0.8$。

3) 变异

采用基本变异操作。在满足变异概率 p_m 的前提下，随机挑选一个个体，改变其某一基因位的编码。同时，判断新生成的个体所代表的改航路径是否满足环境模型网格划设的限制，若满足则进入下一步操作；否则，实施删除操作，并重新进行变异产生新的个体。

为了满足 NSGA-II 算法对于解的多样性的要求，此处变异概率 $p_m = 0.1$。

4) 删除

在初始种群交叉和变异操作后，对于生成的非法个体，即超出网格范围的改航路径，实施删除操作，并重新生成新的个体。非法个体的定义为：若纵轴方向网格数量为 G_y，某个体编码为 0 的位数总和为 N_{b-0}，编码为 2 的位数总和为 N_{b-2}，当 $|N_{b-0} - N_{b-2}| > G_y/2$ 时，该个体即为非法个体。

通常遗传算法的终止条件可通过满足适应度值或最大进化代数来实现。NSGA-II 算法的终止条件普遍采用设定最大进化代数来实现。[4]

8.3.4 圆形飞行受限区域下的改航路径规划

1. 基于圆域的威胁概率模型的建立

将当前突发天气看成是天气 i，针对水平影响范围较小 (小尺度)，垂直影响范围较大的突发天气 (如雷暴)，考虑总航程最小，则主要在同高度层侧面绕过突发天气。将突发天气在一个水平面上产生的威胁影响区域简化为圆域，建立直角坐标系，如图 8.47 所示。

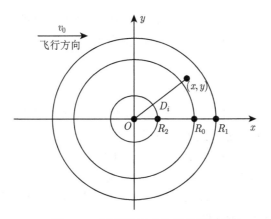

图 8.47   同高度层威胁概率模型

最大圆为天气威胁区域，圆方程：$x^2 + y^2 = R_{\max}^2$。最小圆为特严重区域，圆方程：$x^2 + y^2 = R_{\min}^2$，此区域内航空器极易受到威胁，即威胁概率接近为 1。这两圆之间，航空器越接近最小圆越易受到威胁，即威胁概率越大，认为天气 i 对航空器的威胁概率与航空器的位置到天气 i 中心之间的距离 D 成反比。

根据概率随距离 D_i 的变化情况，则天气 i 对航空器的威胁概率模型如式 (8.55)：

$$P_i = \begin{cases} \dfrac{K_i}{D_i^{\partial_i}}, & R_{\min} \leqslant D < R_{\max} \\ 1, & D < R_{\min} \\ 0, & D \geqslant R_{\max} \end{cases} \tag{8.55}$$

其中，K_i 为安全系数，∂_i 表示威胁随距离变化快慢的系数，$R_{\min}$ 为毁灭区域半径，$R_{\max}$ 为威胁区域最大半径。由于航空器自身对威胁有一定的承受能力，设航空器能承受的最大威胁对应概率为临界威胁概率 P_{i0}，对应半径为 $R_0 = \sqrt[\partial_i]{K_i/P_{i0}}$ 的临界圆；当 $D_i < R_0$ 即 $P_i > P_{i0}$ 时，认为当前位置所受威胁太大，设为严重威胁区域；当 $D_i \geqslant R_0$ 即 $P_i \leqslant P_{i0}$ 时，认为此时所受威胁在航空器正常承受能力之内，表明航空器可在此威胁下飞行。

根据天气出现时间的长短分为永久威胁 ($t_{si} < t_{ei} = \infty$) 和临时威胁 ($t_{si} < t_{ei} = T_0$)，t_{si} 为天气 i 出现的时间，t_{ei} 为天气 i 消失的时间。永久威胁出现后不会消失，要避开它只能按实时规划的改航路径绕飞。临时威胁出现后会消失，若改航过程中天气消失，将动态计算改航路径，以减少偏离预定航路飞行时间和总航程。

2. 改航模型建立

设航空器在安全高度 H 上匀速飞行。考虑到航空器回避天气时，并没有在预定航路上飞行，此时可能会由于改航偏离预定航路飞行带来附加影响，则规划得出的航路应满足: 在航空器所能承受的威胁范围内, 改航偏离预定航路的飞行时间不超过限制前提下总航程尽可能小, 则目标函数为

$$\min Z = \sum_{j=1}^{n} [l_j \cdot x(j)] + \sum_{j=1}^{n} [l_j \cdot y(j)] \tag{8.56}$$

其中, l_j 为航路第 j 航段长度; n 为总航段数; $x(j)$ 是一决策变量, 表示改航最优路径中航段 j 是否为预定航路上的航段; $y(j)$ 是一决策变量, 表示航段 j 是否为改航最优路径中改航起始点和改航结束点间的航段。

航空器机动性能约束不在考虑范围内。设航空器机动转弯, 不考虑转弯航迹, 空域除天气外无特殊限制飞行的区域, 则突发天气带来的改航约束条件是主要的限制条件, 因此建立约束条件如下:

$$D_i \geqslant R_0 \tag{8.57}$$

$$T_i = \left\{ \sum_{j=1}^{n} [l_j \cdot y(j)] / v_0 \right\} \leqslant T_{i0} \tag{8.58}$$

$$T_i = \left\{ \sum_{j=1}^{n} [l_j \cdot y(j)] / v_0 \right\} \geqslant (T_i)_{\min} \tag{8.59}$$

$$x(j) = \begin{cases} 1, & \text{表示航段} j \text{在预定航路上} \\ 0, & \text{其他} \end{cases} \tag{8.60}$$

$$y(j) = \begin{cases} 1, & \text{表示航段} j \text{在改航起始点和改航结束点之间} \\ 0, & \text{其他} \end{cases} \tag{8.61}$$

$$x(j) + y(j) = 1 \tag{8.62}$$

$$l_j \geqslant 0, \quad j \in (1, n) \tag{8.63}$$

式 (8.57) 用来限制改航路径各航段上各点处的威胁概率不超过其临界威胁概率; 式 (8.58) 和式 (8.59) 表示为减小改航偏离预定航路飞行的附加影响, 限制改航偏离预定航路飞行时间不超过允许的最大时间和最小时间; 式 (8.60) 和式 (8.61) 分别为相应的决策变量限制; 式 (8.62) 用来限制航段 j 为预定航路上航段或最优改航航段; 式 (8.63) 表示航段长度非负。

3. 改航最优路径分析

对于临时威胁, 在消失之前都按永久威胁处理, 若航空器在绕该天气过程中的某时刻该天气消失, 应立即在当前位置重新计算改航路径, 并按新计算的路径飞行。

对于永久威胁有以下几种情况:

情况 1：突发天气不移动，要回避它，如图 8.48 所示。S_0 为突发天气发现点，$\overline{S_0C}$ 为某段预定航路，S_j 代表预定航路上 $\overline{S_0M}$ 间的各报告点，以其中某个报告点为改航起始点规划改航路径。C 是威胁区域后预定航路上第一个报告点或目的地。实心圆表示临界圆，则圆外满足公式 (8.57)，从改航起始点和 C 点分别向临界圆作切线 (四条)，形成两条改航路径：$\overset{\frown}{S_jBEC}$ 和 $\overset{\frown}{S_jFGC}$，最优改航路径为其中满足约束和目标的那条，则航空器回避天气 i 改航偏离预定航路飞行时间

$$
\begin{aligned}
T_i &= T_{\overline{S_jB}} + T_{\overset{\frown}{BE}} + T_{\overline{EC}} = \left(l_{\overline{S_jB}} + l_{\overset{\frown}{BE}} + l_{\overline{EC}} \right) / v_0 \\
&= (\tan\theta_3 + \theta_4 + \tan\theta_1) R_0 / v_0
\end{aligned}
\tag{8.64}
$$

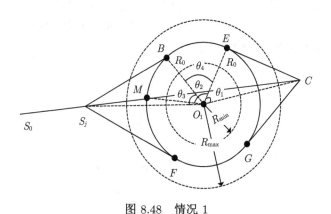

图 8.48　情况 1

由图 8.48 易知，越早改航偏离预定航路切入临界圆，总航程越短；越晚，改航偏离预定航路的飞行时间越少。要安全回避天气，改航起始点的最晚点为圆上 M 点，偏离预定航路飞行最小时间 $(T_i)_{\min}$ 可用式 (8.65) 表示，则规划改航路径的关键在于通过确定 $(T_i)_{\min}$ 和 T_{i0}，从而确定改航起始点：

$$
(T_i)_{\min} = T_{\overset{\frown}{ME}} + T_{\overline{EC}} = \left(l_{\overset{\frown}{ME}} + l_{\overline{EC}} \right) / v_0 = (\theta_2 + \tan\theta_1) R_0 / v_0
\tag{8.65}
$$

情况 2：突发天气动态移动，初始位置 W 在预定航路上 (用 $W = 1$ 表示在，$W = 0$ 表示不在)，预测航空器从 S_0 到 W 的时间 $[t_1, t_2]$，要看该天气是否对飞行有影响，主要看航空器与临界圆是否会相遇 ($D = R_0$)，有以下几种情况。

(1) t_2 时刻 $W' = 0$ 且在 t_1 和 t_2 之间任意时刻 $D > R_0$，则该天气应已经离开预定航路。如图 8.49 所示，五角星代表航空器所在位置，虚线圆为天气初始位置 W，实线圆为预测到的 t_2 时刻天气位置 W'。此时继续按预定航路飞行，当其再次出现在预定航路上时，将作为新的突发天气按相应情况进行。

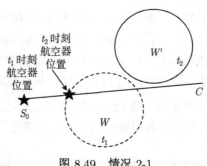

图 8.49　情况 2-1

(2) t_2 时刻 $W' = 0$ 但在 t_1 和 t_2 之间某时刻 t_j，在位置 W_Y 有 $D = R_0$，如图 8.50 所示。此时针对 W_Y 处的临界圆规划改航路径，考虑动态移动，将临界圆外推一定距离 S 形成新的临界圆，囊括 t_j 时刻前或后小段时间内天气可能影响的区域，此时针对新临界圆按情况 1 进行。

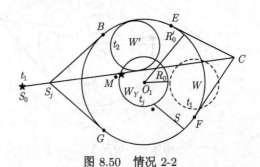

图 8.50　情况 2-2

(3) t_2 时刻 $W' = 1$。如图 8.51 所示，由于航空器到达位置 W 时天气已到达位置 W'，此时位置 W 为安全区域，针对 W' 处临界圆规划改航路径同 (2)。

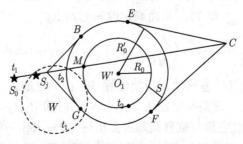

图 8.51　情况 2-3

情况 3：突发天气动态移动，$W = 0$。预测其到预定航路上的位置 W_Y，预测从发现点 S_0 到达 W_Y 的时间为 $[t_1, t_2]$，有以下两种情况：

(1) t_2 时刻 $W' = 0$，可能是该突发天气未到达预定航路或在 t_1 和 t_2 间某时

刻 t_j 到达，t_2 时刻已经离开预定航路，如图 8.52 所示。此时按预定航路飞行，当其再次出现将作为新的突发天气按相应情况进行。

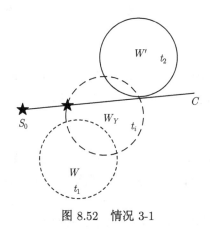

图 8.52　情况 3-1

(2) t_2 时刻 $W' = 1$，该天气可能是 t_2 时刻才到达位置 W_Y，也可能在 t_1 和 t_2 间某时刻 t_j 就到达位置 W_Y，此时在 S_0 提前就该突发天气在位置 W_Y 处的临界圆规划改航，如图 8.53 所示。由于 t_2 时刻还在，此时改航同情况 2 中第 (2) 种。

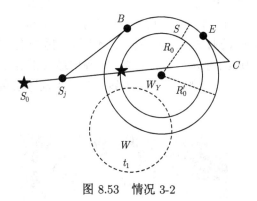

图 8.53　情况 3-2

4. 改航算法设计

设计规划改航路径的启发式算法，其步骤如下。

步骤 1：网格化坐标图，初始化赋值已知天气参数 $n, R_{\min}, R_{\max}$，叠加到网格图中。确定 P_0, k, ∂, R_0，根据 $D_i \geqslant R_0$ 确定安全区域，基于最短航程求得预定航路。

步骤 2：飞行中某时刻探测到突发天气，确定该天气的位置 $R_{\min}, R_{\max}, P_{i0}, R_0$，动态移动速度、方向及是否对预定航路造成威胁。

步骤 3：按照相应情况确定是否需要改航，若是，则确定外推距离 S，$(T_i)_{min}$ 和 T_{i0}；否则继续沿预定航路飞行。

步骤 4：选择报告点 $S_j (j > 0)$ 作为改航起始点，判断在 S_1 处规划的路径是否满足 $T_i \leqslant T_{i0}$，若是则令 $S_j = S_1$，选择在 S_1 要飞的切线；否则令 $j = j + 1$ 转入下一报告点重新判断。

步骤 5：按照相应情况以 S_j 为改航起始点规划改航最优路径。

步骤 6：根据当前最优路径引导飞行，算法结束。

5. 仿真算例分析

本节使用 Matlab7.0 编写基于航程最短的航空器改航路径规划算法程序进行仿真，仿真区域为 190×190 的矩形区域，起点坐标 StartPos=[5,10]，终点坐标 Aim-Pos=[175,178]，速度取 $v = 800$km/h≈222m/s，为体现突发天气动态移动对改航路径规划的影响，设计三种场景，仿真结果分别对应图 8.54～图 8.56。场景 1：突发天气 1 偏向右移动，突发天气 2 的发现点为 S_0。场景 2：突发天气 1 偏右上方移动，突发天气 2 的发现点不变。场景 3：天气 2 是临时突发天气，航空器沿场景 1 规划的改航路径绕飞过程中，天气 2 消失。图中，威胁区域颜色越趋于黑色，表明威胁概率越大。总威胁数相同，$n = 10$，黑色细线圆为已知天气，椭圆外粗线圆为突发天气，黑色粗线为预定航路，灰色粗线为改航路径。同一椭圆内半径相同的各圆 (包括虚线圆、粗实线圆) 表示同一天气在不同时刻所在位置，其中粗实线圆为预计航空器与天气相遇的时刻天气的位置，椭圆内最大粗实心圆即由此圆外推一定距离所得，分别为相应天气的外推圆。虚线圆分别为预计相遇前后某些时刻天气位置。

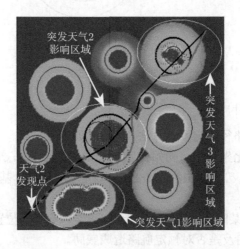

图 8.54　场景 1 仿真航迹 (扫描封底二维码可看彩图)

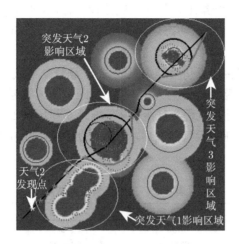

图 8.55 场景 2 仿真航迹 (扫描封底二维码可看彩图)

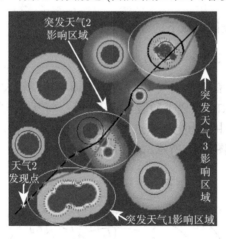

图 8.56 场景 3 仿真航迹 (扫描封底二维码可看彩图)

天气 2 会过预定航路，需对天气 2 进行改航路径规划，针对天气 2 对应的外推临界圆，按照路径分析中公式 (8.65) 求得改航最小时间 $T_{\min} = 5.48\,\text{min}$，取 $T_0 = 8.5\,\text{min}$。分析如下：

场景 1：天气 1 偏右移动，以第 1 个报告点 S_1 为改航起始点时，不满足约束方程 (8.58) 和 (8.59)，且改航路径会经过严重威胁区域，动态搜索满足条件的报告点 S_j，在 S_3 处开始改航，$T = 8.33\,\text{min} < T_0$ 且安全，因此选择 S_3 为改航起始点。

场景 2：天气 1 右上移动，虽然从 S_3 开始就已经满足时间限制，但是在 S_6 开始改航，才能避开严重威胁区域，此时 $T = 5.88\,\text{min}$ 满足约束方程 (8.58) 和 (8.59)，因此选择 S_6 为改航起始点。

场景 3: 航空器沿场景 1 规划的改航路径飞行, 某时刻天气 2 消失, 航空器立即以当前位置为改航起始点动态规划新航路, $T = 7.47\,\mathrm{min}$, 满足约束方程 (8.58) 和 (8.59)。

为方便对比, 三种场景仿真结果见表 8.2。场景 2 和场景 1 对比, 突发天气的动态移动状态对改航路径有影响。改航起始点距威胁区域越远, 改航偏离预定航路的飞行时间越长, 但是总航程会减少很多。场景 3 和场景 1 对比, 天气的突发和消失对改航路径也有影响。天气消失后, 动态规划改航, 可加快回到预定航路, 同时总航程也将减少 [5]。

表 8.2　三种场景仿真结果

	场景 1	场景 2	场景 3
T/min	8.33	5.88	7.47
总航程/m	257710	264697	246171

8.3.5　椭圆形飞行受限区域下的改航路径规划

1. 基于椭圆的威胁概率模型的建立

将当前突发天气看成是天气 i, 针对水平影响范围较大 (大尺度)、垂直影响范围较小的突发天气 (如中度以上颠簸、强积冰等), 将其在飞行垂直面上的威胁区域简化为椭圆, 以椭圆中心为坐标原点 O, 飞行方向为 x 轴, 垂直地面方向为 y 轴, 建立直角坐标系, 如图 8.57 所示。

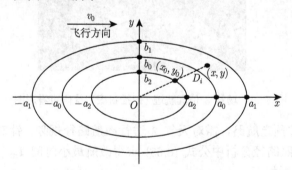

图 8.57　改变高度威胁概率模型

大椭圆为天气威胁区域, 长轴长 $2a_{\max}$ 在 x 轴上, 短轴长 $2b_{\max}$ 在 y 轴上, 椭圆方程: $x^2/a_{\max}^2 + y^2/b_{\max}^2 = 1$。小椭圆为特严重区域, 在该区域内, 天气产生的威胁可能会毁灭航空器, 椭圆方程: $x^2/a_{\max}^2 + y^2/b_{\max}^2 = 1$, 长轴为 $2a_{\min}$, 短轴为 $2b_{\min}$, 此区域内认为威胁无限大, 即威胁概率接近为 1。在小椭圆外航空器越接近小椭圆受到的威胁越大, 即威胁概率越大, 可认为威胁概率与航空器到

小椭圆之间的距离 D_i(km)(航空器位置 (x, y) 到其与原点的连线与小椭圆的交点 (x_0, y_0) 间的距离) 成反比, 根据点 (x_0, y_0) 在小椭圆上, 且与原点 $(0,0)$、(x, y) 在一条直线上, 有 $\begin{cases} x_0^2/a_{\min}^2 + y_0^2/b_{\min}^2 = 1 \\ y_0 = x_0 y / x \end{cases}$, 可推出 $x_0 = \dfrac{a_{\min} b_{\min} x}{\sqrt{a_{\min}^2 y^2 + b_{\min}^2 x^2}}$, $y_0 = \dfrac{a_{\min} b_{\min} y}{\sqrt{a_{\min}^2 y^2 + b_{\min}^2 x^2}}$, 则

$$
\begin{aligned}
D_i &= \sqrt{(x - x_0)^2 + (y - y_0)^2} \\
&= \sqrt{(x^2 + y^2)\left(1 + \frac{a_{\min}^2 b_{\min}^2}{a_{\min}^2 y^2 + b_{\min}^2 x^2} - \frac{2 a_{\min} b_{\min}}{\sqrt{a_{\min}^2 y^2 + b_{\min}^2 x^2}}\right)}
\end{aligned}
$$

威胁概率模型如下:

$$
P_i = \begin{cases} K_i/D_i^{\partial_i}, & x^2/a_{\max}^2 + y^2/b_{\max}^2 \leqslant 1 \text{且} x^2/a_{\min}^2 + y^2/b_{\min}^2 > 1 \\ 1, & x^2/a_{\min}^2 + y^2/b_{\min}^2 \leqslant 1 \\ 0, & x^2/a_{\max}^2 + y^2/b_{\max}^2 > 1 \end{cases} \tag{8.66}
$$

式中, K_i 为系数; ∂_i 表示不同天气的威胁随距离变化快慢; P_i 为天气 i 对航空器的威胁概率。由于航空器自身对威胁有一定承受能力, 设航空器能承受的最大威胁对应概率为临界威胁概率 P_{i0}, 对应长轴为 $2a_0 = 2(a_{\min} + D_{i0})$, 短轴为 $2b_0 = 2(b_{\min} + D_{i0})$ 的临界椭圆; 当 $P_i > P_{i0}$ 时, 认为当前位置所受威胁太大, 设为严重威胁区域; 当 $P_i \leqslant P_{i0}$ 时, 此时所受威胁在航空器正常承受能力之内, 表明航空器可在此威胁下飞行。

2. 改航模型建立与分析

1) 模型假设

为使提出的理论成立, 提出以下假设: ①航空器机动转弯, 不考虑转弯航迹; ②飞行空域内除天气外没有特殊的限制飞行的区域; ③为简便计算, 设航空器在无风条件下定常爬升/下降, 水平飞行时速度也不变; ④航空器爬升不受推力限制和机动限制。

2) 模型建立

根据改航绕飞的经验规则, 一般情况, 航空器进行改航, 须满足航空器本身的飞行性能及相关气动性能。在此基础上, 考虑安全、舒适、经济因素, 使规划的改航路径满足一定约束, 则目标函数为

$$
\min Z = \sum_{j=1}^{n} [l_j \cdot x(j)] + \sum_{j=1}^{n} [l_j \cdot y(j)] \tag{8.67}
$$

式中, l_j 为航路第 j 航段长度, 单位 km; n 为总航段数; $x(j)$ 是决策变量, 表示改航最优路径中航段 j 是否为预定航路上的航段; $y(j)$ 是决策变量, 表示航段 j 是否为改航最优路径中改航起始点和改航结束点间的航段。约束条件如下:

$$P_i \leqslant P_{i0} \tag{8.68}$$

$$T_i = \left\{ \sum_{j=1}^{n} \left[l_j \cdot y(j) \right] / v_0 \right\} \leqslant T_{i0} \tag{8.69}$$

$$T_i = \left\{ \sum_{j=1}^{n} \left[l_j \cdot y(j) \right] / v_0 \right\} \geqslant (T_i)_{\min} \tag{8.70}$$

$$x(j) = \begin{cases} 1, & \text{表示航段} j \text{在预定航路上} \\ 0, & \text{其他} \end{cases} \tag{8.71}$$

$$y(j) = \begin{cases} 1, & \text{表示航段} j \text{在改航起始点和改航结束点之间} \\ 0, & \text{其他} \end{cases} \tag{8.72}$$

$$x(j) + y(j) = 1 \tag{8.73}$$

$$\gamma = \tan\theta \approx \sin\theta = \frac{F - D}{W\left(1 + \dfrac{v}{g}\dfrac{\mathrm{d}v}{\mathrm{d}H}\right)} \leqslant \gamma_{\max} \tag{8.74}$$

$$\gamma_{\max} = \frac{(F - D)_{\max}}{\left\{ W\left(1 + \dfrac{v}{g}\dfrac{\mathrm{d}v}{\mathrm{d}H}\right) \right\}_{\min}} = \frac{F_{\max} - \dfrac{1}{2}\rho v^2 C_D S}{W} \tag{8.75}$$

$$H = 300n > h, \quad 1 \leqslant n \leqslant 4 \tag{8.76}$$

$$\Delta t \geqslant \Delta t_{\min} \tag{8.77}$$

式中, T_i 为改航路径上的飞行时间; T_{i0} 和 $(T_i)_{\min}$ 分别为改航路径允许的最大时间和最小时间; γ 为爬升或下降梯度; $\gamma_{\max}$ 为最大梯度限制; θ 为爬升航迹角; F、D、W 分别为爬升时的推力 (N)、阻力 (N)、重量 (kg); ρ 为空气密度; v 为速度; C_D 为阻力系数; S 为机翼面积; H 为爬升高度, 根据高度层配备原则, 爬升高度为 300m 的整数倍; h 为临界椭圆顶点到原高度层的距离; Δt 为爬升高度航空器穿越或占用其他高度层时与该高度层上的航空器间的纵向间隔; $\Delta t_{\min}$ 为最小纵向间隔标准。

3. 改航最优路径分析及最小飞行时间的确定

1) 改航最优路径分析

情况 1: 当 $0 < h \leqslant 300$ 时, 航空器爬升到原高度层 f_{l0} 上的 f_{l1} 高度层, 如图 8.58 所示。由于 f_{l1} 上航空器是逆向飞行的, 因此, 飞机 1 要占用 f_{l1} 需要考虑与该高度层上其他航空器间的纵向间隔。在威胁区域前后分别选取合适的报告点

作为改航起始点和改航结束点。椭圆为天气的临界椭圆，s_0 为突发天气发现点，设此点时间为 $t=0$，$s_j\,(j\geqslant 1)$ 为航段威胁区域前报告点，$s'_j\,(j\geqslant 1)$ 为航段威胁区域后报告点，$t=t_j$ 时航空器在 s_j 以某个爬升梯度 $\gamma\leqslant\gamma_{\max}$ 爬升到 f_{l1} 改平，飞机 1 在改平点与飞机 2 满足纵向间隔，改平后在每点都可以不同的梯度下降到各 s'_p，由此，从 s_j 到 s'_j 有多条路径可选。符合所有约束的路径，即为改航最优路径。

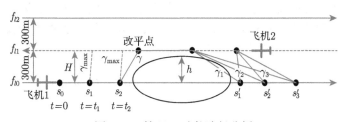

图 8.58　情况 1 改航路径分析

情况 2：当 $300<h\leqslant 600$ 或 $600<h\leqslant 900$ 时，如图 8.59 所示。航空器爬升到 f_{l2}，爬升时须考虑与 f_{l1}、f_{l2} 上航空器间的纵向间隔。由于涉及多个高度层，既有高度层穿越又有高度层占用，为飞行安全，在发现天气后立即报告管制员，经管制员允许后，在指定的时间和报告点爬升和下降，此时，只需通过算法确定航空器的梯度 γ。在 s_j 以某个爬升梯度 $\gamma\leqslant\gamma_{\max}$ 爬升，穿越 f_{l1} 时满足间隔标准，占用 f_{l2} 时也须满足间隔标准。从 s'_j 向椭圆作切线与 f_{l2} 交点为 A，B 点以梯度 $\gamma_{\max}$ 下降到 s'_j，可知航空器在 AB 间某点下降可避开威胁区域，又 $\overline{AS'_j}<\overline{AB}+\overline{BS'_j}$，故此时相对最优改航路径 (不一定满足时间限制) 为 $\overline{S_jDAS'_j}$。每个爬升梯度 γ 都对应有一条相对最优路径，改航最优路径为其中满足所有约束的那条。

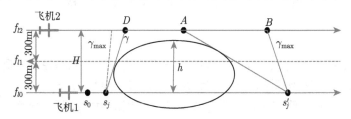

图 8.59　情况 2 改航路径分析

情况 3：当 $h>900$ 时，考虑该类天气厚度一般不超过 1000m，此时在 f_{l0} 下方的威胁区域很小，上方的威胁区域较大，爬升高度改航影响较大，不宜选择，此时选择侧面绕过天气。

2) 改航最小飞行时间 $(T_i)_{\min}$ 的确定

改航最小飞行时间，即在极限条件下刚好能安全绕过威胁区域所对应的时间。该时间对应图 8.60 中路径 $\overline{ABCD}$，A、D 分别为威胁区域前后第一个报告点，$\overline{AB}$、

$\overline{CD}$ 与椭圆均相切，梯度分别为 γ_{AB}、γ_{CD}，证明此路径最短。由图易知：$\overline{AB} < \overline{AB'} + \overline{B'B}$，$\overline{CD} < \overline{CC'} + \overline{C'D}$，故 $\overline{ABCD} < \overline{ABC'D}$，$\overline{ABCD} < \overline{AB'CD}$，$\overline{ABCD} < \overline{AB'C'D}$，得证，则

$$(T_i)_{\min} = T_{\overline{ABCD}} = \left(H/\gamma_{AB} + \overline{BC} + H/\gamma_{CD} \right) / v_0$$

v_0 为飞行速度。如图 8.60 所示，若临界椭圆较大，在威胁区域后第一个报告点 D 处向椭圆作切线所得 $\overline{DE}$ 梯度大于 $\gamma_{\max}$，如图 8.61 所示。此时则以此报告点后一个报告点 D' 为基准，向椭圆作切线。此时该时间对应图 8.61 中的 $\overline{ABCD'}$，则

$$(T_i)_{\min} = T_{\overline{ABCD'}} = \left(H/\gamma_{AB} + \overline{BC} + H/\gamma_{CD'} \right) / v_0$$

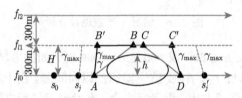

图 8.60　改航最小飞行时间路径

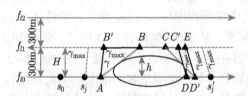

图 8.61　临界椭圆较大，改航最小飞行时间路径

4. 改航算法设计

根据改航模型和思路，设计相应的启发式算法规划改航路径的步骤如下。

步骤 1：网格化坐标图，初始化赋值已知天气的参数：$n, a_{\max}, b_{\max}, a_{\min}, b_{\min}$，并叠加到网格图中。确定 $P_{i0}, k, \partial, a_0, b_0$，基于航程最短求得预定航路。

步骤 2：若探测到突发天气，确定其中心，建立坐标图，确定 $a_{\max}, b_{\max}, a_{\min}, b_{\min}$，$P_{i0}, a_0, b_0$。

步骤 3：确定临界椭圆顶点到原高度层的距离 h，按相应情况改航，确定报告点 $s_j (1 \leqslant j \leqslant m)$ 和 $s'_p (1 \leqslant p \leqslant n)$、$H$、$\gamma_{\max}$、$(T_i)_{\min}$、$T_{i0}$，预计与被穿越或被占用高度层上飞机是否相遇，若是，确定预计相遇点及 $\Delta t_{\min}$；若否，则可不考虑纵向间隔约束条件。

步骤 4：确定从 $s_j (j = 1)$ 到 $s'_p (1 \leqslant p \leqslant n)$ 的多条路径，计算相对最优改航路径 s_{opt1}，此时 $s_{\mathrm{opt}} = s_{\mathrm{opt1}}$。

步骤 5: 令 $j = j + 1\,(1 \leqslant j \leqslant m - 1)$, 计算 $s_{\mathrm{opt}j}$, 比较 $s_{\mathrm{opt}j}$ 和 s_{opt}. 若 $s_{\mathrm{opt}j}$ 优于 s_{opt}, 则令 $s_{\mathrm{opt}} = s_{\mathrm{opt}j}$, 否则不更新 s_{opt}, 重复此操作, 直到确定完全最优改航路径 (满足所有约束和目标).

步骤 6: 根据完全最优改航路径引导飞行, 算法结束.

5. 仿真算例分析

本章使用 Matlab7.0 编写基于最短路思想的改航算法程序进行仿真, $OD = 320\mathrm{km}$, 只考虑航路飞行. 为体现该类天气突发时改变高度改航是可行的改航方式, 进行如下仿真.

仿真数据: 机型 B737-300, 其最大起飞重量为 61234kg, 机翼面积为 $S = 91.045\mathrm{m}^2$, 温度 $T = \mathrm{ISA} - 18°\mathrm{C}$, 速度 $v = 205\mathrm{m/s}$, 原飞行高度层 $f_{l0} = 7000\mathrm{m}$. 针对天气在飞行垂直平面的临界椭圆改变高度改航. 探测到突发天气 $2a_{\max} = 80\mathrm{km}$, $2b_{\max} = 600\mathrm{m}$, $2a_{\min} = 20\mathrm{km}$, $2b_{\min} = 150\mathrm{m}$, 根据威胁概率模型确定 $2a_0 = 70\mathrm{km}$, $2b_0 = 525\mathrm{m}$. 爬升推力随高度增加而减小, 根据《B737-300 使用手册》第一册最大爬升推力数值表, 得平均最大爬升推力 $F_{\max} = 60571\mathrm{N}$, 由文献 [11] 得平均空气密度 $\rho = 0.62524\mathrm{kg/m}^3$, 根据极曲线数值表 $(C_{\mathrm{D}})_{\min} = 0.01944$, $D = \frac{1}{2}\rho v^2 C_{\mathrm{D}} S = 23253N$, $\gamma_{\max} = 6.09\%$, 确定 $T_{\min} = 5.7\,\mathrm{min}$, 取 $T_0 = 15\,\mathrm{min}$, 可得改变高度改航仿真结果示意图如图 8.62 所示.

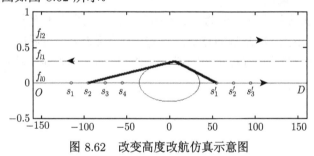

图 8.62　改变高度改航仿真示意图

由图 8.62 易知, 航空器在 s_2 以梯度 3.64% 爬升, 并在改平后以梯度 5.1% 下降到 s_1', 此改航路径是满足各约束条件的最优路径, 改航后总航程 320.0014km, 改航总航程增量 0.0014km. 可知, 改变高度改航后总航程增加较小, 在出现该类天气后, 此种改航方式也是可行的.[6]

8.3.6 动态多边形飞行受限区域下的改航路径规划

动态多边形受限区是指飞行受限区的形状、大小和位置会随着时间的变化而变化, 由危险天气导致的飞行受限区, 其边界及顶点位置随时间变化移动. 下面主要研究多边形受限区形状和大小变化的改航问题, 形状、大小和位置同时变化的改航问题.

考虑到民航班机飞行规则、航线高度层配备、飞行员和管制部门工作负荷的原因，改航飞行一般简化为二维的临时航线规划问题。通过文献中提出的方法将航空情报和气象部门根据机载气象雷达图像划设飞行受限区，并利用格雷厄姆算法将其处理成二维凸多边形，为了保证飞行安全，需要改航绕过危险区。

航班是沿着地面报告点之间连线飞行的，例如，一架航班以速度 V_1 按预定飞行计划飞行，经过报告点的顺序为 $Q_1 Q_2 \cdots Q_n$，飞行中由于受突发恶劣天气影响需要调整航向绕过危险区。依据我国民航航线图相关标准，使用兰勃特等角圆锥投影构建经纬度和 x-y 轴的坐标关系，x 轴代表经度投影，y 轴代表纬度投影，建立以航班起飞机场或某一报告点为原点的相对直角坐标系 xOy。

1. 基于圆切算法的动态多边形受限区改航路径规划

1) 改航模型的建立和算法的设计

情况 1：发散型受限区边界

步骤 1：初始改航点确定

如图 8.63 所示，危险区边界向外发散的速度为 V_2，t 时刻，飞行危险区的初始边界顶点为 $A_i(x_{A_i}, y_{A_i})$，$i = 1, 2, \cdots, n$，危险区边界与航线的交点分别为 $Q_m(x_m, y_m)$，$Q_n(x_n, y_n)$，其中 Q_o 为航段 $Q_m Q_n$ 的中点。根据改航相关规则，在飞行危险区外分别取离 Q_m、Q_n 最近的报告点作为改航起始点 Q_s 与改航结束点 Q_f。图 8.63 中航线将受限区分为上、下两部分，在航线上半部分的危险区边界所有顶点中找出离中点 Q_o 最远的点 A_1，$A_1 Q_o$ 的长度为 d_1，然后在飞行危险区的下半部分顶点中找出离中点 Q_o 最远的点 A_4，$A_4 Q_o$ 的长度为 d_2。以 Q_o 为圆心，$r = d = \min(d_1, d_2)$ 为半径，在 d_1、d_2 中较小一侧所在危险区作半圆弧 $\overset{\frown}{Q'_m A_1 Q'_n}$，改航点

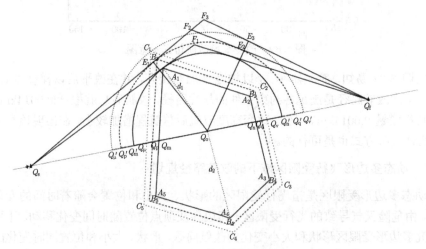

图 8.63　改航路线的确定

$F_1(x_{F_1}, y_{F_1})$ 可由式 (8.78) 得到

$$
\begin{cases}
x_{F_1} = \dfrac{k_1 x_s - k_2 x_f - y_s + y_f}{k_1 - k_2} \\
y_{F_1} = \dfrac{k_1 y_f - k_1 k_2 x_f + k_1 k_2 x_s - y_s k_f}{k_1 - k_2}
\end{cases}
\tag{8.78}
$$

式中, k_1, k_2 分别为两航线段 $Q_s F_1, F_1 Q_f$ 的斜率。

步骤 2: 中间改航点确定

经过时间 Δt_1, 如图 8.63 所示, 危险区的边界顶点由 $A_i(x_{A_i}, y_{A_i}), i = 1, 2, \cdots,$ n 扩散到 $B_i(x_{B_i}, y_{B_i}), i = 1, 2, \cdots, n$, 半圆弧由 $\overset{\frown}{Q'_m A_1 Q'_n}$ 修正到 $\overset{\frown}{Q'_E B_1 Q'_q}$, E_1 为过改航起始点作半圆弧 $\overset{\frown}{Q'_p B_1 Q'_q}$ 切线的切点, E_2 为过改航结束点 Q_f 作半圆弧 $\overset{\frown}{Q'_p B_1 Q'_q}$ 切线的切点。为了让改航航程相对最短, 构造一种航班从初始改航点 Q_s 到 E_1 所需时间与危险区顶点 A_1 扩散到 B_1 所需时间都为 Δt_1 的模型, 即当航班从改航起始点 Q_s 出发, 沿直线 $Q_s E_1$ 经过时间 Δt_1 到达 E_1 点, 恰好危险区顶点 A_1 扩散到 B_1, 扩散速度 V_3 可由式 (8.79) 得到, $\angle A_1 \in (0, \pi)$, 中间改航点即为 $Q_s E_1$ 和 $Q_f E_2$ 两条直线延长线的交点 F_2, E_1 点的坐标 (x_{E_1}, y_{E_1}) 可由式 (8.80) 得到。

$$
\begin{aligned}
\frac{V_2}{V_3} = \sin\Big(&\Big(\arccos\big((x_{A_1} - x_m)^2 + (y_{A_1} - y_m)^2 + (x_{A_1} - x_{A_2})^2 + (y_{A_1} - y_{A_2})^2 \\
&- (x_m - x_{A_2})^2 - (y_m - y_{A_2})^2\big) \Big/ \Big(2\sqrt{(x_{A_1} - x_m)^2 + (y_{A_1} - y_m)^2} \\
&\times \sqrt{(x_{A_1} - x_{A_2})^2 + (y_{A_1} - y_{A_2})^2}\Big)\Big)/2\Big)
\end{aligned}
\tag{8.79}
$$

$$
\begin{cases}
\dfrac{y_o - y_{E_1}}{x_o - x_{E_1}} = \dfrac{x_s - x_{E_1}}{y_{E_1} - y_s} \\
\dfrac{\sqrt{(x_o - x_{E_1})^2 + (y_o - y_{E_1})^2} - \sqrt{(x_o - x_{A_1})^2 + (x_o - y_{A_1})^2}}{\sqrt{(x_s - x_{E_1})^2 + (y_s - y_{E_1})^2}} = \dfrac{V_3}{V_1}
\end{cases}
\tag{8.80}
$$

步骤 3: 最终改航点确定

$t + \Delta t_1$ 时刻, 航班处于 E_1 点, 再经过时间 Δt_2, 危险区的边界顶点由 $B_i(x_{B_i}, y_{B_i}), i = 1, 2, \cdots, n$ 扩散到 $C_i(x_{C_i}, y_{C_i}), i = 1, 2, \cdots, n$, 半圆弧由 $\overset{\frown}{Q'_p B_1 Q'_q}$ 修正到 $\overset{\frown}{Q'_u C_1 Q'_v}$, E_3 为过改航结束点 Q_f 作半圆弧 $\overset{\frown}{Q'_u C_1 Q'_v}$ 切线的切点, F_3 为 $Q_s E_1$ 和 $Q_f E_3$ 两条直线延长线的交点, 为了让航班有效绕过危险区且改航航程相对最短, 构造一种航班沿着路线 E_1—F_3—E_3 所需时间与危险区顶点 B_1 扩散到 C_1 所需时间都为 Δt_2 的模型, 即当航班从 E_1 点沿直线 $Q_s E_1$ 飞行到 F_3 点转向直线 $Q_f E_3$ 继续飞行, 经过时间 Δt_2 到达 E_3 点, 恰好危险区顶点 B_1 扩散到 C_1, 最终

改航点即为 F_3，F_3 点的坐标 (x_{F_3}, y_{F_3}) 由式 (8.81) 得到 [7]。

$$
\begin{cases}
\dfrac{y_{\mathrm{s}} - y_{E_1}}{x_{\mathrm{s}} - x_{E_1}} = \dfrac{y_{\mathrm{s}} - y_{F_3}}{x_{\mathrm{s}} - x_{F_3}} \\[3mm]
\dfrac{y_{\mathrm{f}} - y_{E_3}}{x_{\mathrm{f}} - x_{E_3}} = \dfrac{y_{\mathrm{f}} - y_{F_3}}{x_{\mathrm{f}} - x_{F_3}} = \dfrac{x_{\mathrm{o}} - x_{E_3}}{y_{E_3} - y_{\mathrm{o}}} \\[3mm]
\dfrac{\sqrt{(x_{F_3} - x_{E_1})^2 + (y_{F_3} - y_{E_1})^2} + \sqrt{(x_{F_3} - x_{E_3})^2 + (y_{F_3} - y_{E_3})^2}}{\sqrt{(x_{\mathrm{o}} - x_{E_3})^2 + (y_{\mathrm{o}} - y_{E_3})^2} - \sqrt{(x_{\mathrm{o}} - x_{E_1})^2 + (y_{\mathrm{o}} - y_{E_1})^2}} = \dfrac{V_1}{V_3}
\end{cases}
\tag{8.81}
$$

情况 2：收缩型受限区边界

步骤 1：初始改航点确定

如图 8.64 所示，危险区边界向内收缩的速度为 V_2，t 时刻，飞行危险区的初始边界顶点为 $A_i(x_{A_i}, y_{A_i})$，$i = 1, 2, \cdots, n$，同理可得初始改航点 $F_1(x_{F_1}, y_{F_1})$ 坐标。

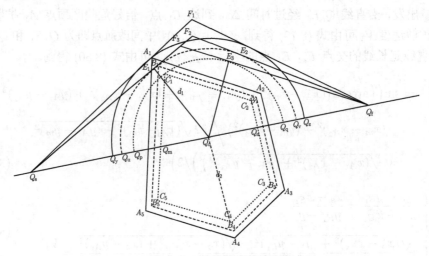

图 8.64　改航路线的确定

步骤 2：中间改航点确定

经过时间 Δt_1，如图 8.64 所示，危险区的边界顶点由 $A_i(x_{A_i}, y_{A_i})$，$i = 1, 2, \cdots,$ n 收缩到 $B_i(x_{B_i}, y_{B_i})$，$i = 1, 2, \cdots, n$，半圆弧由 $\overset{\frown}{Q_{\mathrm{y}} A_1 Q_{\mathrm{z}}}$ 修正到 $\overset{\frown}{Q_{\mathrm{u}} B_1 Q_{\mathrm{v}}}$，$E_1$ 为过改航起始点 Q_{s} 作半圆弧 $\overset{\frown}{Q_{\mathrm{u}} B_1 Q_{\mathrm{v}}}$ 切线的切点，E_2 为过改航结束点 Q_{f} 作半圆弧 $\overset{\frown}{Q_{\mathrm{u}} B_1 Q_{\mathrm{v}}}$ 切线的切点。为了让改航航程相对最短，构造一种航班从初始改航点 Q_{s} 到 E_1 所需时间与危险区顶点 A_1 收缩到 B_1 所需时间都为 Δt_1 的模型，即当航班从改航起始点 Q_{s} 出发，沿直线 $Q_{\mathrm{s}} E_1$ 经过时间 Δt_1 到达 E_1 点，恰好危险区顶点从 A_1 收缩到 B_1，同理可得出收缩速度 V_3，$\angle A_1 \in (0, \pi)$，中间改航点为 $Q_{\mathrm{s}} E_1$ 和

$Q_f E_2$ 两条直线延长线的交点 F_2，E_1 点的坐标 (x_{E_1}, y_{E_1}) 由式 (8.82) 得出。

$$\begin{cases} \dfrac{y_o - y_{E_1}}{x_o - x_{E_1}} = \dfrac{x_s - x_{E_1}}{y_{E_1} - y_s}, \\[3mm] \dfrac{\sqrt{(x_o - x_{A_1})^2 + (y_o - y_{A_1})^2} - \sqrt{(x_o - x_{E_1})^2 + (y_o - y_{E_1})^2}}{\sqrt{(x_s - x_{E_1})^2 + (y_s - y_{E_1})^2}} = \dfrac{V_3}{V_1} \end{cases} \tag{8.82}$$

步骤 3: 最终改航点确定

在 $t + \Delta t_1$ 时刻，航班处于 E_1 点，再经过时间 Δt_2，危险区的边界顶点由 $B_i(x_{B_i}, y_{B_i})$，$i = 1, 2, \cdots, n$ 收缩到 $C_i(x_{C_i}, y_{C_i})$，$i = 1, 2, \cdots, n$，半圆弧由 $\overset{\frown}{Q_u B_1 Q_v}$ 修正到 $\overset{\frown}{Q_p C_1 Q_q}$，$E_3$ 为过改航结束点 Q_f 作半圆弧 $\overset{\frown}{Q_p C_1 Q_q}$ 切线的切点，F_3 为 $Q_s E_1$ 和 $Q_f E_3$ 两条直线延长线的交点，为了让航班有效绕过危险区且改航航程相对最短，构造一种航班沿着路线 E_1—F_3—E_3 所需时间与危险区顶点 B_1 收缩到 C_1 所需时间都为 Δt_2 的模型，即当航班从 E_1 点沿直线 $Q_s E_1$ 飞行到 F_3 点转向直线 $Q_f E_3$ 继续飞行，经过时间 Δt_2 到达 E_3 点，恰好危险区顶点 B_1 收缩到 C_1，最终改航点即为 F_3，F_3 点的坐标 (x_{F_3}, y_{F_3}) 由式 (8.83) 得到。

$$\begin{cases} \dfrac{y_s - y_{E_1}}{x_s - x_{E_1}} = \dfrac{y_s - y_{F_3}}{x_s - x_{F_3}}, \dfrac{y_f - y_{E_3}}{x_f - x_{E_3}} = \dfrac{y_f - y_{F_3}}{x_f - x_{F_3}} = \dfrac{x_o - x_{E_3}}{y_{E_3} - y_o} \\[3mm] \dfrac{\sqrt{(x_{F_3} - x_{E_1})^2 + (y_{F_3} - y_{E_1})^2} + \sqrt{(x_{F_3} - x_{E_3})^2 + (y_{F_3} - y_{E_3})^2}}{\sqrt{(x_o - x_{E_1})^2 + (y_o - y_{E_1})^2} - \sqrt{(x_o - x_{E_3})^2 + (y_o - y_{E_3})^2}} = \dfrac{V_1}{V_3} \end{cases} \tag{8.83}$$

2) 仿真算例分析

贵阳到长沙航班沿途报告点为: 贵阳 (KWE)—P173—P217—P293—怀化 (ZHJ)—P159—老粮仓 (LLC)—长沙 (CSX)。航空气象部门通过气象卫星和多普勒气象雷达测得怀化 (ZHJ)—P159 航段有雷暴, 飞行情报部门根据气象预报确定受雷暴影响的飞行危险区, 并且测得雷暴边界区域以 72km/s 速度向外扩散, 如图 8.65 所示, 飞机以 936km/h 巡航空速飞行, 某时刻处于 P217 报告点, 危险区边界顶点为 $A_1 \sim A_6$。以报告点 P217 所在的位置为原点, 磁北为 y 轴正方向, 单位为 km, 则报告点 P293, ZHJ 和 P159 在该相对直角坐标系 xOy 中的坐标分别为 $(87.50, 28.43)$，$(124.59, 40.48)$，$(225.92, 63.87)$。$A_1 \sim A_6$ 坐标分别为 $(147.97, 25.80)$，$(156.87, 33.34)$，$(156.87, 62.65)$，$(136.11, 64.76)$，$(127.50, 52.10)$ 和 $(129.30, 31.73)$。贵阳飞往长沙的航班要躲避雷暴危险区, 应侧向绕航飞行。

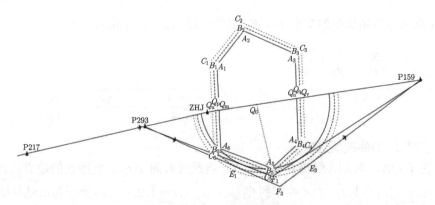

图 8.65　贵阳—长沙航线改航策略

如图 8.65 所示，报告点 P293 和 P159 分别为初始改航起始点和结束点 (ZHJ 点在所作的半圆弧内)。初始改航点 F_1 的坐标为 $(146.46, 24.75)$，初始改航航段为 P293—F_1—P159，最终改航点 F_3 的坐标为 $(149.65, 19.85)$，改航航迹 P293—F_3—P159 航程为 150.79km，比原航路增加了 7.8km，增加幅度为 5.5%，符合改航相关规则，而且只需设置一个改航点便能安全绕过危险区域。

同一条航路，某时刻气象部门通过气象卫星和多普勒雷达探测到怀化 (ZHJ)—P136 航段有收缩型动态变化的雷暴，飞行情报部门根据气象部门预报确定受雷暴影响的凸多边形危险区，且雷暴边界以 63km/h 速度向内收缩，如图 8.66 所示，飞机以 936km/h 巡航空速飞行，以报告点 P217 所在的位置为原点，y 轴正方向为磁北，单位为 km，报告点 P136，P293 和 ZHJ 在 xOy 中的坐标分别为 $(170, 50.96), (87.50, 28.43), (124.59, 40.48)$，顶点 $A_1 \sim A_6$ 的坐标分别为 $(127.50, 52.10)$，$(136.11, 64.76)$，$(156.87, 62.65)$，$(156.87, 33.34)$，$(147.97, 25.80)$，$(129.30, 31.73)$。

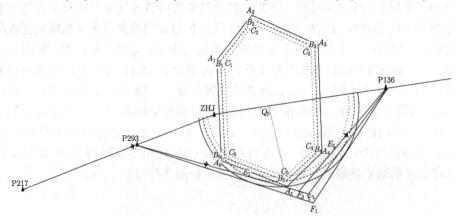

图 8.66　P293—P136 航线改航策略

如图 8.66 所示，由于 ZHJ 点在所作的危险区外围圆内部不能作为初始改航点，故改航起始点和结束点分别为报告点 P293 和 P136。经过计算原有航段 P293—P136 航程为 85.60km，初始改航点 F_1 的坐标为 (152.80，24.36)，F_1 作为改航点的航段 P293—F_1—P136 航程为 97.11km。中间改航点 F_2 的坐标为 (149.04，29.83)，F_2 作为改航点的航段 P293—F_2—P136 航程为 91.32km。最终改航点 F_3 的坐标 (143.20，29.7)，F_3 作为改航点的航段 P293—F_3—P136 航程为 89.92km，比 F_1 作为改航点的航段减少了 7.19km，比 F_2 作为改航点的航段减少了 1.4km，比原有航段增加了 4.32km，增加幅度为 5.05%，符合改航相关规则，而且只需设置一个改航点便能安全绕过危险区域。[8]

2. 基于几何算法的动态多边形受限区改航路径规划

1) 改航模型的建立和算法的设计

情况 1: 移动式发散型受限区

当探测到飞机在巡航过程中某一时段内，附近有危险区边界以速度 V_d 向周围发散且以速度 V_m 向航线方向移动，且在危险区一定范围内有速度 V_w 的高空水平风。通过格雷厄姆算法将雷达云图处理成顶点个数有限的凸多边形。考虑到改变航向的有关规则，在航线上取位于危险区两侧且距其最近的报告点作为改航起始点 Q_s 和结束点 Q_f。如果随着危险区的移动覆盖了 Q_s 或 Q_f，将取位于危险区两侧更近的报告点作为改航起始点或结束点。飞机和危险区特征如图 8.67(a) 所示。

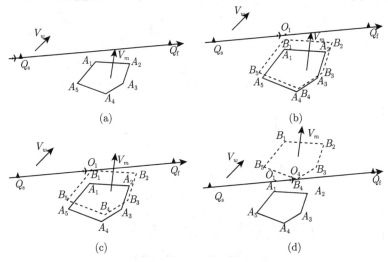

图 8.67 危险区及航线三种临界位置

步骤 1: 改航判断

当飞机处于 Q_s 时，此时凸多边形危险区处于初始位置，顶点坐标为 $A_i(x_{A_i}, y_{A_i})$，$i = 1, 2, \cdots, n$，顺时针方向给顶点编号。随着凸多边形危险区移动及扩散，顶

点 A_1 将最先与航线交于 O_1，其他顶点将依次与航线相较于 O_i $(i = 2, 3, \cdots, n)$，A_4 将最后与航线交于 O_5。假设飞机在 Q_s 处开始受到水平风影响直到 Q_f 处结束，通过航行速度三角形矢量模型将飞机速度修正为 V_c^*，使飞行速度保持不变且能够继续沿着预计航线飞行。结合凸多边形边界发散速度 V_d 和整体移动速度 V_m，通过几何和矢量运算得出凸多边形顶点的发散速度 V_{d_i} 和实际速度 $V_i (i = 1, 2, \cdots, n)$。$V_{cx}^*$ 和 V_{cy}^* 分别代表飞机修正后速度在 x 轴和 y 轴上的分速度，同理可知 V_{ix}，V_{iy}，V_{wx}，V_{wy}，V_{mx}，V_{my}，V_{cy} 和 V_{cx}，以 x 轴和 y 轴正方向为正。

定义 $T_{A_i \to O_i}$ 为凸多边形的初始某顶点 A_i 伴随危险区发散及移动到与航线相交点 O_i 所需时间；$T_{Q_s \to O_i}$ 为飞机从 Q_s 沿预定航线飞到凸多边形某顶点与航线相交点 O_i 所需时间；$T_{Q_1 \to O_i}$ 为飞机从航线上最先与凸多边形顶点相交点 O_1 沿预定航线飞到其他顶点与航线相交点 O_i 所需时间。如图 8.67(b)～(d) 所示为 3 种临界情况，条件分别为 $T_{Q_s \to O_1} < T_{A_1 \to O_1}$，$T_{Q_s \to O_1} = T_{A_1 \to O_1}$，$T_{Q_s \to O_4} = T_{A_4 \to O_4}$，判断是否改航的程序如图 8.68 所示。

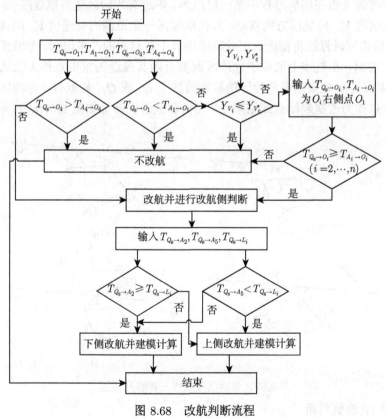

图 8.68　改航判断流程

需要改航的航班, 判断改航侧流程见图 8.68 下半部分, 改航侧模型如图 8.69 所示。当不断发散且移动的危险区正处在航线上时, 以 Q_s 为端点分别向凸多边形危险区上下顶点作射线, 使这两条射线分别与凸多边形危险区上下侧只相交于一个点。随着危险区的发散且移动, 当上侧射线与航线夹角和下侧射线与航线夹角相等时, 凸多边形危险区所处位置为改航侧选择的临界位置。凸多边形在该位置时顶点坐标为 $L_i(x_{L_i}, y_{L_i}), i = 1, 2, \cdots, n$, 这种临界位置选取的理论依据是改航起始点和结束点都固定。定义 $T_{Q_s \to L_i}$ 为飞机从 Q_s 处沿直线飞到凸多边形在临界位置时顶点所需时间, $T_{A_i \to L_i}$ 为危险区从初始位置处移动到临界位置处所需时间。

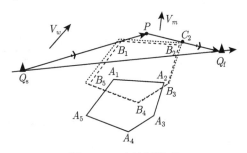

图 8.69　改航侧模型

步骤 2: 两段式改航模型及启发式算法

由于上下侧动态改航模型构建和启发式算法设计原理相同, 所以以上侧动态改航模型为例进行分析。两段式动态改航模型如图 8.70 所示。

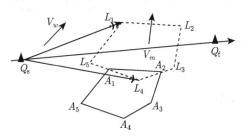

图 8.70　两段式动态改航模型

第一段改航以 t 时刻飞机处于改航起始点 Q_s, 飞行中考虑凸多边形危险区发散和移动。为了使改航航程更短, 构造一种飞机从 Q_s 处沿直线飞行到凸多边形顶点 B_1 处所用时间与凸多边形危险区从 $A_i(x_{A_i}, y_{A_i})$ 移动到 $B_i(x_{B_i}, y_{B_i})$, $i = 1, 2, \cdots, n$, 所用时间均为 Δt_1 的模型, 且在 B_1 处继续沿当前轨迹飞到改航点处不会进入危险区内, $B_1(x_{B_1}, y_{B_1})$ 可由式 (8.84) 求得。

第二段改航: $t + \Delta t_1$ 时刻飞机处于 B_1, 飞行中继续考虑凸多边形危险区发散与移动。为了使改航航程更短, 构造一种凸多边形危险区从 $B_i(x_{B_i}, y_{B_i})$ 移动到

$C_i(x_{C_i}, y_{C_i})$, $i = 1, 2, \cdots, n$, 所用时间与飞机从 B_1 处继续沿当前航向飞行到改航点 P 处后，改变航向飞行到凸多边形某顶点 C_2 处所用时间均为 Δt_2 的模型，且在 C_2 处继续沿当前轨迹飞行到改航结束点不会进入危险区内，$C_2(x_{C_2}, y_{C_2})$，$P(x_P, y_P)$ 可由式 (8.85) 求得。如果在 B_1 处改变航向直接飞向 Q_f，且飞行中不会进入危险区，将不进行第二段动态改航，B_1 即为改航点。

$$
\begin{cases}
x_{B_1} = x_{A_1} + (x_{V_{d_1}} + x_{V_m})\Delta t_1, \quad y_{B_1} = y_{A_1} + (y_{V_{d_1}} + y_{V_m})\Delta t_1, \quad x_{V_c^*} = x_{V_c} + x_{V_w} \\[2pt]
y_{V_c^*} = y_{V_c} + y_{V_w} \\[4pt]
\sqrt{(x_{Q_s} - x_{B_1})^2 + (y_{Q_s} - y_{B_1})^2} = V_c^* \Delta t_1 \\[4pt]
\angle B_1 = \arccos \dfrac{(x_{A_1} - x_{A_5})^2 + (y_{A_1} - y_{A_5})^2 + (x_{A_1} - x_{A_2})^2 + (y_{A_1} - y_{A_2})^2 - (x_{A_5} - x_{A_2})^2 - (y_{A_5} - y_{A_2})^2}{2\sqrt{(x_{A_1} - x_{A_5})^2 + (y_{A_1} - y_{A_5})^2}\sqrt{(x_{A_1} - x_{A_2})^2 + (y_{A_1} - y_{A_2})^2}} \\[6pt]
V_{d_1} = V_d / \sin(\angle B_1 / 2) \ (\angle B_1 \subset (0, \pi))
\end{cases}
\tag{8.84}
$$

$$
\begin{cases}
x_{C_2} = x_{A_2} + (x_{V_{d_2}} + x_{V_m})(\Delta t_1 + \Delta t_2), \quad y_{C_2} = y_{A_2} + (y_{V_{d_2}} + y_{V_m})(\Delta t_1 + \Delta t_2) \\[4pt]
\sqrt{(x_{B_1} - x_P)^2 + (y_{B_1} - y_P)^2} + \sqrt{(x_P - x_{C_2})^2 + (y_P - y_{C_2})^2} = V_c^* \Delta t_2 \\[4pt]
(y_{Q_s} - y_{B_1})(x_P - x_{Q_s}) = (y_P - y_{Q_s})(x_{Q_s} - x_{B_1}), \\[4pt]
(y_{Q_f} - y_{C_2})(x_{Q_f} - x_P) = (y_{Q_f} - y_P)(x_{Q_f} - x_{C_2}) \\[4pt]
\angle C_2 = \arccos \dfrac{(x_{A_2} - x_{A_3})^2 + (y_{A_2} - y_{A_3})^2 + (x_{A_1} - x_{A_2})^2 + (y_{A_1} - y_{A_2})^2 - (x_{A_1} - x_{A_3})^2 - (y_{A_1} - y_{A_3})^2}{2\sqrt{(x_{A_2} - x_{A_3})^2 + (y_{A_2} - y_{A_3})^2}\sqrt{(x_{A_1} - x_{A_2})^2 + (y_{A_1} - y_{A_2})^2}} \\[6pt]
V_{d_2} = V_d / \sin(\angle C_2 / 2) \ (\angle C_2 \subset (0, \pi))
\end{cases}
\tag{8.85}
$$

步骤 3：航迹检查及修正模型

航迹检查及修正模型如图 8.71 所示。

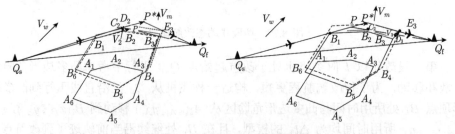

图 8.71　航迹检查及修正模型

在第一段动态改航模型中，当飞机处于 B_1，如果飞行航迹与线段 B_1B_2 夹角足够小，飞机继续飞行有可能进入 B_1B_2 区段发散后的危险区内，飞机沿 Q_sB_1 航

迹与 A_2 移动轨迹将会相交于 C_1。如果 $T_{Q_s \to C_2} > T_{A_2 \to C_2}$，此时需要对第一段的改航航向进行修正，构建一种 $T_{Q_s \to D_2} = T_{A_2 \to D_2}$ 模型，使飞机刚好通过 $B_1 B_2$ 区段发散后的危险区。如果修正航向后飞机继续飞行还有可能进入 $D_2 D_3$ 区段发散后的危险区内，采用相同原理继续修正。$D_2(x_{D_2}, y_{D_2})$ 可由式 (8.86) 求得。

对于在第二段动态改航模型中，当飞机处于 C_2，如果飞行轨迹与线段 $C_2 C_3$ 夹角足够小，飞机继续飞行有可能进入 $C_2 C_3$ 区段发散后的危险区内，如图 8.71 所示，飞机沿 PC_2 航迹与 A_3 移动轨迹将会相交于 D_3，如果 $T_{B_1 \to P} + T_{P \to D_3} > T_{B_3 \to D_3}$，此时需要对第二段的改航航向进行修正，构建一种 $T_{B_1 \to P} + T_{P \to D_3} = T_{B_3 \to D_3}$ 模型，使飞机刚好通过 $C_2 C_3$ 区段发散后的危险区。如果修正航向后飞机继续飞行还有可能进入 $E_3 E_4$ 区段发散后的危险区内，采用相同原理继续修正。$E_3(x_{E_3}, y_{E_3})$ 可由公式 (8.87) 得出[9]

$$
\begin{cases}
y_{D_2} - y_{A_2} = \left[\dfrac{(y_{V_{d_2}} + y_{V_m})}{x_{V_{d_2}} + x_{V_m}} \right] (x_{D_2} - x_{A_2}) \dfrac{\sqrt{(x_{D_2} - x_{Q_s})^2 + (y_{D_2} - y_{Q_s})^2}}{V_c^*} \\
\qquad = \dfrac{\sqrt{(x_{D_2} - x_{A_2})^2 + (y_{D_2} - y_{A_2})^2}}{\sqrt{(x_{V_{d_2}} + x_{V_m})^2 + (y_{V_{d_2}} + y_{V_m})^2}}
\end{cases}
\tag{8.86}
$$

$$
\begin{cases}
y_{E_3} - y_{A_3} \\
\quad = \dfrac{y_{V_{d_3}} + y_{V_m}}{x_{V_{d_3}} + x_{V_m}} (x_{E_3} - x_{A_3}) \\
\qquad \dfrac{\sqrt{(x_{B_1} - x_{P^*})^2 + (y_{B_1} - y_{P^*})^2} + \sqrt{(x_{E_3} - x_{P^*})^2 + (y_{E_3} - y_{P^*})^2}}{V_c^*} \\
\quad = \dfrac{\sqrt{(x_{E_3} - x_{A_3})^2 + (y_{E_3} - y_{A_3})^2}}{\sqrt{(x_{V_{d_3}} + x_{V_m})^2 + (y_{V_{d_3}} + y_{V_m})^2}}
\end{cases}
\tag{8.87}
$$

情况 2：移动式收缩型受限区

根据气象云图及多普勒雷达探测到某一时段内航路周围危险区边界向内收缩速度 V_s 及整体以加速度为 a、速度为 V_m 的变速移动；同时探测到在凸多边形危险区某一范围内有高空水平风速度 V_w。考虑到改航有关规则，在预定航线上分别取位于凸多边形危险区两侧以外且离其最近的两个报告点作为改航起始点 Q_s 和改航结束点 Q_f。如随着凸多边形危险区整体移动，Q_s 或 Q_f 被危险区域所覆盖，重新选取临近的报告点作为改航起始点或结束点。

步骤 1：改航判断

如图 8.72 所示，当飞机处于 Q_s 时，此时凸多边形危险区位于改航起始位置，区域各顶点坐标为 $A_i(x_{A_i}, y_{A_i})$，$i = 1, 2, \cdots, n$，顶点编号沿逆时针方向。随着危险区边界收缩及整体移动，顶点 $A_i(x_{A_i}, y_{A_i})$，$i = 1, 2, \cdots, n$ 将依次与航线相交于 O_i，$i = 1, 2, \cdots, n$，A_1 将最先与航线交于 O_1，A_4 将最后与航线交于 O_4。

假如飞机在整个改航过程中都受到高空水平风的影响，为确保航迹速度保持不变且沿着预设改航航线，根据航行速度三角形模型将机头速度修正为 V_c^*，通过矢量运算利用 V_s 和 V_m 得凸多边形危险区各顶点的收缩速度 V_{s_i} 和实际速度 V_i，$i = 1, 2, \cdots, n$。x_{V_c}、y_{V_c} 分别表示 V_c 在 x 轴和 y 轴上的分速度，进而可知 x_{V_i}、y_{V_i}、x_{V_w}、y_{V_w}、x_{V_m}、y_{V_m}、$y_{V_c^*}$、$x_{V_c^*}$，$i = 1, 2, \cdots, n$，$T_{A_i \to O_i}$ 表示某顶点 A_i 随着凸多边形危险区域边界收缩及移动到 O_i 所需时间，$T_{Q_s \to O_i}$ 表示飞机从 Q_s 开始沿原预定航线飞到 O_i 所用时间，$T_{Q_1 \to O_i}$ 表示飞机从 O_1 沿原预定航线飞到 O_i 所用时间。如图 8.73(a) 和 (b) 所示，凸多边形危险区与预定航线两种临界位置，分别对应条件是 $T_{Q_s \to O_1} = T_{A_1 \to O_1}$ 和 $T_{Q_s \to O_4} = T_{A_4 \to O_4}$。

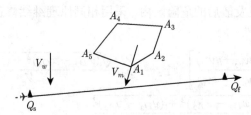

图 8.72　飞机改航起始情景

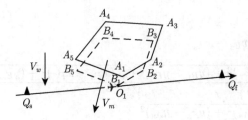

(a) 飞机位于 Q_1 时危险区的位置(危险区接近)

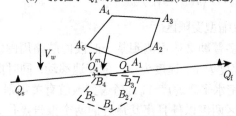

(b) 飞机位于 Q_1 时危险区的位置(危险区远离)

图 8.73　凸多边形危险区与预定航线两种临界位置

经过图 8.74 上半部分可以判断是否需要改航，如需改航飞行，将启用图 8.74 中间部分对改航侧进行选择并通过所构建的模型计算改航点。如图 8.75 所示，当凸多边形危险区正处于预定航线上时，以 Q_s 为定点分别向预定航线两侧危险区顶点作射线使其分别与凸多边形危险区上下侧各相交于一个点，随着凸多边形危险区的收缩和移动，当上侧射线和预定航线所成角度与下侧射线和预定航线所成角度相同时，危险区所处相对位置是改航侧选择的临界位置，此时危险区顶点坐

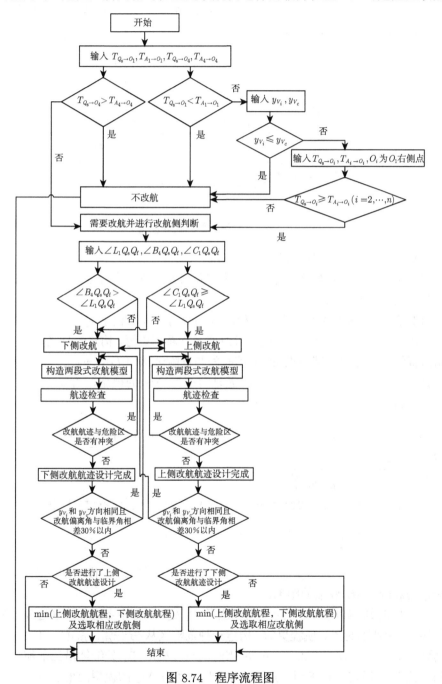

图 8.74 程序流程图

标为 $L_i(x_{L_i}, y_{L_i}), i = 1, 2, \cdots, n$。这种临界位置选取的理论依据是在改航起始点和结束点固定的情况下，改航航迹与预定航线偏离角越小，改航航程越接近预定航程。$\angle L_4 Q_s Q_f = \angle L_1 Q_s Q_f$ 为改航侧判断临界角，$\angle B_4 Q_s Q_f$ 为上侧改航的偏离角，$\angle C_1 Q_s Q_f$ 为下侧改航的偏离角。

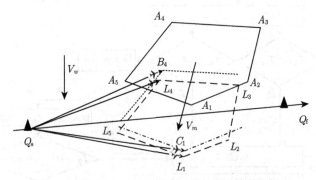

图 8.75   改航侧选择的临界位置

步骤 2：两段式改航模型及启发式算法

本模型以下侧改航为例，设计改航模型及启发式算法进行分析，上侧改航模型与下侧改航模型原理相似。

t 时刻，危险区移动速度为 V_t，如图 8.76 所示，飞机位于 Q_s 处。飞行中考虑危险区边界收缩及整体移动，为使临时改航飞行航程更短，构建一种飞机从 Q_s 处开始沿直线飞到危险区某顶点 B_i 所需时间与危险区从 $A_i(x_{A_i}, y_{A_i}), i = 1, 2, \cdots, n$ 移动到 $B_i(x_{B_i}, y_{B_i}), i = 1, 2, \cdots, n$ 所需时间都为 Δt_1 的模型，$B_1(x_{B_1}, y_{B_1})$ 可由式 (8.88) 得出

$$
\begin{cases}
x_{B_1} = x_{A_1} + x_{S_m} + x_{S_1}, \ y_{B_1} = y_{A_1} + y_{S_m} + y_{S_1}, \ S_m = V_t \Delta t_1 + \dfrac{1}{2} a \Delta t_1^2, \\[2mm]
S_1 = V_{s_1} \Delta t_1 \\[2mm]
\sqrt{(x_{Q_s} - x_{B_1})^2 + (y_{Q_s} - y_{B_1})^2} = V_c \Delta t_1 \\[2mm]
\angle B_1 = \arccos\left(\dfrac{(x_{A_1} - x_{A_5})^2 + (y_{A_1} - y_{A_5})^2 + (x_{A_1} - x_{A_2})^2 + (y_{A_1} - y_{A_2})^2 - (x_{A_5} - x_{A_2})^2 - (y_{A_5} - y_{A_2})^2}{2\sqrt{(x_{A_1} - x_{A_5})^2 + (y_{A_1} - y_{A_5})^2}\sqrt{(x_{A_1} - x_{A_2})^2 + (y_{A_1} - y_{A_2})^2}} \right) \\[2mm]
V_{s_1} = V_s / \sin(\angle B_1 / 2), \quad \angle B_1 \subset (0, \pi)
\end{cases}
$$

$$\tag{8.88}$$

式中，S_m 为危险区 $A_i(x_{A_i}, y_{A_i})$ $(i = 1, 2, \cdots, n)$ 经 Δt_1 移动的距离，S_1 为 $A_1(x_{A_1}, y_{A_1})$ 经 Δt_1 收缩的距离。

$t + \Delta t_1$ 时刻，如图 8.76 所示，飞机位于 B_1 处。飞行中考虑危险区边界收缩及整体移动，为使临时改航航程更短，构建一种危险区从 $B_i(x_{B_i}, y_{B_i})(i = 1, 2, \cdots, n)$ 移动到 $C_i(x_{C_i}, y_{C_i})(i = 1, 2, \cdots, n)$ 所需时间与飞机从 B_1 处继续沿当前航迹方向飞到改航点 P 后转向直飞到顶点 C_2 所需时间都为 Δt_2 的模型，$P(x_P, y_P)$ 可由公

式 (8.89) 得出。如果飞机在 B_1 处转变航向直飞到 Q_f 且整个过程不会与危险区有冲突，将不需要第二段改航飞行，B_1 即为改航点 P。

$$
\begin{cases}
x_{C_2} = x_{A_2} + x_{S_m} + x_{S_2}, y_{C_2} = y_{A_2} + y_{S_m} + y_{S_2} \\
S_m = V_t(\Delta t_1 + \Delta t_2) + 0.5a(\Delta t_1 + \Delta t_2)^2, S_2 = V_{s_2}(\Delta t_1 + \Delta t_2) \\
\sqrt{(x_{B_1} - x_P)^2 + (y_{B_1} - y_P)^2} + \sqrt{(x_P - x_{C_2})^2 + (y_P - y_{C_2})^2} = V_c(\Delta t_1 + \Delta t_2) \\
(y_{Q_s} - y_{B_1})(x_P - x_{Q_s}) = (y_P - y_{Q_s})(x_{Q_s} - x_{B_1}) \\
(y_{Q_f} - y_{C_2})(x_{Q_f} - x_P) = (y_{Q_f} - y_P)(x_{Q_f} - x_{C_2}) \\
\angle C_2 = \arccos\left(\frac{(x_{A_2} - x_{A_3})^2 + (y_{A_2} - y_{A_3})^2 + (x_{A_1} - x_{A_2})^2 + (y_{A_1} - y_{A_2})^2 - (x_{A_1} - x_{A_3})^2 - (y_{A_1} - y_{A_3})^2}{2\sqrt{(x_{A_2} - x_{A_3})^2 + (y_{A_2} - y_{A_3})^2}\sqrt{(x_{A_1} - x_{A_2})^2 + (y_{A_1} - y_{A_2})^2}}\right) \\
V_{s_2} = V_s / \sin(\angle C_2 / 2), \angle C_2 \subset (0, \pi)
\end{cases}
\tag{8.89}
$$

式中，S_m 为危险区 $A_i(x_{A_i}, y_{A_i})(i = 1, 2, \cdots, n)$ 经 $\Delta t_1 + \Delta t_2$ 移动的距离，S_2 为 $A_2(x_{A_2}, y_{A_2})$ 经 $\Delta t_1 + \Delta t_2$ 收缩的距离。

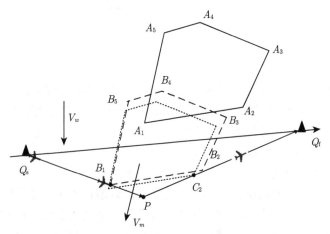

图 8.76 两段式动态改航模型

步骤 3：航迹检查及修正模型

如图 8.77 所示，在第一段动态改航模型中，当飞机位于 B_6 时，如果当前改航航迹方向与危险区 B_6B_1 区段所成角度足够小，飞机继续沿此航迹方向飞行将与 B_6B_1 区段移动后位置有冲突的可能。飞机沿 Q_sB_6 航迹方向将与 A_1 移动轨迹相交于顶点 C_1，如 $T_{Q_s \to C_1} > T_{A_1 \to C_1}$，即飞机与危险区之间有冲突，将对第一段的改航航迹方向进行修正，构造一种 $T_{Q_s \to D_1} = T_{A_1 \to D_1} = t_1$ 模型，即再次调用第一段动态改航模型，使飞机恰好通过 B_6B_1 区段移动后的位置。如飞机沿修正后的航迹方向 Q_sD_1 继续飞行，还有可能进入后续区段移动后的位置，将再次调用修正模型

直到消除冲突。$D_1(x_{D_1}, y_{D_1})$ 可由式 (8.90) 求出

$$
\begin{cases}
x_{D_1} = x_{A_1} + x_{S_m} + x_{S_1}, y_{D_1} = y_{A_1} + y_{S_m} + y_{S_1} \\
S_m = V_t t_1 + 0.5 a t_1^2, S_1 = V_{s_1} t_1 \\
\dfrac{\sqrt{(x_{D_1} - x_{Q_s})^2 + (y_{D_1} - y_{Q_s})^2}}{V_c} = t_1
\end{cases}
\tag{8.90}
$$

式中，S_m 为危险区 $A_i(x_{A_i}, y_{A_i}), i = 1, 2, \cdots, n$ 经过 t_1 移动的距离，S_1 为 $A_1(x_{A_1}, y_{A_1})$ 经过 t_1 收缩的距离。

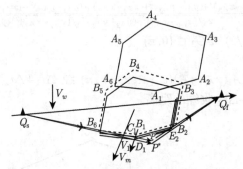

图 8.77 第一段航迹检查及修正模型

如图 8.78 所示，在第二段动态改航模型中，当飞机位于 C_2 时，如果当前改航航迹方向与凸多边形危险区 $C_2 C_3$ 区段所成角度足够小，飞机继续沿此航迹方向飞行将与 $C_2 C_3$ 区段移动后位置有冲突的可能。飞机沿 PC_2 航迹方向将与 A_3 移动轨迹相交于顶点 D_3，如 $T_{A_1 \to P} + T_{P \to D_3} > T_{A_3 \to D_3}$，即飞机与危险区之间有冲突，将对第二段的改航航迹方向进行修正，构造一种 $T_{A_1 \to P} + T_{P \to E_3} = T_{A_3 \to E_3} = t_2$ 模型，即再次调用第二段动态改航模型，使飞机恰好通过 $C_2 C_3$ 区段移动后的位置。如飞机沿修正后的航迹方向 $P^* E_3$ 继续飞行还有可能进入后续区段移动后的位置，将再次调用航迹修正模型直到消除冲突。$E_3(x_{E_3}, y_{E_3})$ 可由式 (8.91) 求出。

$$
\begin{cases}
x_{E_3} = x_{A_3} + x_{S_m} + x_{S_3}, y_{E_3} = y_{A_3} + y_{S_m} + y_{S_3} \\
S_m = V_t t_2 + 0.5 a t_2^2, \quad S_3 = V_{s_3} t_2 \\
\dfrac{\sqrt{(x_{Q_s} - x_{P^*})^2 + (y_{Q_s} - y_{P^*})^2} + \sqrt{(x_{E_3} - x_{P^*})^2 + (y_{E_3} - y_{P^*})^2}}{V_c} = t_2
\end{cases}
\tag{8.91}
$$

式中，S_m 为危险区 $A_i(x_{A_i}, y_{A_i})(i = 1, 2, \cdots, n)$ 经 t_2 移动的距离，S_3 为 $A_3(x_{A_3}, y_{A_3})$ 经 t_2 收缩的距离。

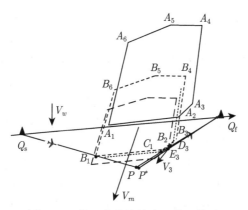

图 8.78 第二段航迹检查及修正模型

步骤 4：改航侧验证模型

为确保改航航程最短，本节设计了改航侧验证模型。如飞机下侧改航偏离角与临界角相差 30% 以内且 y_{V_i} 和 y_{V_c} 方向相同，需再次利用上文改航方案计算上侧改航距离，在上下侧改航航程中取最小值；又如飞机上侧改航偏离角与临界角相差 30% 以内且 y_{V_i} 和 y_{V_c} 方向相同，需再次利用上文改航方案计算下侧改航距离，在上下侧改航航程中取最小值。

2) 仿真算例分析

移动式扩散型受限区算例分析，贵阳到长沙航段报告点顺序为：贵阳 (KWE)—怀化 (ZHJ)—P159—长沙 (CSX)。飞机以 600km/h 巡航空速在该航段上飞行，探测到飞机在某一时段附近有危险区边界以 36km/h 向周围发散，且向东偏北 60° 方向以 108km/h 移动的恶劣天气；同时测出在覆盖 ZHJ—P159 航段有东偏北 90° 方向 72km/h 的高空水平风，应侧向绕飞危险区。以报告点 P217 所在位置为原点，将卫星云图处理成凸多边形 $A_1 \sim A_6$(单位：km)。根据危险区边界发散及整体运动趋势，某时刻飞机位于 ZHJ，此时 ZHJ 及 P159 在该相对直角坐标系 xOy 中的坐标分别为 (124.59,40.48) 和 (225.92,63.87)，且顶点坐标分别为 $A_1(175, 50)$，$A_2(185, 53)$，$A_3(189, 54)$，$A_4(196, 50)$，$A_5(200, 46)$，$A_6(181, 15)$。改航模型如图 8.79 所示。

选取 ZHJ 和 P159 作为改航起始点和结束点符合改航相关规则。通过程序流程图判断 $T_{Q_s \to O_3} > T_{A_3 \to O_3}$ 和 $T_{Q_s \to L_1} < T_{A_1 \to L_1}$，可知需要飞机改航且上侧改航。由图 8.79 可知飞机将以凸多边形顶点 A_1 作为改航起始衔接点。根据第一段动态改航模型，可得 $B_1(176.226, 61.001)$，将 Q_sB_1 作为起始改航航迹方向，此航迹方向将与凸多边形顶点 A_2 的轨迹方向交叉于 $C_2(189.725,66.367)$，且 $T_{Q_s \to C_2} > T_{A_2 \to C_2}$，所以需要修正改航起始航迹方向。根据航迹检查及修正模型，将对第一段改航模型进行修正使 $T_{Q_s \to C_2} = T_{A_2 \to C_2}$，可得 $D_2(191.649,71.806)$，将起始改航航迹方向从 Q_sB_1 修正到 Q_sD_2，此航迹方向将与凸多边形顶点 A_3 的轨迹方向交叉于 $E_3(198.422, 74.967)$ 且 $T_{Q_s\to E_3} < T_{A_3\to E_3}$，所以初始改航航迹方向确定为 Q_sD_2 方向，进入风区将需要调整飞行速度大小为 573.253km/h 及航向为东偏北 6.534° 以保持 600km/h 的航迹速度。如图 8.79 可知飞机将以凸多边形顶点 A_3 作为改航结束衔接点，根据第二段动态改航模型，可得 $F_3(197.411, 72.718)$，F_3Q_f 和 Q_sD_2 交叉于 $P(195.126, 73.427)$，即为改航点，将 F_3Q_f 作为改航结束航迹方向，此航迹方向将与凸多边形顶点 A_5 的轨迹方向交叉于 $G_4(219.862, 65.741)$，且 $T_{Q_s\to P} + T_{P\to G_4} < T_{A_4\to G_4}$，所以不需要修正改航结束航迹方向，进入风区将需要调整飞行速度大小为 625.134km/h 及航向东偏南 23.557° 以保持 600km/h 航迹速度。以 $P(195.126, 73.427)$ 为改航点的改航航程为 110.094km，比原有航路怀化 (ZHJ)—P159 增加 6.1km，增幅 5.87%，符合改航规则，如果使用外切圆法和外推法，改航所需航程将超过 110.094km。

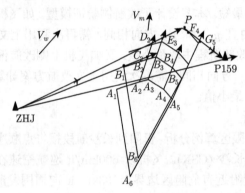

图 8.79　贵阳—长沙改航模型

移动式收缩型受限区算例分析，贵阳到长沙航班沿途报告点为：贵阳 (KWE)—P173—P217—P293—怀化 (ZHJ)—P159—老粮仓 (LLC)—长沙 (CSX)。飞机以 650km/h 的巡航空速在此航段上飞行，气象部门获取某一时段内恶劣天气区域边界向内收缩速度 30km/h，当飞机位于怀化 (ZHJ) 时危险区整体移动速度为 90km/h，方向东偏北 60°，且以 0.01km²/h 加速度继续沿该方向移动，同时探测到在怀化 (ZHJ)—P159 航段周围有正北方向 72km/h 的高空水平风。针对以上飞行环境需侧向绕飞危险区，将 P217 所在位置作为原点，单位 km，通过飞行受限区划设及格雷厄姆算法将气象雷达云图处理成凸多边形危险区 $A_1 \sim A_6$，某时刻飞机处于怀化 (ZHJ)，这时怀化 (ZHJ) 及 P159 报告点在 xOy 相对直角坐标系中的坐标分别为 (124.59, 40.48)，(225.92, 63.87) 且顶点坐标分别为 $A_1(200, 40)$，$A_2(200, 80)$，$A_3(174, 80)$，$A_4(178, 42)$，$A_5(185, 41)$ 和 $A_6(192, 40.5)$。改航模型如图 8.80 所示。

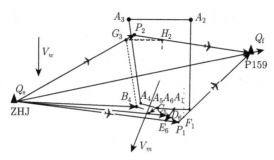

图 8.80 贵阳—长沙改航模型

如图 8.80 所示，飞机需要改航绕过危险区，选取 ZHJ 和 P159 作为改航起始点和结束点符合改航相关规则。通过模型和算法得 $\angle B_4 Q_s Q_f = 15.37°$，$\angle L_4 Q_s Q_f = \angle L_3 Q_s Q_f = 16.94°$，$\angle G_4 Q_s Q_f = 18.82°$，依据改航判断需进行下侧改航，在第一段动态改航模型中，可得 $B_4(176.078, 38.345)$，将 $Q_s B_4$ 作为起始改航航迹方向；经航迹检查此航迹方向将在 B_4 点与危险区有冲突，需修正起始改航航迹方向，再次调用该模型进行修正使 $T_{Q_s \to C_5} = T_{A_5 \to C_5}$，可得 $C_5(181.364, 37.005)$，将起始改航航迹方向从 $Q_s B_4$ 修正到 $Q_s C_5$；经航迹检查此航迹方向将与危险区顶点 A_6 的轨迹方向交叉于 D_6 且 $T_{Q_s \to D_6} > T_{A_6 \to D_6}$，与危险区有冲突，需再次调用该模型进行修正使 $T_{Q_s \to E_6} = T_{A_6 \to E_6}$，可得 $E_6(190.463, 32.751)$，将起始改航航迹方向从 $Q_s C_5$ 修正到 $Q_s E_6$，此方向转弯前与危险区无冲突，所以起始改航航迹方向最终确定为 $Q_s E_6$。进入风区将需要调整飞行速度大小为 645.57km/h 及航向为北偏西 89.7° 以保持 650km/h 沿 $Q_s E_6$ 航迹速度，接下来将寻找结束改航航迹方向。

如图 8.80 所示，飞机将以危险区顶点 A_1 作为结束改航衔接点。根据第二段动态改航模型，可得 $F_1(198.263, 34.673)$，$F_1 Q_f$ 和 $Q_s E_6$ 交叉于 $P_1(195.847, 32.122)$ 为改航点，此结束改航航迹方向将与凸多边形危险区没有冲突，所以将 $F_1 Q_f$ 作为结束改航航迹方向。进入风区将需要调整飞行速度大小为 704.01km/h 及航向西偏南 50.6° 以保持 650km/h 沿 $F_1 Q_f$ 航迹速度。改航航程为 115.476km，比预定航程 103.99km 增加 11.04%，符合改航规则。

$\angle L_4 Q_s Q_f = 16.94°$，$\angle P_1 Q_s Q_f = 15.9°$，相差 30% 以内，需进行改航侧验证，通过上侧改航模型和算法得上侧起始改航衔接点为 $G_3(173.035, 70.533)$，将 $Q_s B_4$ 作为起始改航航迹方向，在飞到上侧改航点 P_2 前不会与危险区产生冲突。飞机从 Q_s 进入风区将需要调整飞行速度大小为 690.67km/h 及航向西偏南 36.88° 以保持 650km/h 沿 $Q_s G_3$ 航迹速度。如图 8.80，飞机将以危险区顶点 H_2 作为结束改航衔接点，根据第二段动态改航模型，可得 $H_2(187.888, 71.584)$，$H_2 Q_f$ 和 $Q_s G_3$ 交叉于 $P_2(177.975, 73.595)$ 为改航点，此结束改航航迹方向将与凸多边形危险区没有冲突，所以将 $H_2 Q_f$ 作为结束改航航迹方向。进入风区将需要调整飞行速度大小为 579km/h 及航向北偏西 77.11° 以保持 650km/h 沿 H_2Q_f 航迹速度。改航航程为 111.743km，小于下侧改航航程 115.476km，比预定航程 103.99km 增加 7.56%，符合改航规则，如果使用绕圆法和外推法改航所需改航航程将超过 111.743km。因此，上文两段式改航模型和启发式算法对于解决将危险区划设为凸多边形问题具有一定的优势。[10]

参 考 文 献

[1] 宋柯. 空中交通流量管理改航策略初步研究 [D]. 南京: 南京航空航天大学, 2002.

[2] 杨惠东. 恶劣气象条件下的改航策略问题研究 [D]. 天津: 中国民航大学, 2013.

[3] 李雄, 徐肖豪. 航班改航路径规划研究综述 [J]. 航空计算技术, 2011, 41(01): 19-23.

[4] 李雄. 飞行危险天气下的航班改航路径规划研究 [D]. 南京: 南京航空航天大学, 2009.

[5] 王莉莉, 周娟. 动态突发天气下同高度层改航模型和算法研究 [J]. 武汉理工大学学报, 2014, 36(05): 86-90.

[6] 王莉莉, 周娟. 突发天气条件下航空器改变高度的改航模型和算法研究 [J]. 中国安全科学学报, 2014, 24(07): 106-110.

[7] 王鑫, 王莉莉. 基于改进几何算法的扩散危险区改航策略研究 [J]. 航空计算技术, 2015, 45(04): 71-73.

[8] 王莉莉, 王鑫. 收缩型动态危险天气下改航模型和算法研究 [J]. 科学技术与工程, 2016, 16(05): 241-244.

[9] 王莉莉, 王鑫, 彭勃. 移动式发散型恶劣天气下改航模型和算法研究 [J]. 飞行力学, 2017, 35(02): 84-87.

[10] 王鑫. 动态危险天气下改航路径规划研究 [D]. 天津: 中国民航大学, 2017.

[11] 傅职忠, 罗珊. 简明航空器空气动力学与航空器操纵性和稳定性 [M]. 北京: 中国民航出版社, 1993: 75-87.